유한체 및 그 응용

조성진 지음

KyoWooSa 敎友社

머리말

이 책은 R. Lidl과 H. Niederreiter의 "Finite Fields", R.J. McElice의 "Finite Fields for Computer Scientists and Engineers", B. Elspas의 논문과 저자의 논문결과 등을 활용하여, 이공계 학부생 및 대학원생들을 위한 참고도서로 저술하였다. 특히, IT 관련 분야를 공부하려는 학생들에게 아주 유익한 자료가 될 것으로 생각한다.

이 책은 크게 두 부분으로 나누어진다. 유한체에 관한 이론부분과 응용부분으로 구성하였다. 유한체에 관한 이론을 다룸에 있어서는 응용분야에 많이 적용되는 $\mathbb{F}_2$ 위에서의 이론 전개에 주력하였다. 응용부분은 암호에 관련된 부분과 부호에 관련된 부분 및 네트워크 그리고 타원곡선을 중점으로 다루었다. 이론부분과 응용부분 모두의 전개에 있어서 예제를 충분히 삽입하여 독자들의 이해를 돕고자 하였다. 그러므로 이론에만 관심이 있는 학도들은 1장부터 4장까지만 읽으면 되고 응용에 관심이 있는 공학도 및 자연과학도들은 처음부터 끝까지 읽으면 된다. 이론에 자신이 있는 학도들은 5장부터 8장까지 읽으면 되도록 구성하였다.

풍부한 예제와 완전한 연습문제 풀이를 수록하여 독자들이 쉽게 내용을 이해하고 활용할 수 있도록 하고자 하였다. 특히, 책의 마지막 부분에 수록된 부록은 암호 및 부호론과 다항식의 인수분해에 관심이 있는 독자들에게 아주 귀중한 자료가 될 것이다.

끝으로 원고의 교정에 많은 시간을 할애해준 부경대학교 대학원 응용수학과 김진경 학생과 김봉수 학생에게 진심으로 고마움을 전한다.

2007. 08. 31

저자씀

차 례

제 1 장

기본 개념

1.1 _ 합동 및 등반행렬
1.2 _ 군
1.3 _ 체의 정의
1.4 _ 유클리드 알고리즘
1.5 _ Euler의 ϕ 함수
1.6 _ 중국인의 나머지 정리

제 1 장 기본 개념

§1.1 합동 및 동반행렬(Congruence and Companion matrix)

정의 1.1.1 임의의 정수 $a,b\in\mathbb{Z}$와 자연수 $n\in\mathbb{N}$에 대하여 $a-b=kn$을 만족하는 정수 k가 존재할 때, "a는 mod n에 대하여 b와 **합동**(congruent)"이라 하고 $a\equiv b\ (\text{mod}\,n)$이라 쓴다.

예제 1.1.2 $n=2$라 하면 모든 짝수는 mod$n$에 대하여 0과 합동이며 모든 홀수는 mod$n$에 대하여 1과 합동이다. mod$n$에 대하여 0과 합동인 모든 짝수의 집합 $\{\cdots,-2,0,2,\cdots\}$을 $[0]$이라 쓰고 mod$n$에 대하여 1과 합동인 모든 홀수의 집합 $\{\cdots,-3,-1,1,3,\cdots\}$을 $[1]$로 쓰기로 한다. 즉, $[0]=\{\cdots,-2,0,2,\cdots\}$, $[1]=\{\cdots,-3,-1,1,3,\cdots\}$이 된다.

일반적으로 자연수 $n\in\mathbb{N}$에 대하여 정수전체의 집합 $\mathbb{Z}$를

$$[0]\cup[1]\cup\cdots\cup[n-1]$$

로 표현할 수 있다. 이 때, 각 $[i]\,(0\le i\le n-1)$을 i의 **동치류**(equivalence class)라 한다.

정의 1.1.3 n차 다항식

$$f(x)=a_nx^n+a_{n-1}x^{n-1}+\cdots+a_1x+a_0$$

에 대하여 $a_n=1$인 다항식을 **모닉다항식**(monic polynomial)이라 한다.

가) 특별한 언급이 없는 한 모든 다항식은 모닉다항식을 말한다.
나) 특별한 언급이 없는 한 다항식의 계수는 mod2에 대하여 합동인 경우로만 한정한다. 예를 들어

$$f(x) = x^3 + 2x^2 + x + 2 \equiv x^3 + x \pmod 2$$
$$f(x) = x^2 - x + 1 \equiv x^2 + x + 1 \pmod 2$$

정의 1.1.4 주어진 정방행렬(행의 개수와 열의 개수가 같은 행렬) A에 대하여 행렬식 $|A - xI|$를 A의 특성다항식이라 하고 $c_A(x)$라 쓰기로 한다.

예제 1.1.5 (1) $A = \begin{pmatrix} 0 & 1 & 0 \\ 1 & 0 & 1 \\ 1 & 0 & 0 \end{pmatrix}$라 하면 $c_A(x) = -x^3 + x + 1 \equiv x^3 + x + 1 \pmod 2$ 이다.

(2) $B = \begin{pmatrix} 0 & 1 & 0 \\ 1 & 0 & 1 \\ 1 & 1 & 0 \end{pmatrix}$라 하면 $c_B(x) = -x^3 + 2x + 1 \equiv x^3 + 1 \pmod 2$이다.

정의 1.1.6 주어진 n차 다항식

$$f(x) = x^n + a_{n-1}x^{n-1} + \cdots + a_1x + a_0, \quad a_i \in \{0, 1\}$$

에 대하여 다음 $n \times n$ 정방행렬을 $f(x)$의 **동반행렬**(companion matrix)이라 한다.

$$C = \begin{pmatrix} a_{n-1} & 1 & 0 & \cdots & 0 & 0 \\ a_{n-2} & 0 & 1 & \cdots & 0 & 0 \\ \vdots & \vdots & \vdots & \ddots & \vdots & \vdots \\ a_1 & 0 & 0 & \cdots & 0 & 1 \\ a_0 & 0 & 0 & \cdots & 0 & 0 \end{pmatrix}$$

정리 1.1.7 정의 1.1.6의 동반행렬 C의 특성다항식은 다음과 같다.

$$f(x) = x^n + a_{n-1}x^{n-1} + \cdots + a_1x + a_0$$

증명 $|C - xI| = f(x)$임을 쉽게 보일 수 있다

예제 1.1.8 (1) $f(x) = x^4 + x + 1$라 하면 $f(x)$의 동반행렬은 다음과 같다.

$$C = \begin{pmatrix} 0\,1\,0\,0 \\ 0\,0\,1\,0 \\ 1\,0\,0\,1 \\ 1\,0\,0\,0 \end{pmatrix}$$

(2) $\mathrm{x} = (0,0,0,1)^t$라 하고

$$C\mathrm{x},\ C^2\mathrm{x},\ \cdots,\ C^{14}\mathrm{x},\ C^{15}\mathrm{x}$$

를 구해보자. $C\mathrm{x} = (0,0,1,0)^t$가 된다. $(0,0,1,0)^t$을 십진법으로 표현하면 2가 된다. 마찬가지로 $C^2\mathrm{x} = (0,1,0,0)^t = 4$가 되며

$$C^3\mathrm{x} = 8,\ C^4\mathrm{x} = 3,\ C^5\mathrm{x} = 6,\ C^6\mathrm{x} = 12,\ C^7\mathrm{x} = 11,\ C^8\mathrm{x} = 5,\ C^9\mathrm{x} = 10,$$
$$C^{10}\mathrm{x} = 7,\ C^{11}\mathrm{x} = 14,\ C^{12}\mathrm{x} = 15,\ C^{13}\mathrm{x} = 13,\ C^{14}\mathrm{x} = 9,\ C^{15}\mathrm{x} = 1$$

이 된다.

(3) (2)에서 $C\mathrm{x} := \alpha$라 하고 $C^0 := I_4$(4차 단위행렬)라 하면

$$\{C^{k-1}\alpha \mid k = 1,2,\cdots,15\} = \{1,\alpha,\alpha^2,\cdots,\alpha^{14}\}$$

이 되며 $\alpha^{15} = 1$이 된다.

§1.2 군(Group)

정의 1.2.1 공집합이 아닌 집합 G 위에서 정의된 닫혀진 연산 $*$에 대하여 다음 세 조건을 만족할 때, $(G,*)$를 **군**(group)이라 한다.

(a) 임의의 원소 $a,b,c \in G$에 대하여 $(a*b)*c = a*(b*c)$이 성립한다.
(b) 임의의 원소 $a \in G$에 대하여 $a*e = e*a = a$를 만족하는 $e \in G$가 존재한다.
(c) 각 원소 $a \in G$애 대하여 $a*a^{-1} = a^{-1}*a = e$를 만족하는 $a^{-1} \in G$가 존재한다.

정의 1.2.2 군 $(G,*)$에 대하여 다음이 성립할 때, $(G,*)$를 **가환군**(commutative group)이라 한다.

$$a*b = b*a,\ a,b \in G \text{ (교환법칙)}$$

예제 1.2.3 $G = \{1, \alpha, \alpha^2, \alpha^3, \cdots, \alpha^{14}\}$, $\alpha^{15} = 1$라 하자.

(1) $(G, \cdot)$은 가환군이다.
(2) $H_1 = \{1, \alpha^3, \alpha^6, \alpha^9, \alpha^{12}\}$라 하고 $* := \cdot$ 라 하면 $(H_1, \cdot)$은 가환군이다.
(3) $H_2 = \{1, \alpha^5, \alpha^{10}\}$라 하고 $* := \cdot$ 라 하면 $(H_2, \cdot)$은 가환군이다.

정의 1.2.4 곱셈군 G가 "임의의 $b \in G$에 대하여 $a \in G$와 $n \in \mathbb{N}$이 존재하여 $b = a^n$을 만족"할 때, G를 **순환군**(cyclic group)이라 한다.

정의 1.2.4의 a를 순환군 G의 **생성자**(generator)라 하고 $G = < a >$라 쓴다.

정의 1.2.5 $\mathrm{mod}\,n$에 대하여 $\{[0], [1], \cdots, [n-1]\}$을 $\mathrm{mod}\,n$에 대한 정수들의 군이라 하고 $\mathbb{Z}_n$로 쓰기로 한다.

정의 1.2.6 군 G의 원소의 개수가 유한인 경우 G를 **유한군**(finite group)이라 하며 그렇지 않은 경우 **무한군**(infinite group)이라 한다. 유한군 G의 원소의 개수를 G의 **위수**(order)라 하고 $|G|$ 또는 $\mathrm{ord}(G)$라 쓴다.

정의 1.2.7 군 $(G,*)$의 부분집합 H에 대하여 $(H,*)$가 군이 될 때, H를 G의 **부분군**(subgroup)이라 한다.

예제 1.2.8 예제 1.2.3의 H_1, H_2, G와 $\{1\}$은 모두 $(G, \bullet)$의 부분군들이다.

정의 1.2.9 군 G의 원소 a의 모든 멱승들로 이루어진 G의 부분군을 a에 의해서 생성된 부분군이라 하고 $< a >$라 쓴다. $< a >$가 유한할 때, $< a >$의 원소의 개수를 a의 **위수**(order)라 하고 $\mathrm{ord}(a)$라 쓴다.

예제 1.2.10 예제 1.2.3에서 $\mathrm{ord}(\alpha^3) = 5$, $\mathrm{ord}(\alpha^5) = 3$, $\mathrm{ord}(\alpha) = 15$이다.

다음 정리는 앞으로 전개될 부분들에서 대단히 중요한 역할을 하는 정리이다.

정리 1.2.11 (1) 순환군의 모든 부분군은 순환군이다.

(2) $|< a >| = m$인 순환군 $< a >$에 대하여

$$\mathrm{ord}(a^k) = \frac{m}{\gcd(k, m)}$$

이다. 여기서 $\gcd(k, m)$은 k와 m의 최대공약수이다.

(3) $|< a >| = m$인 순환군 $< a >$에 대하여 $j \mid m$인 양수 j에 대하여 $< a >$에는 위수가 j인 원소의 개수가 $|\{i \mid \gcd(i, j) = 1\}|$ 만큼 존재한다.

(4) $|< a >| = m$인 순환군 $< a >$에는 생성자의 개수가 $|\{i \mid \gcd(i, m) = 1\}|$ 만큼 존재한다.

예제 1.2.12 곱셈군 $(G, \bullet) = \{1, \alpha, \alpha^2, \cdots, \alpha^{14}\} = < \alpha >$, $\alpha^{15} = 1$에 대하여

$$\mathrm{ord}(\alpha^3) = \frac{15}{\gcd(3, 15)} = 5, \ \mathrm{ord}(\alpha^5) = 3, \ \mathrm{ord}(\alpha^8) = 15, \ \mathrm{ord}(\alpha^{13}) = 15$$

이다. 또한 위수가 3인 원소의 개수는 5개이며

$$\{i \mid \gcd(i, 15) = 1\} = \{1, 2, 4, 7, 8, 11, 13, 14\}$$

이므로 생성자는 $\alpha,\alpha^2,\alpha^4,\alpha^8,\alpha^7,\alpha^{14},\alpha^{13},\alpha^{11}$이 된다.

§1.3 체의 정의(Definition of field)

정의 1.3.1 공집합이 아닌 집합 $\mathbb{F}$ 위에서 정의된 닫혀진 두 연산 $+$와 $\cdot$에 대하여 다음이 성립할 때, $(\mathbb{F},+,\cdot)$를 **체**(field)라 한다.

(a) $(\mathbb{F},+)$는 항등원 0를 갖는 가환군이 된다.
(b) $(\mathbb{F}-\{0\},\cdot)$는 항등원 1을 갖는 가환군이 된다.
(c) 임의의 원소 $a,b,c\in\mathbb{F}$에 대하여, $a\cdot(b+c)=a\cdot b+a\cdot c$ (분배법칙)이 성립한다.

특히, $\mathbb{F}$가 유한집합일 때, $(\mathbb{F},+,\cdot)$를 **유한체**(finite field)라 한다.

예제 1.3.2 (1) $\mathbb{Z}_2=\{[0],[1]\}$은 유한체이다. $\mathbb{Z}_2$를 $\mathbb{F}_2:=\{0,1\}$라 쓴다.
(2) $\mathbb{F}=\{0,1,\alpha,\alpha^2,\cdots,\alpha^{13},\alpha^{14}\}$, $\alpha^{15}=1$라 하면, $\alpha^i(0\le i\le 14)$을 벡터로 표시해 보면 예제 1.1.8에 의하여

$1=(0,0,0,1)$, $\alpha=(0,0,1,0)$, $\alpha^2=(0,1,0,0)$, $\alpha^3=(1,0,0,0)$,
$\alpha^4=(0,0,1,1)$, $\alpha^5=(0,1,1,0)$, $\alpha^6=(1,1,0,0)$, $\alpha^7=(1,0,1,1)$,
$\alpha^8=(0,1,0,1)$, $\alpha^9=(1,0,1,0)$, $\alpha^{10}=(0,1,1,1)$, $\alpha^{11}=(1,1,1,0)$,
$\alpha^{12}=(1,1,1,1)$, $\alpha^{13}=(1,1,0,1)$, $\alpha^{14}=(1,0,0,1)$

이 된다.

$$\alpha^7+\alpha^9=(1,0,1,1)+(1,0,1,0)=(0,0,0,1)=1$$

이며

$$\alpha^5+\alpha^{14}=(0,1,1,0)+(1,0,0,1)=(1,1,1,1)=\alpha^{12}$$

이 된다. 또한 $\alpha^2 \cdot \alpha^9 = \alpha^{11}$이고 $\alpha^5 \cdot \alpha^{13} = \alpha^{18} = \alpha^3$이다. 이와 같은 방법으로 $(\mathbb{F},+,\cdot)$가 유한체가 됨을 확인할 수 있다.

정의 1.3.3 $\mathbb{F}$가 유한체일 때, 모든 $a \in \mathbb{F}$에 대하여 $na = 0$를 만족하는 최소의 n을 **표수**(characteristic)라 한다.

정리 1.3.4 유한체는 소수인 표수를 갖는다.

증명 $\mathbb{F}$가 유한체이고 표수 $n \geq 2$를 갖는다고 하자. n이 소수가 아니면 $n = km(k, m \in \mathbb{Z},\ 1 < k, m < n)$을 만족하는 k와 m이 존재한다. 그러면 $0 = ne = (km)e = (ke)(me)$이므로 $ke = 0$ 혹은 $me = 0$이다. $k < n$이고 $m < n$이므로 모순이다. 그러므로 표수는 소수이다.

예제 1.3.5 예제 1.3.2의 (1)의 $\mathbb{Z}_2$의 표수는 2이며 (2)의 $\mathbb{F}$의 표수도 2이다.

정리 1.3.6 $\mathbb{F}$가 소수인 표수 p를 갖는다면 다음이 성립한다.

$$(a \pm b)^{p^n} = a^{p^n} \pm b^{p^n}$$

증명 $\binom{p}{i} = \dfrac{p(p-1)\cdots(p-i+1)}{1 \cdot 2 \cdot \cdots \cdot i} \equiv 0 \pmod{p}$와

$$(a+b)^p = a^p + \binom{p}{1}a^{p-1}b + \cdots + \binom{p}{p-1}ab^{p-1} + b^p = a^p + b^p$$

라는 사실로부터 $(a+b)^{p^n} = a^{p^n} + b^{p^n}$이 성립한다. 여기서 $\binom{p}{i}$는 p개에서 i개를 택하는 경우의 수이다. 마찬가지 방법으로 $(a-b)^{p^n} = a^{p^n} - b^{p^n}$이 성립함을 보일 수 있다.

유한체 $\mathbb{F}$에 대하여 계수가 $\mathbb{F}$의 원소인 모든 다항식들의 집합을 $\mathbb{F}[x]$라 쓰기로 하자. 예를 들어 $x^3 + x + 1 \in \mathbb{F}_2[x]$이다.

다음 정리의 증명은 생략하도록 한다.

정리 1.3.7 ($\mathbb{F}[x]$에서의 인수분해의 유일성) 양의 차수를 갖는 다항식 $f \in \mathbb{F}[x]$는 다음과 같은 모양으로 유일하게 표현된다.

$$f = f_1^{e_1} f_2^{e_2} \cdots f_k^{e_k}$$

여기서 $f_1, f_2, \cdots, f_k$는 서로 다른 기약다항식들이며 $e_1, e_2, \cdots, e_k$는 자연수이다.

§1.4 유클리드 알고리즘(Euclidean algorithm)

보조정리1.4.1 $a, b, c \in \mathbb{Z}$일 때, $\gcd(a+cb, b) = \gcd(a, b)$이다.

증명 $e \mid a$, $e \mid b$라 하면 $e \mid (a+cb)$이며 $e \mid b$이다. 그러므로 e는 $a+cb$와 b의 공약수이다. 마찬가지로 d가 $a+cb$와 b의 공약수라면 d는 $(a+cb)-cb=a$의 약수이다. 그러므로 d는 a와 b의 공약수이다. 그러므로 $\gcd(a+cb, b) = \gcd(a, b)$이다.

정리 1.4.2 $r_0 := a$, $r_1 := b$를 $a \geq b > 0$을 만족하는 정수들이라 하자. 나눗셈 알고리즘을 연속적으로 적용해서

$$r_j = r_{j+1} q_{j+1} + r_{j+2} (0 < r_{j+2} < r_{j+1}, j = 0, 1, 2, \cdots, n-2), \; r_{n+1} = 0$$

가 되었다면 $\gcd(a, b) = r_n$이다.

증명 나눗셈 알고리즘을 연속해서 적용하면

$$\begin{array}{ll} r_0 = r_1 q_1 + r_2 & 0 \le r_2 < r_1 \\ r_1 = r_2 q_2 + r_3 & 0 \le r_3 < r_2 \\ \vdots & \\ r_{j-2} = r_{j-1} q_{j-1} + r_j & 0 \le r_j < r_{j-1} \\ \vdots & \\ r_{n-2} = r_{n-1} q_{n-1} + r_n & 0 \le r_n < r_{n-1} \\ r_{n-1} = r_n q_n & \end{array}$$

을 얻는다. 보조정리 1.4.1에 의하여

$$\gcd(a,b) = \gcd(r_0, r_1) = \gcd(r_1, r_2) = \cdots = \gcd(r_{n-1}, r_n) = \gcd(r_n, 0) = r_n$$

이 된다. 그러므로 $\gcd(a,b) = r_n$이 된다.

예제 1.4.3 $\gcd(252, 198)$를 구하여라.

풀이

$$\begin{aligned} 252 &= 1 \cdot 198 + 54 \\ 198 &= 3 \cdot 54 + 36 \\ 54 &= 1 \cdot 36 + 18 \\ 36 &= 2 \cdot 18 + 0 \end{aligned}$$

에 의하여 $\gcd(252, 198) = 18$이다.

정수에 대한 유클리드 알고리즘은 다항식에 대해서도 똑같이 적용할 수 있다.

예제 1.4.4 $\gcd(x^6 + x^5 + x^3, x^5 + x + 1)$을 구하여라.

풀이

$$\begin{aligned} x^6 + x^5 + x^3 &= (x+1)(x^5 + x + 1) + x^3 + x^2 + 1 \\ x^5 + x + 1 &= (x^2 + x + 1)(x^3 + x^2 + 1) + 0 \end{aligned}$$

에 의하여 $\gcd(x^6 + x^5 + x^3, x^5 + x + 1) = x^3 + x^2 + 1$이다.

정리 1.4.5 두 자연수 m, n에 대하여 $\gcd(x^n - 1, x^m - 1) = x^{\gcd(n,m)} - 1$이다.

증명 제 2 수학적 귀납법으로 증명한다.

(1) $m = n$이면 명백하다.

(2) $m < n$일 때, $(x^n - 1) - x^{n-m}(x^m - 1) = x^{n-m} - 1$이므로 보조정리 1.4.1에 의하여

$$\begin{aligned}\gcd(x^n - 1, x^m - 1) &= \gcd(x^m - 1, x^{n-m} - 1) \\ &= x^{\gcd(m, n-m)} - 1 \\ &= x^{\gcd(n,m)} - 1\end{aligned}$$

이다.

참고 정리 1.4.5에 사용된 제 2 수학적 귀납법은 다음과 같다.

증명하고자 하는 명제 $p(n)$에 대하여

(1) $p(1)$가 참임을 보인다.

(2) $n > 1$, $1 \le k < n$에 대하여 $p(k)$가 참인 경우에 $p(n)$이 참이며, 모든 자연수 n에 대하여 $p(n)$은 참이다.

따름정리 1.4.6 $n, q, d \in \mathbb{N}$에 대하여 다음이 성립한다.

$$\gcd(x^{q^n} - x, x^{q^d} - x) = x^{q^{\gcd(n,d)}} - x$$

증명 정리 1.4.5에 의하여

$$\begin{aligned}\gcd(x^{q^n} - x, x^{q^d} - x) &= x \gcd(x^{q^n - 1} - 1, x^{q^d - 1} - 1) \\ &= x(x^{\gcd(q^n - 1, q^d - 1)} - 1) \\ &= x(x^{q^{\gcd(n,d)} - 1} - 1) = x^{q^{\gcd(n,d)}} - x\end{aligned}$$

이 성립한다.

보조정리 1.4.7 $(x^m - 1) | (x^n - 1)$일 필요충분조건은 $m | n$이다. 여기서 $m | n$은 m이 n의 약수(또는 인수)임을 뜻한다.

증명 $m | n$이면 $n = qm$을 만족하는 자연수 q가 존재한다.

$$\begin{aligned} x^n - 1 &= x^{qm} - 1 = (x^m)^q - 1 \\ &= (x^m - 1)((x^m)^{q-1} + (x^m)^{q-2} + \cdots + x^m + 1) \end{aligned}$$

이므로 $(x^m - 1) \mid (x^n - 1)$이다. 역으로, $(x^m - 1) \mid (x^n - 1)$이고 $n = qm + r$, $0 \le r < m$이면

$$x^n - 1 = (x^{qm} - 1)x^r + (x^r - 1)$$

이다. $(x^m - 1) \mid (x^{qm} - 1)$이므로 $(x^m - 1) \mid (x^r - 1)$이 되어 $r = 0$이다. 따라서 $m \mid n$이다.

정리 1.4.8 $(x^{q^d} - x) \mid (x^{q^n} - x)$일 필요충분조건은 $d \mid n$이다.

증명 보조정리 1.4.7에 의하여 다음이 성립한다.

$$\begin{aligned} d \mid n &\Leftrightarrow (q^d - 1) \mid (q^n - 1) \Leftrightarrow (x^{q^d - 1} - 1) \mid (x^{q^n - 1} - 1) \\ &\Leftrightarrow (x^{q^d} - x) \mid (x^{q^n} - x) \end{aligned}$$

예제 1.4.9 (a) $\gcd(2^{15} - 1, 2^{25} - 1) = 2^5 - 1 = 31$

(b) $\gcd(x^{15} - 1, x^{25} - 1) = x^5 - 1$

§1.5 Euler의 ϕ 함수(The Euler Phi-function)

정의 1.5.1 $n \in \mathbb{N}$에 대하여 Euler 함수 $\phi(n)$을 n과 서로소인 n을 넘지 않는 자연수의 개수로 정의한다. 즉, $\phi(n) := |\{i \mid 1 \le i \le n,\ \gcd(i, n) = 1\}|$.

예제 1.5.2 $\phi(5) = 4$, $\phi(10) = 4$이다.

다음의 두 정리들의 증명은 생략한다.

정리 1.5.3 (Fermat의 소정리) $a \in \mathbb{N}$이고 p는 소수로서 $\gcd(a,p)=1$을 만족한다면 $a^{p-1} \equiv 1 \pmod{p}$이다.

예제 1.5.4 $2^{22} \pmod{23}$을 구하여라.

풀이 $22=23-1$이고 23이 소수이므로 정리 1.5.3에 의하여

$$2^{22} \equiv 1 \pmod{23}$$

이다.

정리 1.5.5 (Euler 정리) $a, n \in \mathbb{N}$이고 $\gcd(a,n)=1$이면 $a^{\phi(n)} \equiv 1 \pmod{n}$이다.

예제 1.5.6 $2^{15} \pmod{9}$를 구하여라.

풀이 $2^{\phi(9)}=2^6 \equiv 1 \pmod{9}$이므로

$$2^{15} \equiv 2^{6 \cdot 2+3} \equiv (2^6)^2 \cdot 2^3 \equiv 2^3 \equiv 8 \pmod{9}$$

이다.

정리 1.5.7 p가 소수이면 $\phi(p)=p-1$이며, p가 양의 정수로서 $\phi(p)=p-1$이면 p는 소수이다.

증명 p가 소수이면 p보다 작은 모든 자연수는 p와 서로소이다. 그러므로 $\phi(p)=p-1$이다. 역으로 p가 소수가 아니면 $p=1$이거나 p는 합성수이다. 그러므로 p는 약수 $d(1<d<p)$를 갖는다. 그러므로 $\phi(p) \le p-2$이다. 이것은 모순이 된다. 그러므로 p는 소수가 되어야 한다.

다음 정리들의 증명은 생략한다.

정리 1.5.8 p가 소수이고 a가 자연수이면 $\phi(p^a) = p^a - p^{a-1}$이다.

정리 1.5.9 서로소인 두 자연수 $m, n \in \mathbb{N}$에 대하여 $\phi(mn) = \phi(m)\phi(n)$이다.

정리 1.5.10 $n = p_1^{a_1} p_2^{a_2} \cdots p_k^{a_k}$이면 $\phi(n) = n\left(1 - \frac{1}{p_1}\right)\left(1 - \frac{1}{p_2}\right)\cdots\left(1 - \frac{1}{p_k}\right)$이다.

예제 1.5.11 $\phi(100)$을 구하여라.

풀이 $100 = 4 \cdot 25 = 2^2 \cdot 5^2$이므로 정리 1.4.9에 의하여

$$\phi(100) = \phi(2^2) \cdot \phi(5^2)$$

이며 정리 1.5.8에 의하여 $\phi(2^2) = 2^2 - 2$, $\phi(5^2) = 5^2 - 5$이므로 $\phi(100) = 40$이다.

예제 1.5.12 $\phi(720)$을 구하여라.

풀이 $\phi(720) = \phi(2^4 \cdot 3^2 \cdot 5) = 2^4 \cdot 3^2 \cdot 5^1 (1 - \frac{1}{2})(1 - \frac{1}{3})(1 - \frac{1}{5}) = 192$이다.

§1.6 중국인의 나머지 정리(Chinese Remainder Theorem)

정리 1.6.1 (중국인의 나머지 정리) $m_1, m_2, \cdots, m_r \in \mathbb{N}$을 **쌍마다 서로소**(pairwise relatively prime)라 하자. 그러면 다음의 일차연립합동방정식

$$\begin{cases} x \equiv a_1 \pmod{m_1} \\ x \equiv a_2 \pmod{m_2} \\ \quad \vdots \\ x \equiv a_r \pmod{m_r} \end{cases}$$

은 $M := m_1 m_2 \cdots m_r$에 대해 유일한 해를 갖는다.

증명 $M_k := \dfrac{M}{m_k} = m_1 m_2 \cdots m_{k-1} m_{k+1} \cdots m_r$ 라 하면 $j \neq k$ 이면

$$\gcd(m_j, m_k) = 1$$

이므로 $\gcd(M_k, m_k) = 1$ 이다. 그러므로 m_k 에 대한 M_k 의 역원 y_k 가 존재하여 $M_k y_k \equiv 1 \pmod{m_k}$ 를 만족한다.

$$x := a_1 M_1 y_1 + a_2 M_2 y_2 + \cdots + a_r M_r y_r$$

라 하면 x 가 구하고자 하는 유일한 해이다.

예제 1.6.2 다음 일차연립합동방정식의 해를 구하여라.

$$\begin{cases} x \equiv 1 \pmod 3 \\ x \equiv 2 \pmod 5 \\ x \equiv 3 \pmod 7 \end{cases}$$

풀이 $M = 3 \cdot 5 \cdot 7 = 105$, $M_1 = \dfrac{105}{3} = 35$, $M_2 = \dfrac{105}{5} = 21$, $M_3 = \dfrac{105}{7} = 15$ 이므로 $35y_1 \equiv 1 \pmod 3$, $21y_2 \equiv 1 \pmod 5$ 이며 $15y_3 \equiv 1 \pmod 7$ 이다. 이를 풀면 $y_1 \equiv 2 \pmod 3$, $y_2 \equiv 1 \pmod 5$ 이고 $y_3 \equiv 1 \pmod 7$ 이다. 그러므로

$$\begin{aligned} x &\equiv 1 \cdot 35 \cdot 2 + 2 \cdot 21 \cdot 1 + 3 \cdot 15 \cdot 1 \\ &\equiv 157 \equiv 52 \pmod{105} \end{aligned}$$

예제 1.6.3 다음 일차연립합동방정식의 해를 구하여라.

$$\begin{cases} x \equiv 1 \pmod 5 \\ x \equiv 2 \pmod 6 \\ x \equiv 3 \pmod 7 \end{cases}$$

풀이 예제 1.6.2의 풀이와 같은 방법으로 구하면 $x \equiv 206 \pmod{210}$ 이다.

연습문제 1장

1. 군 G를 $\mathrm{ord}(G)=k<\infty$라 하고 $a\in G$라 하자. $m\in\mathbb{Z}$에 대하여 다음이 성립함을 보여라.

$$a^m = e \Leftrightarrow k \mid m$$

2. $\phi(490)$을 구하여라.

3. $a,b\in\mathbb{Z}$이고 $n\in\mathbb{N}$일 때, 다음이 성립함을 보여라.

$$(a+b)^n = a^n + \binom{n}{1}a^{n-1}b + \cdots + \binom{n}{n-1}ab^{n-1} + b^n$$

4. p가 소수일 때, $\binom{p-1}{j} \equiv (-1)^j \pmod{p}\ (0 \le j \le p-1,\ j\in\mathbb{Z})$임을 보여라.

5. a,b가 다음과 같을 때, $\gcd(a,b)$를 구하여라.
(a) $a=382,\ b=26$
(b) $a=6711,\ b=831$
(c) $a=x^8+x^4+x^2,\ b=x^6+x^5+x^4+x^3+x^2+x+1$ ($\mathbb{F}_2$위에서)

6. $F_0=0,\ F_1=1,\ F_n=F_{n-1}+F_{n-2}(n\ge 2)$를 만족하는 수열 $\{F_n\}$을 **피보나치 수열**(Fibonacci sequence)이라 할 때, $\gcd(F_{n+1},F_n)$을 구하여라.

7. f와 g가 계수가 $\mathbb{F}_2$의 원소인 다음과 같은 다항식일 때, $\gcd(f,g)$를 구하여라.
(a) $f(x)=x^7+1,\quad g(x)=x^5+x^3+x+1$
(b) $f(x)=x^5+x+1,\quad g(x)=x^6+x^5+x^4+1$

8. $n\ge 3$일 때, $\gcd(f_1,f_2,\cdots,f_n)=\gcd(\gcd(f_1,\cdots,f_{n-1}),f_n)$임을 보여라.

9. ($\mathbb{F}[x]$에 대한 중국인의 나머지 정리) 주어진 유한체 $\mathbb{F}$와 서로소인 0이 아닌 다항식 $f_1,\cdots,f_k\in\mathbb{F}[x]$와 임의의 다항식 $g_1,\cdots,g_k\in\mathbb{F}[x]$에 대하여 연립합동방정

식 $h \equiv g_i (\bmod f_i)$, $i = 1, 2, \cdots, k$는 유일한 해 $h \in \mathbb{F}[x] (\bmod f := f_1 f_2 \cdots f_k)$를 가짐을 보여라.

10. $f(x) = x^2 + x + 1$인 $f \in \mathbb{F}_2[x]$에 대하여 다음을 계산하여라.
(a) $(f(x))^2$
(b) $(f(x))^3$
(c) $(f(x))^4$

제2장

유한체의 구조

제 2 장 유한체의 구조

§2.1 유한체의 확장(The extension of a finite field)

정의 2.1.1 주어진 유한체 $(\mathbb{F},+,\cdot)$에 대하여 $\mathbb{K}\subset\mathbb{F}$인 $(\mathbb{K},+,\cdot)$가 유한체가 될 때, $\mathbb{K}$를 $\mathbb{F}$의 **부분체**(subfield)라 한다.

예제 2.1.2 유한체 $(\mathbb{F},+,\cdot)=\{0,1,\alpha,\alpha^2,\cdots,\alpha^{13},\alpha^{14}\}$, $\alpha^{15}=1$에 대하여 $\mathbb{F}_2=\{0,1\}$, $\mathbb{F}_{2^2}:=\{0,1,\alpha^5,\alpha^{10}\}$, $\mathbb{F}_{2^4}:=\{0,1,\alpha,\alpha^2,\cdots,\alpha^{13},\alpha^{14}\}$은 모두 $(\mathbb{F},+,\cdot)$의 부분체들이다.

정의 2.1.3 $\mathbb{K}$가 $\mathbb{F}$의 부분체이고 $M\subset\mathbb{F}$라 할 때, $\mathbb{K}(M)$을 $\mathbb{K}$와 M을 품는 $\mathbb{F}$의 모든 부분체들의 교집합이라 하자. 이 때, $\mathbb{K}(M)$을 M에 있는 원소들을 **첨가**(adjoining)해서 얻어진 $\mathbb{K}$의 **확장체**(extension field)라 하며 $M=\{\theta_1,\cdots,\theta_n\}$일 때, $\mathbb{K}(M)=\mathbb{K}(\theta_1,\cdots,\theta_n)$이라 쓴다. $M=\{\theta\}$일 때, $\mathbb{K}(\theta)$를 $\mathbb{K}$의 **단순확장체**(simple extension field)라 한다.

예제 2.1.4 예제 2.1.2에서 $\mathbb{F}_2(\alpha^5)=\mathbb{F}_2(\alpha^{10})=\{0,1,\alpha^5,\alpha^{10}\}$이며 $\mathbb{F}_2(\alpha)=\mathbb{F}_{2^4}$이다.

정의 2.1.5 $\mathbb{K}$가 유한체 $\mathbb{F}$의 부분체라 하고 $\theta\in\mathbb{F}$라 하자.

$$f(x)=x^n+a_{n-1}x^{n-1}+\cdots+a_1x+a_0$$

일 때, $f(\theta)=O$를 만족하는 θ를 $\mathbb{K}$ 위에서 **대수적**(algebraic)이라 하고 $\mathbb{K}$의 확장체 $\mathbb{L}$을 $\mathbb{K}$ 위에서 대수적이라 하며 $\mathbb{L}$의 도든 원소가 $\mathbb{K}$ 위에서 대수적일 때, $\mathbb{L}$을 $\mathbb{K}$의 **대수적 확장체**(algebraic extension field)라 한다.

예제 2.1.6 예제 2.1.2에서 $\mathbb{K}=\mathbb{F}_2$라 하고 $\mathbb{F}=\mathbb{F}_{2^4}$라 하자. $f(x)=x^2+x+1$라 하고 $\theta=\alpha^5$라 하면

$$f(\theta)=f(\alpha^5)=\alpha^{10}+\alpha^5+1=(0,1,1,1)+(0,1,1,0)+(0,0,0,1)=(0,0,0,0)=O$$

가 되므로 $\mathbb{F}_{2^2}$는 $\mathbb{K}$의 대수적 확장체이다. 또한, $f(x)=x^4+x+1$라 하고 $\theta=\alpha,\alpha^2,\alpha^4,\alpha^8$라 두면 $f(\theta)=O$가 되어 $\mathbb{F}_{2^4}$도 $\mathbb{K}$의 대수적 확장체가 된다.

정의 2.1.7 두 유한체 $\mathbb{K}$와 $\mathbb{F}$에 대하여 $\theta\in\mathbb{F}$가 $\mathbb{K}$ 위에서 대수적일 때, $\{f\in\mathbb{K}[x]\mid f(\theta)=0\}$가 $\mathbb{F}$의 부분체가 되는 유일한 모닉다항식 $g\in\mathbb{K}[x]$를 $\mathbb{K}$ 위에서 θ의 **최소다항식**(minimal polynomial)이라 한다. 또한 $\mathbb{K}$ 위에서 θ의 **차수**(degree)는 g의 차수로 정의하고 $\deg(\theta)=\deg(g(x))$라 쓴다.

예제 2.1.8 $\mathbb{K}=\mathbb{F}_2$, $\mathbb{F}=\mathbb{F}_{2^4}=\{0,1,\alpha,\alpha^2,\cdots,\alpha^{14}\}$, $\alpha^{15}=1$이고 $\theta:=\alpha^5$라 하고 $f(x)=x(x^2+x+1)$라 하면 $f(\theta)=0$이므로 $g(x)=x^2+x+1$은 $\mathbb{F}_2$ 위에서 θ의 최소다항식이며 $\deg(\theta)=2$이다. 또한 $\theta:=\alpha^2$라 하고 $f(x)=x^3(x^4+x+1)$라 하면

$$f(\theta)=f(\alpha^2)=\alpha^6(\alpha^8+\alpha^2+1)=\alpha^6\cdot 0=0$$

가 되어 $g(x)=x^4+x+1$은 $\mathbb{F}_2$ 위에서 θ의 최소다항식이며 $\deg(\theta)=4$이다. 마찬가지로 $\theta:=\alpha^7$라 하고 $f(x)=x^5(x^4+x^3+1)$라 하면

$$f(\theta)=f(\alpha^7)=(\alpha^7)^5(\alpha^{28}+\alpha^{21}+1)=\alpha^5\cdot 0=0$$

가 되어 $g(x)=x^4+x^3+1$은 $\mathbb{F}_2$ 위에서 θ의 최소다항식이며 $\deg(\theta)=4$이다.

정의 2.1.9 $f=f_1f_2$, $f_1,f_2\in\mathbb{F}[x]$ 일 때, f_1과 f_2 가운데 하나는 1이 될 때, f를 $\mathbb{F}$ 위에서의 **기약다항식**(irreducible polynomial)이라 하며 기약이 아닌 다항식을 **가약다항식**(reducible polynomial)이라 한다.

예제 2.1.10 $\mathbb{F}_2[x]$의 다항식들 중 다음은 5차까지의 기약다항식들이다.

(a) 1차: x, $x+1$
(b) 2차: x^2+x+1
(c) 3차: x^3+x+1, x^3+x^2+1
(d) 4차: x^4+x+1, x^4+x^3+1, $x^4+x^3+x^2+x+1$
(e) 5차: x^5+x^2+1, x^5+x^3+1, $x^5+x^4+x^3+x^2+1$,
$x^5+x^4+x^3+x+1$, $x^5+x^4+x^2+x+1$, $x^5+x^3+x^2+x+1$

정리 2.1.11 ($\mathbb{F}[x]$에서 인수분해의 유일성) 양의 차수를 갖는 다항식 $f\in\mathbb{F}[x]$는 다음과 같은 형태로 유일하게 인수분해가 된다.

$$f=p_1^{e_1}p_2^{e_2}\cdots p_k^{e_k}$$

여기서 $p_1,\cdots,p_k$는 $\mathbb{F}[x]$에서 서로 다른 모닉다항식이며 $e_1,\cdots,e_k$는 자연수들이다.

정리 2.1.12 $\theta\in\mathbb{F}$가 $\mathbb{K}$ 위에서 대수적일 때, θ의 최소다항식 g에 대하여 다음이 성립한다.

(a) g는 $\mathbb{K}[x]$에서 기약다항식이다.
(b) $f\in\mathbb{K}[x]$에 대하여 $f(\theta)=0$일 필요충분조건은 $g\mid f$이다.
(c) $g\in\mathbb{K}[x]$는 $g(\theta)=0$를 만족하는 가장 낮은 차수의 모닉다항식이다.

증명 (a) $g=g_1g_2$라면 $g_1(\theta)=0$ 혹은 $g_2(\theta)=0$가 되며

$$\deg(g_1)<\deg(g),\ \deg(g_2)<\deg(g)$$

이므로 모순이 된다. 따라서 g는 기약다항식이다.
(b) $f(\theta)=0$이며 $f(x)=q(x)g(x)+r(x)$ $(\deg(r)<\deg(g))$라 하면 $g(\theta)=0$이므로 $r(\theta)=0$가 되어야 한다. $r\not\equiv O$라면 $\deg(r)<\deg(g)$이며 $r(\theta)=0$가 되어 모순이 된다. 그러므로 $r\equiv O$이며 따라서 $g\mid f$이다. 역으로 $g\mid f$라 하면 $g(\theta)=0$이

므로 $f(\theta)=0$임은 명백하다.
(c) 최소다항식의 정의로부터 분명하다.

정의 2.1.13 $\mathbb{L}$을 유한체 $\mathbb{K}$의 확장체라 하자. $\mathbb{L}$을 $\mathbb{K}$ 위에서의 유한차원 선형공간으로 간주할 때, $\mathbb{L}$은 $\mathbb{K}$의 **유한확장체**(finite extension field)라 하며 $\mathbb{K}$ 위에서 선형공간 $\mathbb{L}$의 차원을 $\mathbb{K}$ 위에서 $\mathbb{L}$의 **차수**(degree)라 정의하고 $[\mathbb{L}:\mathbb{K}]$라 쓰기로 한다.

정리 2.1.14 $\mathbb{L}$이 $\mathbb{K}$의 유한확장체이며 $\mathbb{M}$이 $\mathbb{L}$의 유한확장체이면 $\mathbb{M}$은 $\mathbb{K}$의 유한확장체이며 다음을 만족한다.

$$[\mathbb{M}:\mathbb{K}]=[\mathbb{M}:\mathbb{L}][\mathbb{L}:\mathbb{K}]$$

증명 $[\mathbb{M}:\mathbb{L}]=m$, $[\mathbb{L}:\mathbb{K}]=n$이라 하고 $\{\beta_1,\cdots,\beta_n\}$을 $\mathbb{K}$ 위에서 $\mathbb{L}$의 **기저**(basis)라 하고 $\{\alpha_1,\cdots,\alpha_m\}$을 $\mathbb{L}$ 위에서 $\mathbb{M}$의 기저라 하자. 그러면 모든 $\alpha\in\mathbb{M}$는 $\alpha_1,\alpha_2,\cdots,\alpha_m$의 일차결합

$$\alpha=\gamma_1\alpha_1+\gamma_2\alpha_2+\cdots+\gamma_m\alpha_m,\ \ \gamma_i\in\mathbb{L}\,(1\le i\le m)$$

으로 표현할 수 있다. 마찬가지로 각 γ_i는 β_j의 일차결합 $\gamma_i=\sum_{j=1}^{n}\gamma_{ij}\beta_j$로 표현할 수 있다. 그러므로

$$\alpha=\sum_{i=1}^{m}\left(\sum_{j=1}^{n}\gamma_{ij}^{n}\beta_j\right)\alpha_i=\sum_{i=1}^{m}\sum_{j=1}^{n}\gamma_{ij}\beta_j\alpha_i,\ \ \gamma_{ij}\in\mathbb{K}$$

만일 mn개의 원소 $\beta_j\alpha_i$ $(1\le i\le m,\ 1\le j\le n)$가 $\mathbb{K}$ 위에서 일차독립이면 증명은 끝이 난다. 그러므로

$$\sum_{i=1}^{m}\sum_{j=1}^{n}s_{ij}\beta_j\alpha_i=0,\ \ s_{ij}\in\mathbb{K}$$

라 하자. 그러면

$$\sum_{i=1}^{m}\left(\sum_{j=1}^{n} s_{ij}\beta_j\right)\alpha_i = 0$$

이고 α_i들이 $\mathbb{L}$ 위에서 일차독립이므로

$$\sum_{j=1}^{n} s_{ij}\beta_j = 0, \quad 1 \le i \le m$$

이 성립한다. β_j들이 $\mathbb{K}$ 위에서 일차독립이므로 도든 $s_{ij}=0$이다.

정리 2.1.15 $\mathbb{K}$의 모든 유한 확장체는 $\mathbb{K}$ 위에서 대수적이다.

증명 $\mathbb{L}$을 $\mathbb{K}$의 유한 확장체라 하고 $[\mathbb{L}:\mathbb{K}]=m$, $\theta\in\mathbb{L}$이라 하자. $f(x)=x^m+a_{m-1}x^{m-1}+\cdots+a_1x+a_0$가 θ의 최소다항식이면 $f(\theta)=0$가 되어 $\mathbb{L}$은 $\mathbb{K}$ 위에서 대수적이다.

정리 2.1.16 $\theta\in\mathbb{F}$가 $\mathbb{K}$ 위에서 대수적이고 $\deg(\theta)=n$라 하자. 또한 g를 $\mathbb{K}$ 위에서 θ의 최소다항식이라 하자. 그러면 다음이 성립한다.

(a) $[\mathbb{K}(\theta):\mathbb{K}]=n$이고 $\{1,\theta,\cdots,\theta^{n-1}\}$은 $\mathbb{K}$ 위에서 $\mathbb{K}(\theta)$의 기저이다.
(b) 모든 $\alpha\in\mathbb{K}(\theta)$는 $\mathbb{K}$ 위에서 대수적이며 $\mathbb{K}$ 위에서 $\deg(\theta)\mid n$이다.

증명 (a) $\theta\in\mathbb{F}$가 $\mathbb{K}$ 위에서 대수적이드로 주어진 $\alpha\in\mathbb{K}(\theta)$에 대하여 $f\in\mathbb{K}[x]$가 존재하여 $\alpha=f(\theta)$를 만족한다. 나눗셈 알고리즘에 의하여

$$f=q\cdot g+r \quad (q,r\in\mathbb{K}[x],\ \deg(r)<\deg(g)=n)$$

을 만족하는 q,r이 존재한다. 그러면 $\alpha=f(\theta)=q(\theta)g(\theta)+r(\theta)=r(\theta)$이다. 그러므로 α는 계수들이 $\mathbb{K}$에 있는 $1,\theta,\cdots,\theta^{n-1}$의 일차결합으로 표현할 수 있다. 한편, $a_0+a_1\theta+\cdots a_{n-1}\theta^{n-1}=0$ $(a_i\in\mathbb{K})$라 하면 다항식

$$h(x) := a_0 + a_1 x + \cdots a_{n-1} x^{n-1} \in \mathbb{K}[x]$$

는 θ를 근으로 갖기 때문에 $g \mid h$를 만족한다. $\deg(h) < n$이고 $\deg(g) = n$이므로 $h \equiv O$이다. 그러므로 모든 $a_i = 0$이다. 그러므로 $1, \theta, \cdots, \theta^{n-1}$은 일차독립이다. 따라서 $[\mathbb{K}(\theta) : \mathbb{K}] = n$이다.

(b) (a)에 의하여 $\mathbb{K}(\theta)$는 $\mathbb{K}$의 유한 확장체이다. 그러므로 정리 2.1.15에 의하여 $a \in \mathbb{K}(\theta)$는 $\mathbb{K}$ 위에서 대수적이며 $\mathbb{K}(\alpha)$는 $\mathbb{K}(\theta)$의 부분체이다. $\mathbb{K}$ 위에서 $d = \deg(\alpha)$이면 (a)와 정리 2.1.14에 의하여

$$n = [\mathbb{K}(\theta) : \mathbb{K}] = [\mathbb{K}(\theta) : \mathbb{K}(\alpha)][\mathbb{K}(\alpha) : \mathbb{K}] = [\mathbb{K}(\theta) : \mathbb{K}(\alpha)]d$$

이므로 $d \mid n$이다.

예제 2.1.17 $\mathbb{K} := \mathbb{F}_2$라 하고 $\theta \in \mathbb{F}_{2^4}$라 하고 $g(x) = x^4 + x + 1$을 $\mathbb{K}$ 위에서 θ의 최소다항식이라면 $\mathbb{K}(\theta) = \mathbb{F}_{2^4}$이므로 $[\mathbb{K}(\theta) : \mathbb{K}] = 4$이고 $\{1, \theta, \theta^2, \theta^3\}$은 $\mathbb{K}$ 위에서 $\mathbb{K}(\theta)$의 기저가 된다. 또한 $\alpha := \theta^5$이라 하고 $f(x) = x^2 + x + 1$라 하면 $f(\alpha) = 0$가 되어 α는 $\mathbb{K}$ 위에서 대수적이다. $\mathbb{K}$ 위에서 $\deg(\alpha) = 2 \mid 4$이다.

정의 2.1.18 $f \in \mathbb{K}[x]$가 양의 차수의 다항식이며 $\mathbb{F}$를 $\mathbb{K}$의 유한 확장체라 하자. f가 $\mathbb{F}[x]$의 선형 인수들로 인수분해 될 때 f는 $\mathbb{F}$에서 **분해된다**(split)고 한다. 즉,

$$f(x) = (x - \alpha_1)(x - \alpha_2) \cdots (x - \alpha_n) \; (\alpha_1, \alpha_2, \cdots, \alpha_n \in \mathbb{F})$$

이다. 또한 f가 $\mathbb{F}$에서 분해되고 $\mathbb{F} = \mathbb{K}(\alpha_1, \alpha_2, \cdots, \alpha_n)$일 때, 유한체 $\mathbb{F}$를 f의 **분해체**(splitting field)라 한다.

예제 2.1.19 $f(x) = x^4 + x + 1 \in \mathbb{F}_2[x]$이고 $\mathbb{F} := \mathbb{F}_{2^4}$라 하자. $f(\alpha) = 0$라면

$$f(x) = (x - \alpha)(x - \alpha^2)(x - \alpha^4)(x - \alpha^8)$$

이다. 왜냐하면 $(x - \alpha)(x - \alpha^4) = x^2 + x + \alpha^5$이고 $(x - \alpha^2)(x - \alpha^8) = x^2 + x + \alpha^{10}$

이므로

$$\begin{aligned} f(x) &= (x^2+x+\alpha^5)(x^2+x+\alpha^{10}) \\ &= (x^2+x)^2+(\alpha^5+\alpha^{10})(x^2+x)+\alpha^5\alpha^{10} \\ &= (x^4+x^2)+(x^2+x)+1 = x^4+x+1 \end{aligned}$$

§2.2 유한체의 성질(Properties of finite fields)

보조정리 2.2.1 $\mathbb{F}$를 q개의 원소를 갖는 부분체 $\mathbb{K}$를 포함하는 유한체라 하자. 그러면 $\mathbb{F}$는 q^m개의 원소를 갖는다. 여기서 $m=[\mathbb{F}:\mathbb{K}]$이다.

증명 $[\mathbb{F}:\mathbb{K}]=m$이므로 $\mathbb{F}$는 $\mathbb{K}$ 위에서 기저 $\{\alpha_1,\alpha_2,\cdots,\alpha_m\}$를 갖는다. 따라서 $\mathbb{F}$의 모든 원소는 $\alpha=a_1\alpha_1+a_2\alpha_2+\cdots+a_n\alpha_m\,(a_1,a_2,\cdots,a_m\in\mathbb{K})$의 형태로 표현된다. 각 a_i는 q개의 가능한 값을 가지므로 $\mathbb{F}$는 정확하게 q^m개의 원소를 갖는다.

정리 2.2.2 $\mathbb{F}$를 유한체라 하자. 그러면 $\mathbb{F}$는 p^n개의 원소를 갖는다. 여기서 소수 p는 $\mathbb{F}$의 표수이며 표수가 p인 가장 작은 $\mathbb{F}$의 부분체 위에서 $n=\deg(\mathbb{F})$를 만족한다.

증명 보조정리 2.2.1로부터 분명하다.

예제 2.2.3 $\mathbb{K}:=\mathbb{F}_2$라 하면 $\mathbb{F}_{2^2}$은 $\mathbb{K}$ 위에서 원소를 2^2개를 갖는 유한체이며 $\mathbb{F}_{2^4}$은 2^4개의 원소를 갖는 유한체이다. $\mathbb{K}$, $\mathbb{F}_{2^2}$, $\mathbb{F}_{2^4}$은 모두 표수가 2인 유한체이다. 분명히 $\deg(\mathbb{F}_{2^2})=2$이고 $\deg(\mathbb{F}_{2^4})=4$이다.

보조정리 2.2.4 $\mathbb{F}$가 q개의 원소를 갖는 유한체라면 모든 $a\in\mathbb{F}$는 $a^q=a$를 만족한다.

증명 $a=0$이면 분명하다. $a\neq 0$라면 $a^{q-1}=1$을 만족한다. 그러므로 $a^q=a$이다.

예제 2.2.5 $f(x)=x^4+x+1$을 $\theta\in\mathbb{F}_{2^4}$의 최소다항식이라 하자. 그러면 $1^0=1^1=\cdots=1^{16}=1$이며 $a=\theta^3$이면 $a^5=a^{10}=a^{15}=1$이므로

$$a^6=a^{11}=a^{16}=a$$

이다. 또한 $a=\theta^5$이면 $a^3=a^6=a^9=a^{12}=a^{15}=1$이므로

$$a^4=a^7=a^{10}=a^{13}=a^{16}=a$$

이다. $a=\theta$이면 $a^{15}=1$이므로

$$a^{16}=a$$

이고 $a=\theta^7$이면 $a^{15}=1$이므로

$$a^{16}=a$$

이다.

보조정리 2.2.6 $\mathbb{F}$를 q개의 원소를 갖는 유한체이며 $\mathbb{K}$를 $\mathbb{F}$의 부분체라 하면 $\mathbb{K}[x]$에서 x^q-x는 $\mathbb{F}[x]$의 선형인수들로 인수분해가 된다. 즉,

$$x^q-x=\prod_{a\in\mathbb{F}}(x-a)$$

이다. 또한, $\mathbb{F}$는 $\mathbb{K}$ 위에서 x^q-x의 분해체이다.

증명 보조정리 2.2.4에 의하여 분명하다.

다음 정리는 아주 유용한 정리이다. 증명은 생략한다.

정리 2.2.7 (유한체의 존재성과 유일성) 임의의 소수 p와 $n \in \mathbb{N}$에 대하여 p^n개의 원소를 갖는 유한체가 존재한다. $q = p^n$개의 원소를 갖는 유한체는 $\mathbb{F}_p$ 위에서 $x^q - x$의 분해체와 동형이다.

예제 2.2.8 $p = 2$, $n = 4$라면 $f(x) = x^4 + x + 1$이라 하고 $f(\alpha) = 0$이면 $\mathbb{F}_{2^4} = \{0, 1, \alpha, \alpha^2, \cdots, \alpha^{14}\}, \alpha^{15} = 1$는 2^4개의 원소를 갖는 유한체이다. 또한 $g(x) = x^4 + x^3 + 1$이라 하고 $g(\beta) = 0$이면 $\{0, 1, \beta, \beta^2, \cdots, \beta^{14}\}$은 $\mathbb{F}_{2^4}$와 동형인 유한체이다. 이러한 의미에서 p^n개의 원소를 갖는 유한체는 유일하다.

정리 2.2.9 $\mathbb{F}_q$는 원소의 개수가 $q = p^n$인 유한체라 하자. 그러면 $\mathbb{F}_q$의 모든 부분체는 위수가 p^m이다. 여기서 $m \mid n$이다. 역으로, $m \mid n$ $(m > 0)$이면 원소의 개수가 p^m인 부분체가 유일하게 존재한다.

증명 $\mathbb{F}_q$의 모든 부분체는 원소의 개수가 $p^m (m \leq n)$이다. 보조정리 2.2.1에 의하여 $q = p^n = (p^m)^k$을 만족하여 $k \in \mathbb{N}$가 존재한다. 그러므로 $m \mid n$이다. 역으로, $m \mid n$이면 보조정리 1.4.7에 의하여 $(p^m - 1) \mid (p^n - 1)$이며 정리 1.4.8에 의하여 $\mathbb{F}_p[x]$에서 $(x^{p^m - 1} - 1) \mid (x^{p^n - 1} - 1)$이다. 그러므로 $\mathbb{F}_p[x]$에서

$$(x^{p^m} - x) \mid (x^{p^n} - x) = (x^q - x)$$

이다. 따라서 $x^{p^m} - x = 0$의 모든 근은 $x^q - x = 0$의 근이 된다. 그러므로 $\mathbb{F}_q$는 $\mathbb{F}_p$ 위에서 $x^{p^m} - x$이 분해되는 $\mathrm{ord}(\mathbb{K}) = p^m$인 부분체 $\mathbb{K}$를 갖는다. 만일 $\mathbb{F}_q$가 두 개의 서로 다른 위수가 p^m인 부분체를 갖는다면 $x^{p^m} - x = 0$의 p^m개의 근보다 더 많은 근을 가져야 하므로 모순이 된다.

예제 2.2.10 $\mathbb{F}_{2^{30}}$의 모든 부분체들은 $\mathbb{F}_{2^k}$ $(k \ \ 30)$들이다.

$$\mathbb{F}_2 \subset \mathbb{F}_{2^2} \subset \mathbb{F}_{2^6} \subset \mathbb{F}_{2^{30}}, \ \mathbb{F}_2 \subset \mathbb{F}_{2^3} \subset \mathbb{F}_{2^6} \subset \mathbb{F}_{2^{30}}$$

이며 $\mathbb{F}_2 \subset \mathbb{F}_{2^5} \subset \mathbb{F}_{2^{15}} \subset \mathbb{F}_{2^{30}}$이다. $\mathbb{F}_2 = \{0, 1\}$ $\mathbb{F}_{2^2} = \{0, 1, \alpha, \alpha^2\} (\alpha^2 + \alpha + 1 = 0)$,

$\mathbb{F}_{2^6} = \{0, 1, \beta, \beta^2, \cdots, \beta^{62}\}$ $(\beta^6 + \beta + 1 = 0)$ $\alpha := \beta^{21}$라 하면 $\alpha^2 + \alpha + 1 = 0$이므로 $\mathbb{F}_{2^2} = \{0, 1, \beta^{21}, \beta^{42}\} \subset \mathbb{F}_{2^6}$이다.

앞으로 $\mathbb{F}_q$의 0이 아닌 원소들의 곱셈군을 $\mathbb{F}_q^*$로 쓰기로 한다. 즉,

$$\mathbb{F}_q^* = \mathbb{F}_q - \{0\}$$

다음 정리의 증명은 연습문제로 남긴다.

정리 2.2.11 유한체 $\mathbb{F}_q$에 대하여 $\mathbb{F}_q^*$는 순환군이다.

예제 2.2.12 $\mathbb{F}_{2^4} = \{0, 1, \alpha, \alpha^2, \cdots, \alpha^{14}\}(\alpha^4 + \alpha + 1 = 0)$에 대하여

$$\begin{aligned}\mathbb{F}_{2^4}^* &= \{1, \alpha, \alpha^2, \cdots, \alpha^{14}\} = <\alpha> = <\alpha^2> = <\alpha^4> = <\alpha^8> \\ &= <\alpha^7> = <\alpha^{14}> = <\alpha^{13}> = <\alpha^{11}>\end{aligned}$$

이다.

정의 2.2.13 유한체 $\mathbb{F}_q$에 대하여 곱셈군 $\mathbb{F}_q^*$의 생성자를 $\mathbb{F}_q$의 **원시원소** (primitive element)라 한다.

예제 2.2.14 예제 2.2.12에서 $\mathbb{F}_{2^4}$는 $\phi(15) = 8$개의 원시원소들

$$\alpha, \alpha^2, \alpha^4, \alpha^8, \alpha^7, \alpha^{14}, \alpha^{13}, \alpha^{11}$$

를 갖는다.

§2.3 기약다항식의 근(Roots of irreducible polynomials)

보조정리 2.3.1 $f \in \mathbb{F}_q[x]$를 차수가 m인 $\mathbb{F}_q$ 위에서의 기약다항식이라 하면

$$f(x) \mid (x^{q^n} - x) \Leftrightarrow \quad m \quad n$$

이다.

증명 $f(x) \mid (x^{q^n} - x)$라 하고 $\mathbb{F}_q$ 위에서 f의 분해체에서 $f(\alpha) = 0$라 하자. 그러면 $\alpha^{q^n} - \alpha = 0$이므로 $\alpha \in \mathbb{F}_{q^n}$이다. 분명히 $\mathbb{F}_q(\alpha)$는 $\mathbb{F}_{q^n}$의 부분체이며

$$[\mathbb{F}_q(\alpha) : \mathbb{F}_q] = m, \ [\mathbb{F}_{q^n} : \mathbb{F}_e] = n$$

이므로 정리 2.1.14에 의하여 $m \mid n$이다. 역으로, $m \mid n$이면 $\mathbb{F}_{q^n}$은 $\mathbb{F}_{q^m}$을 부분체로 갖는다. $\mathbb{F}_q$ 위에서의 f의 분해체에서 $f(\alpha) = 0$이면 $[\mathbb{F}_q(\alpha) : \mathbb{F}_q] = m$이므로

$$\mathbb{F}_q(\alpha) = \mathbb{F}_{q^m}$$

이다. 그러므로 $\alpha \in \mathbb{F}_{q^n}$. 즉, $\alpha^{q^n} = \alpha$이다. 따라서 α는 $x^{q^n} - x (\in \mathbb{F}_q[x]) = 0$의 근이다. 그러므로 $f(x) \mid (x^{q^n} - x)$이다.

참고 보조정리 2.3.1에 의하여 차수가 $m \geq 1$인 모든 기약다항식 f에 대하여 $f(x) \mid (x^{q^m} - x)$이다.

예제 2.3.2 $f(x) = x^2 + x + 1$이면 $f(x)$는 $x^{2^2} - x = x(x+1)(x^2+x+1)$을 나눈다. 또한 $g(x) = x^3 + x + 1$이면 $g(x)$는

$$x^{2^3} - x = x(x+1)(x^3+x+1)(x^3+x^2+1)$$

을 나눈다. 마찬가지로 $f(x)$와 $h(x) = x^4 + x + 1$은

$$x^{2^4}-x=x(x+1)(x^2+x+1)(x^4+x+1)(x^4+x^3+1)(x^4+x^3+x^2+x+1)$$

을 나눈다.

정리 2.3.3 $f\in\mathbb{F}_q[x]$가 차수가 m인 기약다항식이라면 f는 $\mathbb{F}_{q^m}$에서 근을 갖는다. 또한 f의 모든 근들은 중근이 아니며 서로 다른 m개의 $\mathbb{F}_{q^m}$의 원소들 $\alpha,\alpha^q,\cdots,\alpha^{q^{m-1}}$을 근으로 갖는다.

증명 α를 $\mathbb{F}_q$ 위에서 f의 분해체에서 f의 근이라 하면 $[\mathbb{F}_q(\alpha):\mathbb{F}_q]=m$이며 따라서 $\mathbb{F}_q(\alpha)=\mathbb{F}_{q^m}$이다. 물론, $\alpha\in\mathbb{F}_{q^m}$이다. β가 f의 근이면 $\mathbb{F}_{q^m}$의 표수가 q이므로 $\beta^2,\cdots,\beta^{m-1}$도 근이 된다. 만일 $\alpha,\alpha^q,\cdots,\alpha^{q^{m-1}}$ 중에서 같은 근이 존재해서

$$\alpha^{q^j}=\alpha^{q^k}(0\le j<k\le m-1)$$

이라 하면 $\alpha^{q^{m-k+j}}=\alpha^{q^m}=\alpha$이므로 $f(x)\,|\,(x^{q^{m-k+j}}-x)$이다. 보조정리 2.3.1에 의하여 $m\,|\,(m-k+j)$이다. 그러나 $0<m-k+j<m$이므로 모순이 된다. 그러므로 $\alpha,\alpha^q,\cdots,\alpha^{q^{m-1}}$은 서로 다르다.

예제 2.3.4 (a) $f(x)=x^2+x+1\in\mathbb{F}_2[x]$라면

$$\mathbb{F}_{2^2}=\{0,1,\alpha,\alpha^2\}(\alpha^2+\alpha+1=0)$$

이므로 $f(x)=(x-\alpha)(x-\alpha^2)$이다.

(b) $f(x)=x^3+x+1,\, g(x)=x^3+x^2+1\in\mathbb{F}_2[x]$라면 $\mathbb{F}_{2^3}=\{0,1,\beta,\beta^2,\cdots,\beta^6\}$: $\beta^3+\beta+1=0$이므로

$$f(x)=(x-\beta)(x-\beta^2)(x-\beta^4),\ g(x)=(x-\beta^3)(x-\beta^6)(x-\beta^5)$$

이다.

(c) $f(x)=x^4+x+1$라면

$$\mathbb{F}_{2^4} = \{0, 1, \gamma, \gamma^2, \cdots, \gamma^{14}\}\ (\gamma^4 + \gamma + 1 = 0)$$

이므로 $f(x) = (x-\gamma)(x-\gamma^2)(x-\gamma^4)(x-\gamma^8)$이고

$$g(x) = x^4 + x^3 + 1 = (x-\gamma^7)(x-\gamma^{14})(x-\gamma^{13})(x-\gamma^{11})$$
$$h(x) = x^4 + x^3 + x^2 + x + 1 = (x-\gamma^3)(x-\gamma^6)(x-\gamma^{12})(x-\gamma^9)$$

이며 $k(x) := x^2 + x + 1 = (x-\gamma^5)(x-\gamma^{10})$이 된다.

정의 2.3.5 $\mathbb{F}_{q^m}$을 $\mathbb{F}_q$의 확장체라 하고 $\alpha \in \mathbb{F}_{q^m}$라 할 때, $\alpha, \alpha^q, \cdots, \alpha^{q^{m-1}}$을 $\mathbb{F}_q$에 관한 α의 **켤레**(conjugate)들이라 한다.

정리 2.3.6 $\mathbb{F}_q$의 임의의 부분체에 관한 $\alpha \in \mathbb{F}_q^*$의 켤레들은 $\mathbb{F}_q^*$에서 같은 위수를 갖는다.

증명 $\mathbb{F}_q^*$는 순환군이므로 정리 1.2.11(2)와 $\mathbb{F}_q$의 표수의 승(power)은 $\mathrm{ord}(\mathbb{F}_q^*) = q-1$과 서로소라는 사실로부터 분명하다.

예제 2.3.7 $\mathbb{F}_{2^4} = \{0, 1, \alpha, \cdots, \alpha^{14}\}\ (\alpha^4 + \alpha + 1 = 0)$에서

$$\mathrm{ord}(\alpha^5) = \mathrm{ord}(\alpha^{10}) = 2,$$
$$\mathrm{ord}(\alpha) = \mathrm{ord}(\alpha^2) = \mathrm{ord}(\alpha^4) = \mathrm{ord}(\alpha^8) = 15,$$
$$\mathrm{ord}(\alpha^3) = \mathrm{ord}(\alpha^6) = \mathrm{ord}(\alpha^{12}) = \mathrm{ord}(\alpha^9) = 5,$$
$$\mathrm{ord}(\alpha^7) = \mathrm{ord}(\alpha^{14}) = \mathrm{ord}(\alpha^{13}) = \mathrm{ord}(\alpha^{11}) = 15$$

이다.

§2.4 트레이스(Trace)

정의 2.4.1 $\alpha \in F := \mathbb{F}_{q^m}$과 $K := \mathbb{F}_q$에 대하여 α의 켤레들의 합

$$\alpha + \alpha^q + \cdots + \alpha^{q^{m-1}}$$

을 α의 **트레이스**(trace)라 하고 $Tr_{F/K}(\alpha)$라 쓴다.

정리 2.4.2 $K := \mathbb{F}_q$이고 $F := \mathbb{F}_{q^m}$이라 하자. 그러면 $Tr_{F/K} : F \to K$는 다음 성질을 만족한다.

(a) 모든 $\alpha \in F$에 대하여 $Tr_{F/K}(\alpha^q) = Tr_{F/K}(\alpha)$이다.
(b) $Tr_{F/K}$은 선형적이다.
(c) $Tr_{F/K}$은 전사함수이다.
(d) 모든 $a \in K$에 대하여 $Tr_{F/K}(a) = ma$이다.

증명 (a) $\alpha \in F$이면 $\alpha^{q^m} = \alpha$이므로

$$Tr_{F/K}(\alpha^q) = \alpha^q + (\alpha^q)^q + \cdots + (\alpha^q)^{q^{m-1}} = \alpha + \alpha^q + \alpha^{q^2} + \cdots + \alpha^{q^{m-1}} = Tr_{F/K}(\alpha)$$

(b) $\alpha, \beta \in F$에 대하여

$$\begin{aligned} Tr_{F/K}(\alpha+\beta) &= (\alpha+\beta) + (\alpha+\beta)^q + \cdots + (\alpha+\beta)^{q^{m-1}} \\ &= (\alpha+\beta) + (\alpha^q + \beta^q) + \cdots + (\alpha^{q^{m-1}} + \beta^{q^{m-1}}) \\ &= (\alpha + \alpha^2 + \cdots + \alpha^{q^{m-1}}) + (\beta + \beta^2 + \cdots + \beta^{q^{m-1}}) \\ &= Tr_{F/K}(\alpha) + Tr_{F/K}(\beta) \end{aligned}$$

이며 $c \in K$와 $\alpha \in F$에 대하여 K의 표수가 q이므로 $c^{q^i} = c\,(0 \le i \le m-1)$이다. 그러므로

$$\begin{aligned} Tr_{F/K}(c\alpha) &= (c\alpha) + (c\alpha)^q + \cdots + (c\alpha)^{q^{m-1}} \\ &= c\alpha + c^q\alpha^q + \cdots + c^{q^{m-1}}\alpha^{q^{m-1}} \\ &= c\alpha + c\alpha^q + \cdots + c\alpha^{q^{m-1}} \\ &= c(\alpha + \alpha^q + \cdots + \alpha^{q^{m-1}}) \\ &= c\,Tr_{F/K}(\alpha) \end{aligned}$$

그러므로 $Tr_{F/K}$는 선형적이다.

(c) $\alpha \in F$에 대하여 “$Tr_{F/K}(\alpha) = 0$일 필요충분조건은 α가 F에서

$$f(x) = x^{q^{m-1}} + \cdots + x^q + x (\in K[x]) = 0$$

의 근” 임은 분명하다. 그런데 $f(x) = 0$는 기껏해야 q^{m-1}개의 근을 F에서 갖는다. $\mathrm{ord}(K) = q$이므로 임의의 $a \in K$에 대하여 $f(x) = a$는 기껏해야 q^{m-1}개의 근을 가져야 한다. 그런데 $\mathrm{ord}(F) = q^m = q \cdot q^{m-1}$이므로 임의의 $a \in K$에 대하여 $f(x) = a$는 정확하게 q^{m-1}개의 근을 가져야만 한다. 즉, 임의의 $a \in K$에 대하여 $\alpha \in F$가 존재하여 $f(\alpha) = a$이다. 그러므로 $Tr_{F/K}$는 전사함수이다.

(d) 임의의 $a \in K$에 대하여 $a^{q^i} = a (0 \le i \le m-1)$이므로

$$Tr_{F/K}(a) = a + a^q + \cdots + a^{q^{m-1}} = ma$$

정리 2.4.3 F를 $K = \mathbb{F}_q$의 유한 확장체라 하면 $\alpha \in F$에 대하여 $Tr_{F/K}(\alpha) = 0$일 필요충분조건은 $\beta \in F$가 존재하여 $\alpha = \beta^q - \beta$이다.

증명 $\beta \in F$가 존재하여 $\alpha = \beta^q - \beta$라 하면 $Tr_{F/K}(\beta^q) = Tr_{F/K}(\beta)$이므로 $Tr_{F/K}(\alpha) = 0$이다. 역으로, $\alpha \in F (:= \mathbb{F}_{q^m})$, $Tr_{F/K}(\alpha) = 0$라 하고 β를 F의 어떤 확장체에서 $x^q - x - \alpha = 0$의 근이라 하자. 그러면 $\beta^q - \beta = \alpha$이다. 따라서 $\beta \in F$임을 보이면 증명이 끝난다.

$$\begin{aligned}
0 = Tr_{F/K}(\alpha) &= \alpha + \alpha^q + \cdots + \alpha^{q^{m-1}} \\
&= (\beta^q - \beta) + (\beta^q - \beta)^q + \cdots + (\beta^q - \beta)^{q^{m-1}} \\
&= (\beta^q - \beta) + (\beta^{q^2} - \beta^q) + \cdots + (\beta^{q^m} - \beta^{q^{m-1}}) \\
&= \beta^{q^m} - \beta
\end{aligned}$$

이므로 $\beta^{q^m} = \beta$이다. 연습문제 2.13에 의하여 $\beta \in F$이다.

예제 2.4.4 $\mathbb{F}_{2^4} = \{0, 1, \alpha, \alpha^2, \cdots, \alpha^{14}\} (\alpha^4 + \alpha + 1 = 0)$에서 $\beta := \alpha^7$라면

$$\beta^2 - \beta = (0, 0, 1, 0) = \alpha$$

이므로

$$\begin{aligned} Tr_{F/K}(\alpha) &= \alpha + \alpha^2 + \alpha^4 + \alpha^8 \\ &= (0,0,1,0) + (0,1,0,0,) + (0,0,1,1) + (0,1,0,1) = (0,0,0,0) \\ &= 0 \end{aligned}$$

보조정리 2.4.5 $\theta, \alpha \in \mathbb{F}_{q^n}$에 대하여 β가

$$\beta = \alpha\theta^q + (\alpha + \alpha^q)\theta^{q^2} + \cdots + (\alpha + \alpha^q + \cdots + \alpha^{q^{n-2}})\theta^{q^{n-1}} \tag{2.4.1}$$

이면

$$\beta - \beta^q = \alpha(Tr(\theta) - \theta) - \theta(Tr(\alpha) - \alpha) \tag{2.4.2}$$

이다.

증명 β의 정의에 의하여

$$\beta^q = \alpha^q\theta^{q^2} + (\alpha^q + \alpha^{q^2})\theta^{q^3} + \cdots + (\alpha^q + \alpha^{q^2} + \cdots + \alpha^{q^{n-1}})\theta^{q^n}$$

이다. 그러므로

$$\beta - \beta^q = \alpha(\theta^q + \theta^{q^2} + \cdots + \theta^{q^{n-1}}) - (\alpha^q + \alpha^{q^2} + \cdots + \alpha^{q^{n-1}})\theta^{q^n}$$

이다.

$$\theta^q + \cdots + \theta^{q^{n-1}} = Tr(\theta) - \theta$$

이다. 또한

$$\alpha^q + \alpha^{q^2} + \cdots + \alpha^{q^{n-1}} = Tr(\alpha) - \alpha$$

이다. $\theta^{q^n} = \theta$이므로 식 (2.4.1)이 성립한다.

이제 정리 2.4.3을 이용하여 표수가 2인 유한체 위에서 이차방정식의 해를 구하여 보자. $K:=\mathbb{F}_2$이고 $F:=\mathbb{F}_{2^m}$라 하자. 정리 2.4.3에 의하여 $\alpha\in F$이면 방정식

$$x^2+x=\alpha \tag{2.4.3}$$

이 해를 가질 필요충분조건은 $Tr(\alpha)=0$이다. 그러므로 $Tr(\alpha)=1$이면 식 (2.4.3)은 해를 갖지 않는다. 사실상 $Tr(\alpha)=0$이면 식 (2.4.3)은 2개의 해를 갖는다. 하나는 $x=\beta$ (β는 $Tr(\theta)=1$를 만족하는 고정된 $\theta\in\mathbb{F}_{2^m}$ 대하여 식 (2.4.1)에 의하여 주어진다.)이다. $x=\beta$이면 또 다른 해는 $x=\beta+1$이다. 왜냐하면 $(\beta+1)^2+(\beta+1)=\beta^2+\beta=\alpha$이기 때문이다.

예제 2.4.6 $\mathbb{F}_{2^4}=\mathbb{F}_2(\alpha)(\alpha^4+\alpha+1=0)$에 대하여 다음 방정식을 생각해 보자.

$$y^2+y=\gamma \tag{2.4.4}$$

여기서 $\gamma\in\mathbb{F}_{2^4}$. 다음 테이블은 $\mathbb{F}_{2^4}$ 구조를 요약한 것이다.

i	α^i	$Tr(\alpha^i)$
0	0001	0
1	0010	0
2	0100	0
3	1000	1
4	0011	0
5	0110	0
6	1100	1
7	1011	1
8	0101	0
9	1010	1
10	0111	0
11	1110	1
12	1111	1
13	1101	1
14	1001	1

정리 2.4.3에 의하여 이 방정식이 해를 가지려면 $Tr(\gamma)=0$이여야만 한다. 그러나

$\gamma_i (0 \le i \le 3) \in \mathbb{F}_2$에 대하여

$$\gamma = \gamma_3\alpha^3 + \gamma_2\alpha^2 + \gamma_1\alpha + \gamma_0 := (\gamma_3\gamma_2\gamma_1\gamma_0)$$

이면

$$Tr(1) = Tr(\alpha) = Tr(\alpha^2) = 0, Tr(\alpha^3) = 1$$

이므로 $Tr(\gamma) = \gamma_3$이다. 따라서 식 (2.4.4)가 해를 가질 필요충분조건은 $\gamma_3 = 0$이다. 즉, $\gamma = 0$ 또는 $\gamma = \alpha^i, i = 0,1,2,4,5,8,10$이다. 이제 방정식의 해를 구해보자. 우선 $Tr(\theta) = 1$을 만족하는 θ를 찾아야 한다. 위의 테이블에 의하여 $\theta = \alpha^3$이라 하자. 식 (2.4.1)에서 $\beta := y$, $q := 2$ 그리고 $n := 4$라 하면

$$\begin{aligned} y &= \gamma\theta^2 + (\gamma + \gamma^2)\theta^4 + (\gamma + \gamma^2 + \gamma^4)\theta^8 \\ &= \gamma(\theta^2 + \theta^4 + \theta^8) + \gamma^2(\theta^4 + \theta^8) + \gamma^4\theta^8 \end{aligned}$$

$\theta = \alpha^3$이므로

$$\begin{aligned} \theta^2 + \theta^4 + \theta^8 &= \alpha^3 + 1 = (1001) \\ \theta^4 + \theta^8 &= \alpha^2 + 1 = (0101) \\ \theta^8 &= \alpha^3 + \alpha = (1010) \end{aligned}$$

이다. 그러므로 식 (2.4.3)은 $Tr(\gamma) = 0$일 때, 해가

$$\begin{aligned} y &= \gamma(\alpha^3 + 1) + \gamma^2(\alpha^2 + 1) + \gamma^4(\alpha^3 + \alpha) \\ &= (\gamma^4 + \gamma)\alpha^3 + \gamma^2\alpha^2 + \gamma^4\alpha + (\gamma^2 + \gamma) \end{aligned} \tag{2.4.5}$$

이 된다. $\gamma \to y$는 선형사상이므로 $\mathbb{F}_{2^4}$의 기저 $\{1, \alpha, \alpha^2, \alpha^3\}$를 이용하여 이 사상을 다음을 이용하여 행렬로 나타낼 수 있다.

$$\begin{cases} \gamma = 1 \Rightarrow y = \alpha^2 + \alpha = (0110) \\ \gamma = \alpha \Rightarrow y = \alpha^3 + \alpha + 1 = (1011) \\ \gamma = \alpha^2 \Rightarrow y = \alpha^3 + 1 = (1001) \\ \gamma = \alpha^3 \Rightarrow y = 1 = (0001) \end{cases}$$

$A = \begin{pmatrix} 0&1&1&0 \\ 0&0&0&1 \\ 0&0&1&1 \\ 1&1&1&0 \end{pmatrix}$라 하면

$$y = A\gamma = \begin{pmatrix} 0&1&1&0 \\ 0&0&0&1 \\ 0&0&1&1 \\ 1&1&1&0 \end{pmatrix} \begin{pmatrix} \gamma_3 \\ \gamma_2 \\ \gamma_1 \\ \gamma_0 \end{pmatrix}$$

이다. 예를 들어 $\gamma = \alpha^{10} = (0111)$이면

$$y = A\gamma = \begin{pmatrix} 0&1&1&0 \\ 0&0&0&1 \\ 0&0&1&1 \\ 1&1&1&0 \end{pmatrix} \begin{pmatrix} 0 \\ 1 \\ 1 \\ 1 \end{pmatrix} = \begin{pmatrix} 0 \\ 1 \\ 0 \\ 0 \end{pmatrix} = \alpha^2$$

$\mathbb{F}_{2^4} = \mathbb{F}_2(\alpha) : \alpha^4 + \alpha^3 + 1 = 0$인 경우는 위와 같은 방법으로 A를 구해보면

$$A = \begin{pmatrix} 1&0&0&1 \\ 1&0&0&0 \\ 0&1&0&1 \\ 0&1&0&0 \end{pmatrix}$$

이다.

예제 2.4.7 $\mathbb{F}_{2^5} = \mathbb{F}_2(\alpha)(\alpha^5 + \alpha^2 + 1 = 0)$인 경우에 $x^2 + x = \alpha$의 해를 구하기 위하여 $\theta = 1$라 하면 $Tr(\theta) = 1$이 되고 $Tr(1) = Tr(\alpha^3) = 1$이고

$$Tr(\alpha) = Tr(\alpha^2) = Tr(\alpha^4) = 0$$

이다(부록 참조). 그러므로 $Tr(\gamma) = \gamma_3 + \gamma_0$이다. 그러므로

$$\gamma = \alpha^i \ (i = 1, 3, 4, 7, 14, 21, \cdots)$$

이다. 따라서

$$y = \alpha + (\alpha + \alpha^2) + (\alpha + \alpha^2 + \alpha^4) + (\alpha + \alpha^2 + \alpha^4 + \alpha^8) = \alpha^2 + \alpha^8 = \alpha^{29}$$

이다.

예제 2.4.7에서처럼 n이 홀수인 경우는 방정식의 해를 구하는 것이 아주 간단하다. $\mathbb{F}_{2^n} = \mathbb{F}_2(\alpha)$ (n : 홀수)인 경우의 $x^2 + x = \alpha$의 해 y는 다음과 같이 표현된다.

$$y = \alpha^2 + \alpha^8 + \cdots + \alpha^{2^{n-2}} = \sum_{i=1}^{(n-1)/2} = \alpha^{2^{2i-1}}$$

이제 다음과 같은 일반적인 방정식에서의 해를 구해보자.

$$Ax^2 + Bx + C = 0, \quad A, B, C \in \mathbb{F}_{2^n} \tag{2.4.6}$$

(1) $B \neq 0$인 경우: $y := AB^{-1}x$, $\gamma := ACB^{-1}$라 두면 $x = A^{-1}By$, $C = \gamma A^{-1}B^2$이므로 $y^2 + y = \gamma$가 되어 식 (2.4.4)와 같은 형태가 되어 방정식의 해를 구할 수 있다.

(2) $B = 0$인 경우: $\gamma := CA^{-1}$라 하면

$$x^2 = \gamma \tag{2.4.7}$$

이 경우에 2보다 큰 다른 표수에서 $\gamma \neq 0$인 경우에는 해가 없거나 2개이고 표수가 2인 경우에는 정확히 한 개의 해를 가진다. 일반적으로 식 (2.4.7)의 해는 $x = \gamma^{2^{n-1}}$이다. 왜냐하면 $x^2 = \gamma^{2^n} = \gamma$이고 또 다른 해가 y라면 $y^2 = \gamma$이므로 $\left(\frac{x}{y}\right)^2 = 1$이므로 $\left(\frac{x}{y} - 1\right)^2 = 0$이므로 $x \equiv y \pmod{2}$이다. 예를 들어 식 (2.4.7)에서 $\gamma = 1$이면 $x^2 = 1$이다. 따라서 $x = 1$이다.

예제 2.4.8 (1) $x^2 + \alpha^{11}x + \alpha^6 = 0\,(\alpha \in \mathbb{F}_{2^4} : \alpha^4 + \alpha^3 + 1 = 0)$의 해를 구하여라.

(2) $x^2 + \alpha^9 x + \alpha^8 = 0\,(\alpha \in \mathbb{F}_{2^4} : \alpha^4 + \alpha^3 + 1 = 0)$의 해를 구하여라.

(3) $x^2 + \alpha^{11}x + \alpha^8 = 0\,(\alpha \in \mathbb{F}_{2^4} : \alpha^4 + \alpha^3 + 1 = 0)$의 해를 구하여라.

풀이 (1) $y := B^{-1}x$, $\gamma := ACB^{-2}$라 하면 $y = \alpha^4 x$, $\gamma = \alpha^{14}$이므로

$$y^2 + y = \alpha^{14}$$

이다. $A = \begin{pmatrix} 1\,0\,0\,1 \\ 1\,0\,0\,0 \\ 0\,1\,0\,1 \\ 0\,1\,0\,0 \end{pmatrix}$이므로 $y_1 = A\gamma = \begin{pmatrix} 1\,0\,0\,1 \\ 1\,0\,0\,0 \\ 0\,1\,0\,1 \\ 0\,1\,0\,0 \end{pmatrix}\begin{pmatrix} 1 \\ 1 \\ 0 \\ 0 \end{pmatrix} = \begin{pmatrix} 1 \\ 1 \\ 1 \\ 1 \end{pmatrix} = \alpha^6$이며 또 다른 해 y_2는

$$y_2 = y_1 + 1 = \alpha^6 + 1 = \alpha^8$$

이다. 그러므로 $x_1 = \alpha^{11}\alpha^6 = \alpha^2$, $x_2 = \alpha^{11}\alpha^8 = \alpha^4$이다.

(2) (1)과 같은 방법으로 풀면 $x_1 = \alpha^7$, $x_2 = \alpha$이다.

(3) $\gamma = \alpha^8\alpha^8 = \alpha$고 $Tr(\alpha) = 1 \neq 0$이므로 방정식의 해가 존재하지 않는다.

§2.5 단위근과 원분다항식(The root of unity and cyclotomic polynomial)

정의 2.5.1 주어진 $n \in \mathbb{N}$에 대하여 유한체 K 위에서 $x^n - 1$의 분해체를 K 위에서 n차 **원분체**(cyclotomic field)라 하고 $K^{(n)}$라 쓴다. $K^{(n)}$에서 $x^n - 1 = 0$의 모든 근들을 K 위에서 n차 **단위근**(root of unity)이라 하고 모든 n차 단위근들의 집합을 $E^{(n)}$라 쓴다.

예제 2.5.2 (a) $K = \mathbb{F}_2$ 위에서

$$f(x) = x^3 - 1 = (x-1)(x-\alpha)(x-\alpha^2), \quad \alpha^2 + \alpha + 1 = 0$$

이므로 $K^{(3)} = \{0, 1, \alpha, \alpha^2\} = \mathbb{F}_{2^2}$이며 $E^{(3)} = \{1, \alpha, \alpha^2\}$이다.

(b) $K = \mathbb{F}_2$ 위에서 $f(x) = x^4 - 1 = (x-1)^4$이므로 $K^{(4)} = \{0, 1\} = \mathbb{F}_2$이며

$$E^{(4)} = \{1\}$$

이다.

(c) $K=\mathbb{F}_2$ 위에서 $\alpha^4+\alpha+1=0$을 만족하는 α에 대하여

$$\begin{aligned} f(x)=x^5-1 &= (x-1)(x^4+x^3+x^2+x+1) \\ &= (x-1)(x-\alpha^3)(x-\alpha^6)(x-\alpha^{12})(x-\alpha^9) \end{aligned}$$

이므로 $K^{(5)}=\{0,1,\alpha,\alpha^2,\cdots,\alpha^{14}\}=\mathbb{F}_{2^4}$이며 $E^{(5)}=\{1,\alpha^3,\alpha^6,\alpha^{12},\alpha^9\}$이다.

(d) $K=\mathbb{F}_2$ 위에서 $\alpha^2+\alpha+1=0$인 α에 대하여

$$\begin{aligned} f(x)=x^6-1 &= (x-1)^2(x^2+x+1)^2 \\ &= (x-1)^2(x-\alpha)^2(x-\alpha^2)^2 \end{aligned}$$

이므로 $K^{(6)}=\{0,1,\alpha,\alpha^2\}=\mathbb{F}_{2^2}$이고 $E^{(6)}=\{1,\alpha,\alpha^2\}$이다.

정의 2.5.3 K는 표수가 소수 p인 유한체이고 $n\in\mathbb{N}$은 p에 의해 나누어지지 않을 때, 순환군 $E^{(n)}$의 생성자를 K 위에서 n차 **원시근**(primitive nth root of unity)이라 한다.

참고 정의 2.5.3에서 K 위에서 n차 원시근의 차수는 $\phi(n)$이다.

예제 2.5.4 $K:=\mathbb{F}_2$, $n=3$이라 하면 $p=2$이므로 $\gcd(p,n)=1$이다. 예제 2.5.2(a)에 의하여 $E^{(3)}=\{1,\alpha,\alpha^2\}$이므로 α, α^2은 K 위에서 n차 원시근이다.

정의 2.5.5 K는 표수가 p인 유한체이고 $n\in\mathbb{N}$은 p와 서로소인 자연수라 하고 ξ를 K 위에서 n차 원시근이라 하자. 이 때,

$$\Phi_n(x) := \prod_{\substack{s=1 \\ \gcd(s,n)=1}}^{n} (x-\xi^s)$$

을 K위에서 n차 **원분다항식**(nth cyclotomic polynomial)이라 한다.

예제 2.5.6 $K=\mathbb{F}_2$이면 $\Phi_1(x)=x-1$, $\Phi_3(x)=(x-\beta)(x-\beta^2)=x^2+x+1$이다. 여기서 $\beta^2+\beta+1=0$이다.

$$\Phi_5(x)=(x-\alpha^3)(x-\alpha^6)(x-\alpha^{12})(x-\alpha^9)=x^4+x^3+x^2+x+1$$

이다. 여기서 $\alpha^4+\alpha+1=0$이다.

$$\begin{aligned}\Phi_7(x) &= (x-\alpha)(x-\alpha^2)(x-\alpha^3)(x-\alpha^4)(x-\alpha^5)(x-\alpha^6)\\ &= (x-\alpha)(x-\alpha^2)(x-\alpha^4)(x-\alpha^3)(x-\alpha^6)(x-\alpha^5)\\ &= x^6+x^5+x^4+x^3+x^2+x+1\\ &= (x^3+x+1)(x^3+x^2+1)\end{aligned}$$

이다. 여기서 $\alpha^3+\alpha+1=0$이다. 또한

$$\begin{aligned}\Phi_{15}(x) &= (x-\alpha)(x-\alpha^2)(x-\alpha^4)(x-\alpha^7)(x-\alpha^8)(x-\alpha^{11})(x-\alpha^{13})(x-\alpha^{14})\\ &= (x-\alpha)(x-\alpha^2)(x-\alpha^4)(x-\alpha^8)(x-\alpha^7)(x-\alpha^{14})(x-\alpha^{13})(x-\alpha^{11})\\ &= x^8+x^7+x^6+x^5+x^4+x^3+x^2+x+1\\ &= (x^4+x+1)(x^4+x^3+1)\end{aligned}$$

이다. 여기서 $\alpha^4+\alpha+1=0$이다.

원분다항식의 정의로부터 $x^n-1=\prod_{d\mid n}\Phi_d(x)$임은 분명하다.

정리 2.5.7 $K=\mathbb{F}_q$이고 $\gcd(q,n)=1$이면 $\Phi_n(x)$는 $K[x]$에서 $\dfrac{\phi(n)}{d}$개의 서로 다른 기약다항식의 곱으로 인수분해가 된다. 여기서 $q^d\equiv 1 \pmod{n}$이다.

증명 α를 $\mathbb{F}_q$에서 n차 원시근이라 하자. 그러면

$$\alpha\in\mathbb{F}_{q^k}\Leftrightarrow \alpha^{q^k}=\alpha \Leftrightarrow q^k\equiv 1 \pmod{\mathrm{ord}(\alpha)} \Leftrightarrow q^k\equiv 1 \pmod{n}$$

이므로 $\min\{k \mid q^k\equiv 1 \pmod{n}\}\ (:=d)$가 존재하여 $\alpha^{q^d}\equiv\alpha$이다. 그러므로 $\Phi_n(x)$

는 $(x-\alpha)(x-\alpha^q)\cdots(x-\alpha^{q^{d-1}})$와 같은 형태의 기약다항식을 인수로 갖는다. 이 기약다항식의 차수는 d이다. $\deg(\Phi_n(x))=\phi(n)$이므로 $\Phi_n(x)$는 $K[x]$에서 $\dfrac{\phi(n)}{d}$개의 서로 다른 기약다항식의 곱으로 인수분해가 된다.

예제 2.5.8 $\mathbb{F}_2$ 위에서 $\Phi_5(x)$와 $\Phi_{31}(x)$을 인수분해 하여라.

풀이 $\Phi_5(x)=x^4+x^3+x^2+x+1$이고 $2^4\equiv 1\,(\mathrm{mod}15)$이고 $\phi(5)=4$, $\dfrac{\phi(5)}{4}=1$이므로 $\Phi_5(x)$는 그 자체로 기약다항식이다. 또한

$$\Phi_{31}(x)=x^{30}+x^{29}+\cdots+x+1$$

이며 $2^5\equiv 1\,(\mathrm{mod}31)$이고 $\phi(31)=30$, $\dfrac{\phi(31)}{5}=6$이므로 $\Phi_{31}(x)$는 6개의 5차의 기약다항식들의 곱으로 인수분해가 된다. 그런데 $\mathbb{F}_2$ 위에서 5차의 기약다항식들은 모두 원시다항식들 이므로 $\Phi_{31}(x)$는 $\mathbb{F}_2$ 위에서 5차의 6개의 원시다항식들의 곱으로 표현된다.

예제 2.5.9 $\mathbb{F}_2$ 위에서 $\Phi_{63}(x)$을 인수분해 하여라.

풀이 예제 2.5.8과 같은 방법으로 하면

$$\begin{aligned}\Phi_{63}(x)=&(x^6+x+1)(x^6+x^5+1)(x^6+x^5+x^3+x^2+1)\\&(x^6+x^4+x^3+x+1)(x^6+x^5+x^2+x+1)(x^6+x^5+x^4+x+1)\end{aligned}$$

연습문제 2장

1. $f(x)=x^4+x+1\in\mathbb{F}_2[x]$이고 $\mathbb{F}:=\mathbb{F}_{2^4}$라 하자. $\alpha^4+x+1=0$일 때, 분해체 $\mathbb{F}_2(\theta)$를 구하여라. 여기서 $\theta=\alpha^5$이다.

2. 임의의 체 $\mathbb{F}$에 대하여 곱셈군 $\mathbb{F}^*$의 모든 유한 부분군은 순환군임을 보여라.

3. 임의의 체 $\mathbb{F}$에 대하여 $\mathbb{F}^*$가 순환군이면 $\mathbb{F}$는 유한체임을 보여라.

4. 표수가 p인 유한체 $\mathbb{F}_q$에 대하여 $\mathbb{F}_q$의 각 원소에 대하여 p차 근은 유일하게 존재함을 보여라.

5. 주어진 $k\in\mathbb{N}$에 대하여 $a\in\mathbb{F}_q^*$가 $\mathbb{F}_q$의 어떤 원소의 k승으로 표현될 필요충분조건은 $a^{\frac{q-1}{d}}=1$이다. 여기서 $d=\gcd(q-1,k)$이다.

6. $f\in\mathbb{F}_q[x]$에 대하여 $f(x)^q=f(x^q)$임을 보여라.

7. $a\in\mathbb{F}_q$와 $n\in\mathbb{N}$에 대하여 $x^{q^n}-x+na$는 $\mathbb{F}_q$위에서 x^q-x+a에 의해서 나누어짐을 보여라.

8. F를 표수가 p인 유한체 K의 확장체라 할 때, 모든 $\alpha\in F$와 $n\in\mathbb{N}$에 대하여 $Tr_{F/K}(\alpha^{p^n})=(Tr_{F/K}(\alpha))^{p^n}$임을 보여라.

9. F를 $K:=\mathbb{F}_q$의 유한확장체이고 $\beta\in F$가 존재하여 $\alpha=\beta^q-\beta$라 할 때, $\alpha=\gamma^q-\gamma$ $(\gamma\in F)$일 필요충분조건은 $\beta-\gamma\in K$임을 보여라.

10. 모든 $c\in K:=\mathbb{F}_q$에 대하여 $\sum_{j=0}^{m-1}x^{q^j}-c=\prod(x-\alpha)$임을 보여라. 여기서 $\alpha\in F:=\mathbb{F}_{q^m}$이고 $Tr_{F/K}(\alpha)=c$이다.

11. $n\in\mathbb{N}$에 대하여

$$x^{q^n} - x = \prod_{c \in \mathbb{F}_q} \left(\sum_{j=0}^{m-1} x^{q^j} - c \right)$$

임을 보여라.

12. 원소의 개수가 q인 유한체 $\mathbb{F}$의 모든 원소 β는 방정식 $\beta^q - \beta = 0$을 만족함을 보여라. 또한 $\mathbb{F}^*$의 모든 원소 β는 방정식 $\beta^{q-1} = 1$을 만족함을 보여라.

13. $\mathbb{F}$가 $\mathbb{E}$의 부분체로서 $|\mathbb{F}| = q$라 하고 $\beta \in \mathbb{E}$라 하자.

$$\beta \in \mathbb{E} \iff \beta^q = \beta$$

임을 보여라.

제3장

유한체 위에서의 다항식

제 3 장 유한체 위에서의 다항식

이 장에서는 유한체의 구성에 대하여 알아보기로 한다.

§3.1 다항식의 위수와 원시다항식(The crder of a polynomial and primitive polynomials)

정의 3.1.1 $f \in \mathbb{F}_q$를 영이 아닌 다항식이라 하자. $f(0) \neq 0$인 경우는 $\min\{a \in \mathbb{N} : f(x) \mid x^a - 1\}$을 f의 **위수**(order)라 하고 $\mathrm{ord}(f)$ 또는 $\mathrm{ord}(f(x))$라 쓰며 $f(0) = 0$인 경우는

$$f(x) = x^k g(x),\ k \in \mathbb{N},\ g \in \mathbb{F}_q[x],\ g(0) \neq 0$$

라면 $\mathrm{ord}(f) := \mathrm{ord}(g)$라 정의한다.

참고 f의 위수를 f의 **주기**(period)라고도 한다.

정리 3.1.2 $f \in \mathbb{F}_q[x]$가 차수가 n이고 $f(0) \neq 0$인 $\mathbb{F}_q$위에서 기약다항식이라 하자. $\mathbb{F}_{q^m}^*$에서 $\mathrm{ord}(f)$는 $f(x) = 0$의 근의 위수와 같다.

증명 정리 2.3.3에 의하여 $\mathbb{F}_{q^m}$은 $\mathbb{F}_q$의 분해체이다. 정리 2.3.6에 의하여 $f(x) = 0$의 근들은 $\mathbb{F}_{q^m}^*$에서 같은 위수를 갖는다. $\alpha \in \mathbb{F}_{q^m}^*$를 $f(x) = 0$의 근이라 하자. 그러면 $\alpha^d = 1$일 필요충분조건은 $f(x) \mid x^d - 1$이다. 그러므로 $\mathrm{ord}(f) = d$이다.

따름정리 3.1.3 $f \in \mathbb{F}_q[x]$가 $\mathbb{F}_q$ 위에서 차수가 m인 기약다항식이면

$$\mathrm{ord}(f) \mid (q^m - 1)$$

이다.

증명 정리 3.1.2에 의하여 $\mathrm{ord}(f)$는 $f(x)=0$의 근 α의 위수 $\mathrm{ord}(\alpha)$와 같다. 그런데 $\mathrm{ord}(\alpha)\mid(q^m-1)$이므로 $\mathrm{ord}(f)\mid(q^m-1)$이다.

예제 3.1.4 $f(x)=x^4+x+1\in\mathbb{F}_2[x]$라 하면 $\mathrm{ord}(f)=15$이고 $2^4-1=15$이므로 $\mathrm{ord}(f)\mid 15$이다. 또한

$$g(x)=x^4+x^3+x^2+x+1\in\mathbb{F}_2[x]$$

라 하면 $\mathrm{ord}(f)=5$이다. 따라서 $\mathrm{ord}(g)\mid 15$이다. $h(x)=x^2+x+1\in\mathbb{F}_2[x]$라 하면 $\mathrm{ord}(h)=3$이다. 따라서 $\mathrm{ord}(h)\mid 15$이다. $k(x)=x+1\in\mathbb{F}_2[x]$이면 $\mathrm{ord}(h)=1$이므로 $\mathrm{ord}(k)\mid 15$이다.

참고 따름정리 3.1.3은 기약다항식이 아닌 경우는 성립하지 않는다. 예를 들어 $x^5+x+1\in\mathbb{F}_2[x]$는 $\mathbb{F}_2$ 위에서 $x^5+x+1=(x^2+x+1)(x^3+x^2+1)$이 되며 $\mathrm{ord}(x^2+x+1)=3$, $\mathrm{ord}(x^3+x^2+1)=7$이 되어 $\mathrm{ord}(x^5+x+1)=21$이 된다. 그러나 21은 31의 약수가 아니다.

정리 3.1.5 $g(x)\in\mathbb{F}_q[x]$를 $\mathbb{F}_q$ 위에서 $g(0)\neq 0$이고 $\mathrm{ord}(g)=e$라 하자. 또한 $f=g^c\,(c\in\mathbb{N})$이라 하자. p가 $\mathbb{F}_q$의 표수일 때, $t=\min\{r\mid p^r\geq c\}$이면

$$\mathrm{ord}(f)=ep^t$$

이다.

증명 $\mathrm{ord}(g)=e$이므로 $g(x)\mid(x^e-1)$이다. $f(x)=(g(x))^c$이므로

$$f(x)\mid(x^e-1)^c\mid(x^e-1)^{p^t}=x^{ep^t}-1$$

이다. 그러므로 t의 정의에 의하여 $\mathrm{ord}(f)=ep^t$이다.

정리 3.1.6 $g_1, g_2, \cdots, g_n$은 $\mathbb{F}_q$ 위에서 영이 아닌 서로소인 다항식들이며 $f = g_1 g_2 \cdots g_n$이다. 그러면 $\mathrm{ord}(f) = lcm(\mathrm{ord}(g_1), \cdots, \mathrm{ord}(g_n))$이다.

증명 $\mathrm{ord}(g_i) := k_i$라 하고 $\mathrm{ord}(f) := k$라 하고 $lcm(k_1, k_2, \cdots, k_n) := c$라 하자. 그러면 $g_i(x) \mid (x^{k_i} - 1)$ $(1 \le i \le n)$이다. $g_1, g_2, \cdots, g_n$이 서로소이므로

$$f(x) \mid (x^c - 1)$$

이다. $k \mid c$임은 분명하다. $f(x) \mid (x^k - 1)$이다. $k_i \mid k$ $(1 \le i \le n)$이다. 그러므로 $c \mid k$ 이다. 따라서 $c = k$이다.

위의 정리들에 의하여 다음 정리를 얻는다.

정리 3.1.7 $\mathbb{F}_q$를 표수가 p인 유한체라 하고 $f \in \mathbb{F}_q[x]$를 $\deg(f) \ge 1$이며 $f(0) \ne 0$인 다항식이라 하자. $f := f_1^{e_1} f_2^{e_2} \cdots f_k^{e_k}$ $(e_1, e_2, \cdots, e_k \in \mathbb{N})$라 하고 $f_1, f_2, \cdots, f_k$는 서로 다른 기약다항식들이라 하자. 그러면 $\mathrm{ord}(f) = cp^t$이다. 여기서

$$c = lcm(\mathrm{ord}(f_1), \cdots, \mathrm{ord}(f_k))$$

이고 $t = \min\{u \mid p^u \ge \max(e_1, \cdots, e_k)\}$이다.

예제 3.1.8 $f(x) = (x^3 + x + 1)^3 (x^4 + x + 1) \in \mathbb{F}_2[x]$라면 $\mathrm{ord}(x^3 + x + 1) = 7$이고 $\mathrm{ord}(x^4 + x + 1) = 15$이므로 $c = lcm(7, 15) = 105$이고 $t = 2$이므로

$$\mathrm{ord}(f) = 105 \cdot 2^2 = 420$$

이다.

정의 3.1.9 $f(x) = x^n + a_{n-1} x^{n-1} + \cdots + a_1 x + a_0 \in \mathbb{F}_q[x]$일 때, 다음을 만족하는 다항식 f^*를 f의 **상반다항식**(reciprocal polynomial)이라 한다.

$$f^*(x) := x^n f(\frac{1}{x}) = a_0x^n + a_1x^{n-1} + \cdots + a_{n-1}x + 1$$

예제 3.1.10 $f(x) = x^4 + x + 1$이면 $\mathbb{F}_2$ 위에서 $f^*(x) = x^4 + x^3 + 1$이다.

보조정리 3.1.11 $f \in \mathbb{F}_q[x]$를 영이 아닌 다항식이라 하고 $f(0) \neq 0$라 하고 $f(\alpha) = 0$라 하자. 그러면 $\text{ord}(\alpha) = \text{ord}(\alpha^{-1})$이다.

증명 $\text{ord}(\alpha) = k$, $\text{ord}(\alpha^{-1}) = k'$라 하자. 그러면 $(\alpha^{-1})^k = (\alpha^k)^{-1} = 1$이므로 $k' | k$다. 마찬가지로 $k | k'$이다. 그러므로 $\text{ord}(\alpha) = \text{ord}(\alpha^{-1})$이다.

정리 3.1.12 $f \in \mathbb{F}_q[x]$를 O이 아닌 다항식이면 $\text{ord}(f^*) = \text{ord}(f)$이다.

증명 (a) $f(0) \neq 0$인 경우: $f(\alpha) = 0$라 하면 보조정리 3.1.11에 의하여 $\text{ord}(\alpha) = \text{ord}(\alpha^{-1})$이다. 따라서 $f(x) | (x^e - 1) \Leftrightarrow f^*(x) | (x^e - 1)$이다. 그러므로 $\text{ord}(f^*) = \text{ord}(f)$이다.
(b) $f(0) = 0$인 경우: $f(x) = x^k g(x)$라 하면 (a)에 의하여

$$\text{ord}(f) = \text{ord}(g) = \text{ord}(g^*) = \text{ord}(f^*)$$

예제 3.1.13 $f(x) = x^4 + x + 1$이면 $f^*(x) = x^4 + x^3 + 1$이고 $\text{ord}(f) = 15$이다. 또한 $\text{ord}(f^*) = 15$이다. 그러므로 $\text{ord}(f) = \text{ord}(f^*)$이다.

보조정리 3.1.14 $f(x)$가 m차인 기약다항식일 필요충분조건은 $f^*(x)$가 기약다항식이다.

증명 $g(x) := f^*(x)$라 하고 $g(x) = h(x)k(x)$라 하자. 그러면

$$g(x^{-1}) = x^{-m} f(x) = h(x^{-1})k(x^{-1})$$

이므로 $f(x)=x^m h(x^{-1})k(x^{-1})$는 가약다항식이다. 역으로 $f(x)=u(x)v(x)$라면 $g(x)=x^m f(x^{-1})=x^m u(x^{-1})v(x^{-1})$이다. 그러므로 $g(x)$는 가약다항식이다.

정의 3.1.15 $\deg(f)=m(\geq 1)$인 다항식 $f\in\mathbb{F}_q[x]$에 대하여 f가 $\mathbb{F}_q$ 위에서 $\mathbb{F}_{q^m}$의 원시원소의 최소다항식일 때, f를 **원시다항식**(primitive polynomial)라 한다.

예제 3.1.16 $\mathbb{F}_{2^4}=\mathbb{F}_2(\theta):\theta^4+\theta+1=0$라 하자. 그러면 θ는 $\mathbb{F}_{2^4}$의 원시원소이며 θ의 최소다항식은 $f(x)=x^4+x+1$이다. 그러므로 $f(x)$는 원시다항식이다. 또한 θ^7도 $\mathbb{F}_{2^4}$의 원시원소이며 θ^7의 최소다항식은 $g(x)=x^4+x^3+1$이다. 그러므로 $g(x)$도 원시다항식이다.

정리 3.1.17 차수가 $m\geq 1$인 기약다항식 $f\in\mathbb{F}_q[x]$가 $\mathbb{F}_q$ 위에서 원시다항식일 필요충분조건은 $f(0)\neq 0$이며 $\text{ord}(f)=q^m-1$이다.

증명 f가 $\mathbb{F}_q$ 위에서 원시다항식이면 $f(0)\neq 0$이며 f는 기약다항식으로 $f(x)\mid(x^{q^m-1}-1)$이다. $f(x)$는 $\mathbb{F}_{q^m}$의 원시원소의 최소다항식이므로

$$\text{ord}(f)=q^m-1$$

이다. 역으로, $\text{ord}(f)=q^m-1$이라 하자. f가 원시다항식이 아니며 θ를 $f(x)=0$의 근이라 하자. 그러면 $\text{ord}(\theta)\neq q^m-1$이다. 이것은 원시원소의 정의에 위배된다. 그러므로 f는 원시다항식이다.

정리 3.1.18 $\mathbb{F}_q$는 표수가 p인 유한체라 하자. $f(x)\in\mathbb{F}_q$라 하자. 그러면
(1) $\alpha\neq 0$가 $f(x)=0$의 근이라면, α^{-1}은 $f(x)$의 상반다항식 $g(x)=0$의 근이다.
(2) $f(x)$가 원시다항식일 필요충분조건은 $f(x)$의 상반다항식 $g(x)$가 원시다항식이다.

증명 (1) $\deg(f):=m$라 하면 $f(\alpha)=0$이므로 $g(\alpha^{-1})=\alpha^{-m}f(\alpha)=0$이다.
(2) 보조정리 3.1.14에 의하여 $f(x)$가 기약다항식일 필요충분조건은 $g(x)$가 기약

다항식이다. $\mathrm{ord}(f)=p^m-1$이므로 정리 3.1.17에 의하여 $\mathrm{ord}(g)=p^m-1$이다. 그러므로 $g(x)$도 원시다항식이다.

정의 3.1.19 0이 아닌 다항식 $f\in\mathbb{F}_q[x]$가 $f^*=f$인 경우 f를 **자체상반다항식**(self-reciprocal polynomial)이라 한다.

정리 3.1.20 3차 이상의 차수가 m인 기약다항식 $f\in\mathbb{F}_q[x]$가 자체상반다항식이면 f는 원시다항식이 아니다.

증명 가정에 의하여 $x^m f(x^{-1})=f(x)$이다. f가 자체상반다항식인 기약다항식이므로 연습문제 3.5에 의하여 m은 짝수이다. 그러므로

$$f(x)=(x^a)^b+u_1(x^a)^{b-1}+u_2(x^a)^{b-2}+\cdots+u_2(x^a)^2+u_1(x^a)+1$$

이 된다. 여기서 $u_i\in\mathbb{F}_q$이고 $a\cdot b=m$이다. 따라서 $f(x)\mid((x^a)^{b+1}-1)$이고 $a(b+1)\neq q^m-1$이다. 그러므로 $f(x)$는 원시다항식이 아니다.

예제 3.1.21 x^2+x+1은 자체상반이지만 원시다항식이다. $x^4+x^3+x^2+x+1$은 원시다항식이 아닌 기약다항식이다. x^6+x^3+1도 원시다항식이 아닌 기약다항식이다. 또한 $x^{18}+x^9+1$도 원시다항식이 아닌 기약다항식이다.

다음 정리의 증명은 생략한다.

정리 3.1.22 $f=gh$이면 $f^*=g^*h^*$이다.

예제 3.1.23 $x^5+x+1=(x^2+x+1)(x^3+x^2+1)$임을 이용하여 x^5+x^4+1을 다음과 같이 인수분해 할 수 있다.

$$
\begin{aligned}
x^5 + x^4 + 1 &= (x^5 + x + 1)^* \\
&= ((x^2 + x + 1)(x^3 + x^2 + 1))^* \\
&= (x^2 + x + 1)^* (x^3 + x^2 + 1)^* \\
&= (x^2 + x + 1)(x^3 + x + 1)
\end{aligned}
$$

§3.2 기약다항식(Irreducible polynomials)

이 절에서는 기약다항식의 성질에 관하여 언급한다.

정리 3.2.1 임의의 유한체 $\mathbb{F}_q$와 $n \in \mathbb{N}$에 대하여 차수가 n을 나누는 모든 기약다항식들의 곱은 $x^{q^n} - x$이다.

증명 보조정리 2.3.1에 의하여 $\mathbb{F}_q[x]$에서 $g(x) := x^{q^n} - x$의 기약인수들의 차수는 n의 약수이다. $g'(x) = -1 \neq 0$이므로 $g(x) = 0$는 $\mathbb{F}_q$ 위의 분해체에서 중복근을 갖지 않는다. 그러므로 차수가 n의 약수인 $\mathbb{F}_q$ 위에서 모든 기약다항식들은 $\mathbb{F}_q[x]$에서의 $g(x)$의 인수분해에서 단 한번만 나타난다.

따름정리 3.2.2 $N_q(d)$를 차수가 d인 $\mathbb{F}_q[x]$에서 기약다항식들의 개수라 하면

$$
q^n = \sum_{d \mid n} d N_q(d), \quad n \in \mathbb{N}
$$

증명 정리 3.2.1에 의하여 $g(x)$의 차수는 q^n이며 $dN_q(d)$는 차수가 d인 모든 기약다항식들의 곱의 차수이므로 등식이 성립한다.

예제 3.2.3 (1) $x^8 - x = x^{2^3} - x = x(x-1)(x^3 + x + 1)(x^3 + x^2 + 1)$

(2) $x^{2^4} - x = x(x-1)(x^2 + x + 1)(x^4 + x + 1)(x^4 + x^3 - 1)(x^4 + x^3 + x^2 + x + 1)$

정의 3.2.4 다음과 같이 정의된 함수 $\mu : \mathbb{N} \to \{-1, 0, 1\}$를 **Möbius 함수**(Möbius function)라 한다.

$$\mu(n)=\begin{cases}1, & n=1\\ (-1)^k, & n\text{이 } k\text{개의 서로 다른 소수들의 곱}\\ 0, & \text{그밖의 경우}\end{cases}$$

예제 3.2.5 $\mu(1)=1,\ \mu(2)=-1,\ \mu(3)=-1,\ \mu(4)=0,\ \mu(5)=-1,\ \mu(6)=1,$ $\mu(7)=-1,\ \mu(8)=0,\ \mu(9)=0,\ \mu(10)=(-1)^2=1$이다.

다음 정리의 증명은 생략한다.

정리 3.2.6 (Möbius 반전공식)

(1) G를 덧셈에 관한 가환군이라 하고 $h,\ H:\mathbb{N}\to G$와 모든 $n\in\mathbb{N}$에 대하여

$$H(n)=\sum_{d\mid n}h(d)\Leftrightarrow\sum_{d\mid n}\mu\left(\frac{n}{d}\right)H(d)=\sum_{d\mid n}\mu(d)H\left(\frac{n}{d}\right)$$

(2) F를 곱셈에 관한 가환군이라 하고 $h,\ H:\mathbb{N}\to F$와 모든 $n\in\mathbb{N}$에 대하여

$$H(n)=\prod_{d\mid n}h(d)\Leftrightarrow\prod_{d\mid n}H(d)^{\mu\left(\frac{n}{d}\right)}=\prod_{d\mid n}H\left(\frac{n}{d}\right)^{\mu(d)}$$

다음 정리는 주어진 차수의 기약다항식들의 개수를 알려주는 정리이다.

정리 3.2.7 $N_q(n)$을 차수가 n인 $\mathbb{F}_q[x]$에서의 기약다항식들의 개수라면

$$N_q(n)=\frac{1}{n}\sum_{d\mid n}\mu\left(\frac{n}{d}\right)q^d=\frac{1}{n}\sum_{d\mid n}\mu(d)q^{\frac{n}{d}}$$

증명 $H(n)=nN_q(n)$이고 $H(n)=q^n\ (n\in\mathbb{N})$이라 하면 덧셈에 관한 Möbius 반전공식에 의하여 성립한다.

예제 3.2.8 (1) $N_2(3) = \frac{1}{3}(\mu(3)2^1 + \mu(1)2^3) = \frac{1}{3}(8-2) = 2$

(2) $N_2(4) = 3,\ N_2(5) = 5, N_2(6) = 9$

참고 따름정리 3.2.2에 의하여 $q^n = \sum_{d \mid n} dN_q(d) = \sum_{\substack{d \mid n \\ d \neq n}} dN_q(d) + nN_q(n)$이므로

$$N_q(n) = \frac{q^n - \sum_{\substack{d \mid n \\ d \neq n}} dN_q(d)}{n}$$

이다. 따라서 Möbius 반전공식을 이용하지 않고도 n차 기약다항식의 개수를 구할 수 있다. 그러나 n의 모든 약수의 기약다항식의 개수를 알아야 하는 단점이 있다. 예를 들어 $N_2(6)$을 구하기 위해서는 $N_2(1) = 2, N_2(2) = 1, N_2(3) = 2$을 알아야 한다. 실제로

$$N_2(6) = \frac{2^6 - (1 \cdot 2 + 2 \cdot 2 + 3 \cdot 2)}{6} = 9$$

다음 정리는 원분다항식을 빠르게 구할 수 있는 아주 중요한 정리이다.

정리 3.2.9 표수가 p인 유한체 $\mathbb{K}$와 $\gcd(n,p) = 1$인 $n \in \mathbb{N}$에 대하여 n차 원분다항식 $\Phi_n(x)$는 다음과 같다.

$$\Phi_n(x) = \prod_{d \mid n} (x^d - 1)^{\mu(\frac{n}{d})} = \prod_{d \mid n} (x^{\frac{n}{d}} - 1)^{\mu(d)}$$

증명 $h(n) := \Phi_n(x)$이고 $H(n) := x^n - 1$이라 하면 $x^n - 1 = \prod_{d \mid n} \Phi_d(x)$이므로 곱셈에 관한 Möbius 반전공식에 의하여 등식이 성립한다.

예제 3.2.10 $\mathbb{F}_2$ 위에서

(1) $\Phi_5(x) = \prod_{d \mid 5}(x^{\frac{5}{d}} - 1)^{\mu(d)} = (x^5 - 1)^1 \cdot (x-1)^{-1} = x^4 + x^3 + x^2 + x + 1$

(2) $$\begin{aligned}\Phi_{15}(x) &= \prod_{d \mid 15}(x^{\frac{15}{d}} - 1)^{\mu(d)} \\ &= (x^{15}-1)^1(x^5-1)^{-1}(x^3-1)^{-1}(x-1)^1 \\ &= x^8 + x^7 + x^6 + x^5 + x^4 + x^3 + x^2 + x + 1 \\ &= (x^4 + x + 1)(x^4 + x^3 + 1)\end{aligned}$$

다음 정리는 지금까지의 결과들을 정리한 중요한 정리이다.

정리 3.2.11 α를 $\mathbb{F}_q$의 확장체 $\mathbb{F}_{q^m}$의 원소라 하고 $\mathbb{F}_q$ 위에서 $\deg(\alpha) = d$이며 $g \in \mathbb{F}_q[x]$를 α의 최소다항식이라 하자. 그러면 다음이 성립한다.

(1) g는 $\mathbb{F}_q$ 위에서 기약다항식이며 $d \mid m$이다.

(2) $f \in \mathbb{F}_q[x]$에 대하여 $f(\alpha) = 0 \Leftrightarrow g(x) \mid f(x)$이다.

(3) f가 $\mathbb{F}_q[x]$에서 $f(\alpha) = 0$를 만족하는 기약다항식이면 $f = g$이다.

(4) $g(x) \mid (x^{q^d} - x) \mid (x^{q^m} - x)$이다.

(5) $g(0) \neq 0$이면 $\{x \mid g(x) = 0\} = \{\alpha, \alpha^q, \cdots, \alpha^{q^{d-1}}\}$이며

$$g(x) = (x - \alpha)(x - \alpha^q) \cdots (x - \alpha^{q^{d-1}})$$

이다.

(6) $\alpha \neq 0$이면 $\mathrm{ord}(g) = \mathrm{ord}(\alpha)$이다.

(7) g가 $\mathbb{F}_q$ 위에서 원시다항식일 필요충분조건은 $\mathbb{F}_q^*$에서 $\mathrm{ord}(\alpha) = q^d - 1$이다.

§3.3 기약다항식 찾기(Finding irreducible polynomials)

이 절에서는 기약다항식을 찾는 방법에 대하여 소개한다.

다음 정리의 증명은 생략하기로 한다.

정리 3.3.1 $f_1(x), f_2(x), \cdots, f_N(x)$를 차수가 m이고 주기가 e인 $\mathbb{F}_q[x]$에서의 서로 다른 기약다항식들이며 $t \geq 2$의 소인수들이 e를 나누지만 $\dfrac{q^m - 1}{e}$를 나누지 않는다고 하자. 또한 $t \equiv 0 \pmod 4$이면 $q^m \equiv 1 \pmod 4$라 하자. 그러면 $f_1(x^t), f_2(x^t), \cdots, f_N(x^t)$은 차수가 mt이고 위수가 et인 $\mathbb{F}_q[x]$에서의 서로 다른 기약다항식들이다.

예제 3.3.2 (1) $\mathbb{F}_2$ 위에서 $f_1(x) := x^3 + x + 1$, $f_2(x) := x^3 + x^2 + 1$이라 하자. 그러면 이 두 다항식은 3차이고 주기가 7인 기약다항식들이다. $t = 7$은 정리 3.3.1의 조건을 만족한다. 따라서 $x^{21} + x^7 + 1$과 $x^{21} + x^{14} + 1$은 주기가 49인 기약다항식들이다. 마찬가지로 $x^{147} + x^{49} + 1$과 $x^{147} + x^{98} + 1$은 주기가 343인 기약다항식들이다.

(2) $\mathbb{F}_2$ 위에서 $f(x) := x^4 + x^3 + x^2 + x + 1$이라 하자. 그러면 이 다항식은 4차이고 주기가 5인 기약다항식들이다. $t = 5$는 정리 3.3.1의 조건을 만족한다. 따라서 $x^{20} + x^{15} + x^{10} + x^5 + 1$은 주기가 25인 기약다항식이다.

(3) $\mathbb{F}_2$ 위에서 $f_1(x) := x^4 + x + 1$, $f_2(x) := x^4 + x^3 + 1$이라 하자. 그러면 이 두 다항식은 4차이고 주기가 15인 기약다항식들이다. $t = 3$은 정리 3.3.1의 조건을 만족한다. 따라서 $x^{12} + x^3 + 1$과 $x^{12} + x^9 + 1$은 주기가 45인 기약다항식들이다. 마찬가지로 $x^{60} + x^{15} + 1$과 $x^{60} + x^{45} + 1$은 주기가 225인 기약다항식들이며 $x^{100} + x^{25} + 1$과 $x^{100} + x^{75} + 1$은 주기가 375인 기약다항식들이다.

참고 위의 정리는 예제 3.3.2의 (2)와 같이 기약다항식이 하나인 경우도 성립한다.

$\mathbb{F}_{q^m} = \mathbb{F}_q(\theta)$라 하자. 그러면 $\{1, \theta, \cdots, \theta^{m-1}\}$는 $\mathbb{F}_q$ 위에서 $\mathbb{F}_{q^m}$의 기저이다. $\mathbb{F}_q$ 위에서 $\beta \in \mathbb{F}_{q^m}$의 최소다항식 $g(x) = c_m x^m + c_{m-1} x^{m-1} + \cdots + c_1 x + c_0$을 구하기 위하여

$$\beta^{i-1} = \sum_{j=1}^{m} b_{ij} \theta^{j-1} \quad 1 \leq i \leq m+1$$

라 하자. $g(\beta)=c_m\beta^m+c_{m-1}\beta^{m-1}+\cdots+c_1\beta+c_0=0$에 의하여

$$(c_0, c_1, \cdots, c_m)\begin{pmatrix}1\\ \beta\\ \beta^2\\ \vdots\\ \beta^m\end{pmatrix}=O$$

이므로

$$\sum_{i=1}^{m+1} c_{i-1}b_{ij}=0 \qquad (1\le j\le m)$$

이 된다. $B=(b_{ij})_{(m+1)\times m}$이고 $rank(B)=r$이라 하자. 그러면 B의 영공간 $N(B)=\{(c_0,c_1,\cdots,c_m)\mid(c_0,c_1,\cdots,c_m)B=O\}$의 차원 s는

$$s=\dim N(B)=(m+1)-r$$

이며 $1\le r\le m$이며 $1\le s\le m$이다. $\dim N(B)=s$이면 $g(x)$가 β의 최소다항식이므로 최고차 항의 계수부터 시작하여 $s-1$개 계수는 0라 하고 s번째의 계수는 1이라 하자. 즉, $c_m=c_{m-1}=\cdots=c_{m-s+2}=0$이고 $c_{m-s+1}=1$라 하자. 그러면 나머지 계수들이 결정되어 $g(x)$가 구해진다. 특히 $s=1$이면 $c_m=1$이 된다.

예제 3.3.3 $\theta\in\mathbb{F}_{2^4}$을 $\mathbb{F}_2[x]$에서 $x^4+x+1=0$의 한 근이라 할 때,

(1) $\beta=\theta+\theta^3$의 최소다항식을 구하여라.

(2) $\beta=\theta^2+\theta+1$의 최소다항식을 구하여라.

풀이 (1) $\theta^4=\theta+1$이므로

$$\begin{cases}\beta^0=1\\ \beta^1=\theta+\theta^3\\ \beta^2=\theta^3\\ \beta^3=1+\theta+\theta^2+\theta^3\\ \beta^4=\theta^2+\theta^3\end{cases}$$

이므로

$$B = \begin{pmatrix} 1\,0\,0\,0 \\ 0\,1\,0\,1 \\ 0\,0\,0\,1 \\ 1\,1\,1\,1 \\ 0\,0\,1\,1 \end{pmatrix}$$

이고 $rank(B) = 4$이므로 $s = m+1-r = 1$이다. 따라서 $c_4 = 1$이다.

$$c_0 = c_1 = c_2 = c_3 = 1$$

이므로 β의 최소다항식은 $g(x) = x^4 + x^3 + x^2 + x + 1$이다.
(2) $\theta^4 = \theta + 1$이므로

$$\begin{cases} \beta^0 = 1 \\ \beta^1 = 1 + \theta + \theta^2 \\ \beta^2 = \theta + \theta^2 \\ \beta^3 = 1 \\ \beta^4 = 1 + \theta + \theta^2 \end{cases}$$

이므로

$$B = \begin{pmatrix} 1\,0\,0\,0 \\ 1\,1\,1\,0 \\ 0\,1\,1\,0 \\ 1\,0\,0\,0 \\ 1\,1\,1\,0 \end{pmatrix}$$

이고 $rank(B) = 2$이므로 $s = m+1-r = 3(>1)$이다. 따라서 $c_4 = c_3 := 0$, $c_2 := 1$ 라 하면 $c_0 = c_1 = 1$이므로 β의 최소다항식은 $g(x) = x^2 + x + 1$이다.

원시다항식을 구하는 방법은 중요한 관심사중 하나이다. $\mathbb{F}_q$ 위에서 m차의 원시다항식을 구하는 방법 두 가지를 소개한다.

(1) $\mathbb{F}_q$ 위에서 m차의 모든 원시다항식들의 곱은 Φ_e이다. 여기서 $e = q^m - 1$이다.

그러므로 $\mathbb{F}_q$ 위에서 m차의 모든 원시다항식들은 Φ_e를 인수분해 함으로써 얻어진다.

(2) $q^m - 1 = h_1 \cdots h_n$, $\gcd(h_1, h_2, \cdots, h_n) = 1$이라 하자.

$$\mathrm{ord}(\alpha_i) = h_i,\ \alpha_i \in \mathbb{F}_{q^m}^*(1 \le i \le n)$$

를 만족하는 원소를 구한다. 그러면 $\alpha := \alpha_1 \cdots \alpha_n$이 $\mathrm{ord}(\alpha) = q^m - 1$을 만족하는 $\mathbb{F}_{q^m}^*$의 원시원소이다. 그러므로 α의 최소다항식이 구하고자 하는 m차의 원시다항식이다.

예제 3.3.4 (1) $\mathbb{F}_2$ 위에서 4차의 원시다항식을 구하여라.

(2) $\mathbb{F}_2$ 위에서 5차의 원시다항식을 구하여라.

(3) $\mathbb{F}_2$ 위에서 6차의 원시다항식을 구하여라.

풀이 (1) $2^4 - 1 = 3 \cdot 5$이며 $\phi(5) = 4$이고 $\mathrm{mod}\, n$에 대한 q의 위수를 $\mathrm{ord}_n q$라 표기하면 $\mathrm{ord}_5 2 = 4$이므로 정리 2.5.7에 의하여 $\Phi_5(x) = x^4 + x^3 + x^2 + x + 1$은 $\dfrac{\phi(5)}{4}$개의 기약다항식의 곱으로 인수분해가 된다. 따라서 $\Phi_5(x)$는 기약다항식이다. θ를 $\Phi_5(x) = 0$의 한 근이라 하면 $\mathbb{F}_{2^4} = \mathbb{F}_2(\theta)$이다. $\mathrm{ord}(\alpha) = 3$인 원소 $\alpha \in \mathbb{F}_{2^4}$를 택하면 $\alpha^4 = \alpha$이다. $\alpha = \sum_{i=0}^{3} a_i \theta^i\ (a_i \in \mathbb{F}_2,\ 0 \le i \le 3)$라 하면

$$\begin{aligned}\sum_{i=0}^{3} a_i \theta^i &= \left(\sum_{i=0}^{3} a_i \theta^i\right)^4 \\ &= (a_0 + a_1 + a_3) + a_1\theta + (a_1 + a_2)\theta^2 + a_1\theta^3\end{aligned}$$

이다. 따라서 $a_0 = a_0 + a_1 + a_3$, $a_2 = a_1 + a_2$, $a_3 = a_1$이다. $a_1 = a_3 = 0$, $a_0 = a_2 = 1$라 하면 $\alpha = 1 + \theta^2$은 위수가 3인 원시원소이다. 그러므로 $\beta := \theta\alpha = \theta + \theta^3$이다. $\theta^4 = \theta^3 + \theta^2 + \theta + 1$이므로 $\beta^2 = \theta + \theta^2$, $\beta^3 = \theta$, $\beta^4 = 1 + \theta + \theta^3$이다. 따라서

$$B=\begin{pmatrix}1\,0\,0\,0\\0\,1\,0\,1\\0\,1\,1\,0\\0\,1\,0\,0\\1\,1\,0\,1\end{pmatrix}$$

이다. $rank(B)=4$이므로 $c_4=1$이다. $c_0=c_1=1$이며 $c_2=c_3=0$이다. 따라서 β의 최소다항식은 $g(x)=x^4+x+1$이다.
(2) $\Phi_{31}(x)$를 인수분해 하면 다음과 같다.

$$\begin{aligned}\Phi_{31}(x)=&\ (x^5+x^2+1)(x^5+x^3+1)(x^5+x^4+x^3+x^2+1)\\ &\times(x^5+x^4+x^3+x+1)(x^5+x^4+x^2+x+1)(x^5+x^3+x^2+x+1)\end{aligned}$$

그러므로 5차의 원시다항식 6개를 얻는다.
(3) $2^6-1=7\cdot 9$이며 $\phi(9)=6$이고 $\mathrm{ord}_9 2=6$이드로 $\Phi_9(x)=x^6+x^3+1$은 기약다항식이다. θ를 $\Phi_9(x)=0$의 한 근이라 하면 $\mathbb{F}_{2^6}=\mathbb{F}_2(\theta)$이다. $\mathrm{ord}(\alpha)=7$인 원소 $\alpha\in\mathbb{F}_{2^6}$를 택하면 $\alpha^8=\alpha$이다. $\alpha=\sum_{i=0}^{5}a_i\theta^i$, $a_i\in\mathbb{F}_2$, $0\le i\le 5$라 하면

$$\begin{aligned}\sum_{i=0}^{5}a_i\theta^i&=\left(\sum_{i=0}^{5}a_i\theta^i\right)^8\\&=(a_0+a_3)+a_2\theta+a_1\theta^2+a_3\theta^3+(a_2+a_5)\theta^4+(a_1+a_4)\theta^5\end{aligned}$$

이다. 따라서 $a_3=0$, $a_1=a_2$, $a_4=a_2+a_5$이다. $a_1=a_2=a_3=0$, $a_4=a_5=1$라 하면 $\alpha=\theta^4+\theta^5$은 위수가 7인 원시원소이다. 그러므로 $\beta:=\theta\alpha=1+\theta^3+\theta^5$이다. $\theta^6=\theta^3+1$이므로

$$\begin{aligned}\beta^2&=\theta+\theta^3\\ \beta^3&=\theta+\theta^2+\theta^3+\theta^4+\theta^5\\ \beta^4&=1+\theta^2+\theta^3\\ \beta^5&=\theta+\theta^3+\theta^4+\theta^5\\ \beta^6&=1+\theta+\theta^3+\theta^4+\theta^5\end{aligned}$$

이다. 따라서

$$B = \begin{pmatrix} 1\,0\,0\,0\,0\,0 \\ 1\,0\,0\,1\,0\,1 \\ 0\,1\,0\,1\,0\,0 \\ 0\,1\,1\,1\,1\,1 \\ 1\,0\,1\,1\,0\,0 \\ 0\,1\,0\,1\,1\,1 \\ 1\,1\,0\,1\,1\,1 \end{pmatrix}$$

이다. $rank(B) = 5$이므로 $c_6 = 1$이다. $c_1 = c_2 = c_3 = c_4 = 0$라 하면 $c_0 = 1$, $c_5 = 1$이다. 따라서 β의 최소다항식은 $g(x) = x^6 + x^5 + 1$이다.

정리 3.3.5 f를 $\mathbb{F}_q$ 위에서 차수가 n인 기약다항식이라 하고 $k \in \mathbb{N}$라 하자. 그러면 f는 $\mathbb{F}_{q^k}[x]$에서 차수가 $\frac{n}{d}$인 d개의 기약다항식의 곱으로 인수분해가 된다. 여기서 $d = \gcd(n, k)$이다.

증명 $f(x) = x$인 경우는 분명하다. 따라서 $f(0) \neq 0$라 가정하자. $g(x)$를 $\mathbb{F}_{q^k}[x]$에서 $f(x)$의 기약인수라 하자. $\mathrm{ord}(f) = e$라면 $\mathrm{ord}(g) = e$이다. $\mathrm{ord}_e q : m < n$이면 $\deg(f) = m$이므로 모순이 된다. 따라서 $\mathrm{ord}_e q = n$이다. 또한 $\deg(g) := j$라면 $\mathrm{ord}(g) = e$이므로 $g(x) \mid (x^e - 1) \mid (x^{(q^k)^j - 1} - 1)$이다. 따라서 $\mathrm{ord}_e q^k = j = \frac{n}{d}$이다. 그러므로 $\deg(g) = \frac{n}{d}$이다.

따름정리 3.3.6 $\mathbb{F}_q$ 위에서 차수 n인 기약다항식이 $\mathbb{F}_{q^k}$ 위에서 기약다항식일 필요충분조건은 $\gcd(n, k) = 1$이다.

예제 3.3.7 $\mathbb{F}_2$ 위에서 원시다항식 $x^4 + x + 1$를 $\mathbb{F}_{2^2}$ 위에서 인수분해를 하여라.

풀이 정리 3.3.5에 의하여 $d = 2$이다. $g_1(x)$를

$$\xi = \theta + \theta^3 (\theta^4 = \theta^3 + \theta^2 + \theta + 1)$$

을 근으로 갖는 인수라 하자. $g_1(x)$의 다른 근은 $\mathbb{F}_{2^2}$에 관한 켤레 ξ^{2^2}이다. $\xi^5 := \beta$라 하면 $\beta^3 = 1$이다. 따라서 $\mathbb{F}_4 = \mathbb{F}_2(\beta) = \{0, 1, \beta, \beta^2\}$이다. 더욱이,

$$
\begin{aligned}
g_1(x) &= (x-\xi)(x-\xi^4) \\
&= x^2 + (\xi + \xi^4)x + \beta \\
&= x^2 + x + \beta
\end{aligned}
$$

이다. 따라서 $g(x)$를 $g_1(x)$으로 나누면 $g_2(x) := x^2 + x + \beta^2$이 된다. 그러므로 $g(x) = g_1(x)g_2(x)$이다.

예제 3.3.8 $\mathbb{F}_2$ 위에서 원시다항식 $x^6 + x^5 + 1$를 $\mathbb{F}_{2^2}$ 위에서 인수분해 하여라.

풀이 정리 3.3.5에 의하여 $d = 2$이다. $g_1(x)$를 $\xi = 1 + \theta^3 + \theta^5 (\theta^6 = \theta^3 + 1)$을 근으로 갖는 인수라 하자. $g_1(x)$의 다른 근들은 $\mathbb{F}_{2^2}$에 관한 켤레들 ξ^{2^2}와 $\xi^{2^{2^2}} = \xi^{16}$이다. $\xi^{21} := \beta$라 하면 $\beta^3 = 1$이다. 따라서 $\mathbb{F}_4 = \mathbb{F}_2(\beta) = \{0, 1, \beta, \beta^2\}$이다. 더욱이,

$$
\begin{aligned}
g_1(x) &= (x-\xi)(x-\xi^4)(x-\xi^{16}) \\
&= x^3 + (\xi + \xi^4 + \xi^{16})x^2 + (\xi^5 + \xi^{17} + \xi^{20})x + \xi^{21} \\
&= x^3 + \beta^2 x^2 + \beta x + \beta
\end{aligned}
$$

이다. 따라서 $g(x)$를 $g_1(x)$으로 나누면 $g_2(x) := x^3 + \beta x^2 + \beta^2 x + \beta^2$이 된다. 그러므로 $g(x) = g_1(x)g_2(x)$이다.

예제 3.3.9 $\mathbb{F}_2$ 위에서 원시다항식 $g(x) = x^6 + x^5 + 1$을 $\mathbb{F}_{2^4}$ 위에서 인수분해를 하여라.

풀이 예제 3.3.8에서 $\mathbb{F}_2$ 위에서

$$
g(x) = (x^3 + \beta^2 x^2 + \beta x + \beta)(x^3 + \beta x^2 + \beta^2 x + \beta^2), \ \beta^3 = 1
$$

이다. 따름정리 3.3.6에 의하여 $g(x)$는 $\mathbb{F}_{2^4}$ 위에서 더 이상 인수분해가 되지 않는다.

연습문제 3장

1. 다항식 $(x^2+x+1)^7(x^3+x^2+1)$의 위수를 구하여라.

2. f는 $f(0)\neq 0$인 $\mathbb{F}_q$ 위에서 기약다항식이라 하자. q와 서로소인 $e\in\mathbb{N}$에 대하여 $\operatorname{ord}(f)=e$일 필요충분조건은 $f\mid\Phi_e$임을 보여라.

3. f는 $f(0)\neq 0$인 $\mathbb{F}_q$ 위에서 기약다항식이라 하자. $\operatorname{ord}(f^d)$을 $\operatorname{ord}(f)$로 나타내어라.

4. $\mathbb{F}_q$를 표수가 p인 유한체라 하고 $f\in\mathbb{F}_q[x]$를 $f(0)\neq 0$인 양의 차수를 갖는 다항식이라 하자. 이 때 $\operatorname{ord}(f(x^p))=p\operatorname{ord}(f(x))$임을 보여라.

5. f가 차수가 $m>1$인 $\mathbb{F}_q$에서 자체상반인 기약다항식이라 하면 m은 짝수임을 보여라.

6. $f(x)\in\mathbb{F}_q[x]$가 차수가 1보다 크며 주기가 e인 자체상반인 기약다항식이라 하자. 차수가 1보다 큰 $\mathbb{F}_q[x]$에서 위수가 e를 나누는 기약다항식은 자체상반임을 보여라.

7. $f\in\mathbb{F}_q[x]$를 차수가 $m\geq 1$인 다항식이라 하자. f가 $\mathbb{F}_q$ 위에서 원시다항식일 필요충분조건은 f가 원분다항식 $\Phi_d(x)\in\mathbb{F}_q[x]\,(d=q^m-1)$의 한 기약인수임을 보여라.

8. 차수가 m인 $\mathbb{F}_q$ 위에서 원시다항식의 개수를 구하여라.

9. $\mathbb{F}_q$위에서 차수가 $m\in\mathbb{N}$인 모든 기약다항식이 $\mathbb{F}_q$ 위에서 원시다항식이면 m은 소수임을 보여라.

10. m이 소수라 하자. 차수가 m인 $\mathbb{F}_2$ 위에서의 모든 기약다항식들이 $\mathbb{F}_2$ 위에서 원시다항식일 필요충분조건은 2^m-1이 소수임을 보여라.

11. $f(x) \in \mathbb{F}_q[x]$가 기약다항식이면 $f(ax+b)$도 $\mathbb{F}_q[x]$에서 기약다항식임을 보여라. 여기서 $a,b \in \mathbb{F}_q$이며 $a \neq 0$이다.

12. 원분다항식 $\Phi_n(x)$이 $\mathbb{F}_q(\gcd(n,q)=1)$ 위에서 기약다항식일 필요충분조건은 $\mathrm{ord}_n q = \phi(n)$임을 보여라.

13. $\mathbb{F}_2$ 위에서 $\Phi_{15}(x)$를 인수분해 하여라.

14. $\mathbb{F}_2$ 위에서 $\Phi_{19}(x)$와 $\Phi_{27}(x)$가 기약다항식임을 보여라.

15. (1) $\theta \in \mathbb{F}_{2^6}$이 기약다항식 $x^6+x+1 \in \mathbb{F}_2[x]$ 위에서 대수적일 때, $\mathbb{F}_2$ 위에서 $\beta = \theta^3+\theta^2+1$의 최소다항식을 구하여라.
(2) $\theta \in \mathbb{F}_{2^6}$이 기약다항식 $x^6+x^4+x^3+x+1 \in \mathbb{F}_2[x]$ 위에서 대수적일 때, $\mathbb{F}_2$ 위에서 $\beta = \theta^5+\theta+1$의 최소다항식을 구하여라.

16. 차수가 2인 $\mathbb{F}_{2^2}$ 위에서의 모든 원시다항식을 구하여라.

제4장

유한체 위에서의 인수분해

제 4장 유한체 위에서의 인수분해

이 장는 확장된 Berlekamp 알고리즘을 이용하여 다항식 인수분해 방법을 소개한다.

§4.1 다항식 인수분해(The factorization of polynomials)

$f \in \mathbb{F}_q[x]$는 다음과 같이 유일하게 인수분해가 된다.

$$f = f^{e_1} f_2^{e_2} \cdots f_r^{e_r}$$

여기서 $f_1, \cdots, f_r$는 $\mathbb{F}_q[x]$에서 서로 다른 기약다항식이며 $e_1, \cdots, e_r$는 양의 정수이다.

$g(x) = \gcd(f(x), f'(x))$라 하면

(1) $g(x) = 1$인 경우: $f(x)$는 중근을 갖지 않는다.

(2) $g(x) = f(x)$인 경우: $f'(x) = 0$이다. 그러므로 $f(x) = g(x)^p$이다. 여기서 $g(x) \in \mathbb{F}_q[x]$이고 p는 $\mathbb{F}_q$의 표수이다.

(3) $g(x) \neq 1$, $g(x) \neq f(x)$인 경우: $g(x)$는 $f(x)$의 인수이며 $\dfrac{f(x)}{g(x)}$는 $(k(x))^i (i \geq 2)$의 형태로 표현되지 않는다. 그러므로 $f(x)$의 인수분해는 $g(x)$와 $\dfrac{f(x)}{g(x)}$을 각각 인수분해하면 된다.

(1), (2)와 (3)에 의하여 서로 다른 기약다항식만을 인수로 갖는 다항식을 인수분해 하는 문제만 생각하면 된다. 따라서 $f(x)$는 서로 다른 기약다항식만을 인수로 갖는 다항식이라 가정한다.

보조정리 4.1.1 $h(x) = \sum_{i=0}^{n-1} h_i x^i \in \mathbb{F}_q[x]$이면, 서로 다른 $s, t \in \mathbb{F}_q$에 대하여 $h(x) - s$와 $h(x) - t$는 서로소이다.

증명 $h(x)-s$와 $h(x)-t$는 $h(x)-s=(h_0-s)+h_1x+\cdots+h_{n-1}x^{n-1}$와 $h(x)-t=(h_0-t)+h_1x+\cdots+h_{n-1}x^{n-1}$으로 나타낼 수 있다. 따라서

$$(h(x)-s)-(h(x)-t)=t-s$$

이고 $t-s\neq 0$이므로

$$(t-s)^{-1}(h(x)-s)-(t-s)^{-1}(h(x)-t)=1$$

이다. 따라서 $\gcd(h(x)-s, h(x)-t)=1$이다.

정리 4.1.2 $f\in\mathbb{F}_q[x]$이고 $h\in\mathbb{F}_q[x]$가 $h^q\equiv h \pmod f$이면

$$f(x)=\prod_{c\in\mathbb{F}_q}\gcd(f(x), h(x)-c) \tag{4.1.1}$$

증명 각 $c\in\mathbb{F}_q$에 대하여 $\gcd(f(x), h(x)-c)\mid f(x)$이고 보조정리 4.1.1에 의하여 $h(x)-c$들은 쌍마다 서로소이므로 식 (4.1.1)의 오른편은 $f(x)$를 나눈다. 한편, $f(x)\mid(h(x)^q-h(x))$이다. 연습문제 2.11에 의하여

$$h(x)^q-h(x)=\prod_{c\in\mathbb{F}_q}(h(x)-c)$$

이다. 그러므로 식 (4.1.1)이 성립한다.

예제 4.1.3 (1) $f(x)=x^5+x+1\in\mathbb{F}_2[x]$이고 $h(x)=x^4+x^3+x$이면

$$h(x)^2\equiv h(x) \pmod{f(x)}$$

를 만족한다.

$$\gcd(f(x), h(x)-0) = x^3 + x^2 + 1$$
$$\gcd(f(x), h(x)-1) = x^2 + x + 1$$

이므로 $f(x) = (x^2+x+1)(x^3+x^2+1)$이다.
(2) $f(x) = x^6+x^5+x^4+x^3+1 \in \mathbb{F}_2[x]$이고 $h(x) = x^4 + x$이면

$$h(x)^2 = h(x) \pmod{f(x)}$$

이므로 $f(x) = (x^4+x+1)(x^2+x+1)$이다.
(3) $f(x) = x^8+x^6+x^4+x^3+1 \in \mathbb{F}_2[x]$이고 $h(x) = x^7+x^6+x^5+x^2+x$이면

$$h(x)^2 = h(x) \pmod{f(x)}$$

이므로 $f(x) = (x^6+x^5+x^4+x+1)(x^2+x+1)$이다.

정리 4.1.2에 의하여 $h(x)^q \equiv h(x) \pmod{f(x)}$를 만족하는 $h(x)$를 알아야만 $f(x)$를 인수분해 할 수 있다. 지금부터 $h(x)$를 구하는 방법을 알아보자. $f = f_1 \cdots f_k$를 $\mathbb{F}_q$ 위에서 서로 다른 기약다항식들 $f_1, \cdots, f_k$의 곱이라 하자. 중국인의 나머지 정리에 의하여 $c_1, \cdots, c_k \in \mathbb{F}_q$에 대하여 $h(x) \equiv c_i \pmod{f_i(x)}$ $(1 \le i \le k)$이고 $\deg(h) < \deg(f)$를 만족하는 유일한 다항식 $h(x) \in \mathbb{F}_q[x]$가 존재한다. 다항식 $h(x)$는

$$h(x)^q \equiv c_i^q = c_i \equiv h(x) \ ((\bmod f_i(x))(1 \le i \le k)$$

이며 따라서

$$h^q \equiv h \pmod{f}, \qquad \deg(h) < \deg(f) \tag{4.1.2}$$

한편, h가 식 (4.1.2)의 해라면

$$h(x)^q - h(x) = \prod_{c \in \mathbb{F}_q} (h(x) - c)$$

이므로 f의 모든 기약인수는 다항식 $h(x)-c$들 중 하나를 나눈다. 그러므로 식 (4.1.2)의 모두 해는 $h(x) \equiv c_i \pmod{f_i(x)}$ $(1 \le i \le k)$를 만족한다. 따라서 식 (4.1.2)의 해의 개수는 q^k이다.

비선형방정식 (4.1.2)를 선형방정식으로 바꾸어 해를 구해보자. $\deg(f) := n$이라 하고 $n \times n$ 행렬 $B=(b_{ij})$ $(0 \le i, j \le n-1)$라 하자. 여기서 b_{ij}는 다음을 만족한다.

$$x^{iq} \equiv \sum_{j=0}^{n-1} b_{ij} x^j \pmod{f(x)} \quad (0 \le i \le n-1) \tag{4.1.3}$$

$h(x) = \sum_{i=0}^{n-1} a_i x^i \in \mathbb{F}_q[x]$가 식 (4.1.2)의 해가 될 필요충분조건은

$$(a_0, a_1, \cdots, a_{n-1})B = (a_0, a_1, \cdots, a_{n-1}) \tag{4.1.4}$$

이다. 왜냐하면 식 (4.1.4)가 성립할 필요충분조건은

$$\begin{aligned} h(x) = \sum_{j=0}^{n-1} a_j x^j &= \sum_{j=0}^{n-1} \sum_{i=0}^{n-1} a_i b_{ij} x^j \\ &\equiv \sum_{i=0}^{n-1} a_i x^{iq} = h(x)^q \pmod{f(x)} \end{aligned}$$

이다. 식 (4.1.4)는 다음과 같이 동치인 형태로 표현할 수 있다.

$$(a_0, a_1, \cdots, a_{n-1})(B-I) = O \tag{4.1.5}$$

식 (4.1.5)는 q^k개의 원소를 갖기 때문에 $\dim N(B-I)(:=\{\mathrm{x} \mid \mathrm{x}B=O\}) = k$이다. 그러므로 $rank(B-I) = n-k$이다. 즉, f의 서로 다른 기약다항식의 개수가 $n-k$이다.

지금까지의 방법을 Berlekamp 알고리즘이라 한다.

예제 4.1.4 $\mathbb{F}_2$ 위에서 $f(x) = x^5 + x + 1$을 인수분해 하여라.

풀이 $h(x)=h_0+h_1x+h_2x^2+h_3x^3+h_4x^4$라 하자. 그러면

$$\begin{aligned} x^{0\cdot 2} &\equiv 1\,(\mathrm{mod}\, f(x)) \\ x^{1\cdot 2} &\equiv x^2\,(\mathrm{mod}\, f(x)) \\ x^{2\cdot 2} &\equiv x^4\,(\mathrm{mod}\, f(x)) \\ x^{3\cdot 2} &\equiv x^2+x\ (\mathrm{mod}\, f(x)) \\ x^{4\cdot 2} &\equiv x^4+x^3\,(\mathrm{mod}\, f(x)) \end{aligned}$$

이다. 따라서

$$B=\begin{pmatrix} 1&0&0&0&0 \\ 0&0&1&0&0 \\ 0&0&0&0&1 \\ 0&1&1&0&0 \\ 0&0&0&1&1 \end{pmatrix}$$

이다. $\mathrm{x}=(h_0,h_1,h_2,h_3,h_4)$라 하고 $\mathrm{x}(B-I)=0$를 풀면 $h_0:=\alpha\in\mathbb{F}_2$라 하고 $h_4:=\beta\in\mathbb{F}_2$라 하면 $h_1=h_3=h_4=\beta,\ h_2=0$이다.

$$N(B-I)=\{\alpha(1,0,0,0,0)+\beta(0,1,0,1,1)\mid \alpha,\beta\in\mathbb{F}_2\}$$

이므로 $h_1(x)=1$과 $h_2(x)=x+x^3+x^4$이다. 그러므로 $f(x)$는 서로 다른 두 기약 다항식을 인수로 갖는다.

$$\begin{aligned} &\gcd(f(x),x^4+x^3+x)=x^3+x^2+1 \\ &\gcd(f(x),x^4+x^3+x+1)=x^2+x+1 \end{aligned}$$

이므로 $f(x)=(x^2+x+1)(x^3+x^2+1)$이다.

§4.2 원분잉여류(Cyclotomic cosets)

인수분해 하고자 하는 다항식이 $\gcd(n,q)=1$인 x^n-1의 형태일 때, Berlekamp 알고리즘은 상당히 단순화 될 수 있다.

정리 4.2.1 $\gcd(n,q)=1$일 때, 다항식 $h(x)=\sum_{i=0}^{n-1} h_i x^i$이

$$h(x)^q \equiv h(x) \pmod{x^n-1}$$

일 필요충분조건은 임의의 $i\in\{0,1,\cdots,\mathrm{n}-1\}$에 대하여 $h_{iq \pmod n}=h_i$이다.

증명 ($\Rightarrow$) $h(x)=\sum_{i=0}^{n-1} h_i x^i$이 $h(x)^q \equiv h(x) \pmod{x^n-1}$을 만족한다면

$$\begin{aligned} h(x)^q &\equiv \sum_{i=0}^{n-1} h_i^q x^{iq} \\ &\equiv \sum_{i=0}^{n-1} h_i x^{iq} \\ &\equiv \sum_{i=0}^{n-1} h_i x^{iq \pmod n} \\ &\equiv \sum_{i=0}^{n-1} h_{iq(\bmod n)} x^i \\ &\equiv \sum_{i=0}^{n-1} h_i x^i \equiv h(x) (\bmod x^n-1) \end{aligned}$$

이다. 따라서 각 $i=0,1,\cdots,n-1$에 대하여 $h_{iq \pmod n}=h_i$가 성립한다.

($\Leftarrow$) 각 $i=0,1,\cdots,n-1$에 대하여 $h_{iq \pmod n}=h_i$라 가정하면, 다음이 성립한다.

$$\begin{aligned} h(x) = \sum_{i=0}^{n-1} h_i x^i &\equiv \sum_{i=0}^{n-1} h_{iq \pmod n} x^{iq(\bmod n)} (\bmod x^n-1) \\ &\equiv \sum_{i=0}^{n-1} h_i x^{iq \pmod n} (\bmod x^n-1) \\ &\equiv \sum_{i=0}^{n-1} h_i x^{iq} \equiv \sum_{i=0}^{n-1} h_i^q x^{iq} = h(x)^q (\bmod x^n-1) \end{aligned}$$

예제 4.2.2 (1) $n=3$, $q=2$이면, 치환 $i \to qi \pmod n$은 다음과 같이 나타낼 수 있다.

$$\begin{pmatrix} 0 & 1 & 2 \\ 0 & 2 & 1 \end{pmatrix}$$

이를 순환치환으로 나타내면

$$(0) \quad (1,2)$$

이다. $h(x)^2 \equiv h(x) \pmod{x^3-1}$을 만족하는 임의의 다항식

$$h(x) = \sum_{i=0}^{2} h_i x^i \in \mathbb{F}_2[x]$$

는 다음과 같이 두 다항식의 $\mathbb{F}_2$ 위에서의 일차결합으로 표현된다.

$$h(x) = h_0 \cdot 1 + h_1 \cdot (x + x^2) := h_0 \cdot h_0(x) + h_1 \cdot h_1(x)$$

단, $h_0(x) = 1$이고 $h_1(x) = x + x^2$이다. 한편

$$\gcd(x^3-1, h_1(x)) = x-1$$
$$\gcd(x^3-1, h_1(x)-1) = x^2+x+1$$

이므로 다음이 성립한다.

$$x^3 - 1 = (x-1)(x^2+x-1)$$

(2) $n=5$, $q=2$이면, 치환 $i \rightarrow qi \pmod{n}$은 다음과 같이 나타낼 수 있다.

$$(0) \quad (1,2,4,3)$$

(1)과 같은 방법으로 하면

$$\gcd(x^5-1, x+x^2+x^4+x^3) = x-1$$
$$\gcd(x^5-1, x+x^2+x^4+x^3-1) = x^4+x^3+x^2+x+1$$

이므로

$$x^5-1=(x-1)(x^4+x^3+x^2+x+1)$$

(3) $n=7$, $q=2$이면

$$x^7-1=(x-1)(x^3+x+1)(x^3+x^2+1)$$

정의 4.2.3 치환 $i \to qi \pmod{n}$의 순환치환을 **원분잉여류**(cyclotomic coset)라 한다.

예제 4.2.4 $\Phi_7(x)$를 인수분해 하여라.

풀이 $\Phi_7(x)=x^6+x^5+x^4+x^3+x^2+x+1$이고 3개의 원분잉여류는

$$(0), (1,2,4), (3,6,5)$$

이다. $h(x)=x+x^2+x^4$이라 두면

$$\gcd(\Phi_7(x), h(x))=x^3+x+1$$

이므로 $\Phi_7(x)=(x^3+x+1)(x^3+x^2+1)$이다.

예제 4.2.5 $\Phi_{21}(x)$를 인수분해 하여라.

풀이 $\Phi_{21}(x)=\dfrac{(x^{21}-1)(x-1)}{(x^7-1)(x^3-1)}=x^{12}+x^{11}+x^9+x^8+x^6+x^4+x^3+x+1$이고 6개의 원분잉여류는

$$(0), (1,2,4,8,16,11), (3,6,9), (5,10,20,19,17,13), (7,14), (9,18,15)$$

이다. $h(x)=x^3+x^6+x^{12}$이라 두면

$$\gcd(\Phi_{21}(x), h(x)) = x^6 + x^5 + x^4 + x^2 + 1$$

이므로

$$\Phi_{21}(x) = (x^6 + x^5 + x^4 + x^2 + 1)(x^6 + x^4 + x^2 + x + 1)$$

이다.

§4.3 확대체 위에서의 다항식 인수분해(The factorization of polynomials on extended finite field)

$\mathbb{F}_q$는 원소의 개수가 q이고 표수가 p인 유한체라고 하자. $f(x) = \sum_{i=0}^{n} a_i x^i$는 $\mathbb{F}_q$ 위에서 제곱 항이 없는 n차 모닉다항식이라 하고, $f(x)$는 r개의 서로 다른 기약다항식 $f_1(x), \cdots, f_r(x)$의 곱이라 가정하자:

$$f(x) = f_1(x) \cdots f_r(x)$$

다항식을 인수분해 하는 문제는 일반적으로 매우 어렵다. 하지만 소수 p를 mod로 하는 다항식 인수분해 문제는 조금 쉬워진다. mod2에 관하여 차수 n인 임의의 다항식을 인수분해 하는 문제가 n비트 정수를 인수분해 하는 알려진 어떤 방법보다도 훨씬 쉽다. 임의의 다항식을 인수눈해 하는 Berlekamp의 알고리즘을 이용하면 된다.

$\mathbb{F}_{2^p}$ 위에서 설계된 선형 가산 기계의 특성상, 계수들이 $\mathbb{F}_{2^p}$의 원소인 다항식을 $\mathbb{F}_{2^p}$의 원소를 계수로 갖는 인수들로 인수분해 하는 문제에 직면하게 된다.

Berlekamp 알고리즘을 따르되, 임의의 확대체에서 가능하도록 일반화하자.

$\mathbb{F}_2 = \{0, 1, \alpha, \alpha^2\} : \alpha^2 = \alpha + 1$ $\mathbb{F}_{2^3} = \{0, 1, \alpha, \alpha^2, \cdots, \alpha^6\} : \alpha^3 = \alpha + 1$ 이므로 $\mathbb{F}_{2^2}$과 $\mathbb{F}_{2^3}$ 위에서의 $+$ 테이블과 $\times$테이블은 다음과 같다.

$+$	0	1	α	α^2
0	0	1	α	α^2
1	1	0	α^2	α
α	α	α^2	0	1
α^2	α^2	α	1	0

$\times$	0	1	α	α^2
0	0	0	0	0
1	0	1	α	α^2
α	0	α	α^2	1
α^2	0	α^2	1	α

<$\mathbb{F}_{2^2}$ 위에서의 $+$ 테이블과 $\times$테이블>

$+$	0	1	α	α^2	α^3	α^4	α^5	α^6
0	0	1	α	α^2	α^3	α^4	α^5	α^6
1	1	0	α^3	α^6	α	α^5	α^4	α^2
α	α	α^3	0	α^4	1	α^2	α^6	α^5
α^2	α^2	α^6	α^4	0	α^5	α	α^3	1
α^3	α^3	α	1	α^5	0	α^6	α^2	α^4
α^4	α^4	α^5	α^2	α	α^6	0	1	α^3
α^5	α^5	α^4	α^6	α^3	α^2	1	0	α
α^6	α^6	α^2	α^5	1	α^4	α^3	α	0

$\times$	0	1	α	α^2	α^3	α^4	α^5	α^6
0	0	0	0	0	0	0	0	0
1	0	1	α	α^2	α^3	α^4	α^5	α^6
α	0	α	α^2	α^3	α^4	α^5	α^6	1
α^2	0	α^2	α^3	α^4	α^5	α^6	1	α
α^3	0	α^3	α^4	α^5	α^6	1	α	α^2
α^4	0	α^4	α^5	α^6	1	α	α^2	α^3
α^5	0	α^5	α^6	1	α	α^2	α^3	α^4
α^6	0	α^6	1	α	α^2	α^3	α^4	α^5

<$\mathbb{F}_{2^3}$ 위에서의 $+$ 테이블과 $\times$테이블>

$\mathbb{F}_{2^4} = \{0, 1, \alpha, \alpha^2, \cdots, \alpha^{14}\} : \alpha^4 = \alpha + 1$이므로 $\mathbb{F}_{2^4}$ 위에서의 $+$테이블과 $\times$테이블은 다음과 같다.

+	0	1	α	α^2	α^3	α^4	α^5	α^6	α^7	α^8	α^9	α^{10}	α^{11}	α^{12}	α^{13}	α^{14}
0	0	1	α	α^2	α^3	α^4	α^5	α^6	α^7	α^8	α^9	α^{10}	α^{11}	α^{12}	α^{13}	α^{14}
1	1	0	α^4	α^8	α^{14}	α	α^{10}	α^{13}	α^9	α^2	α^7	α^5	α^{12}	α^{11}	α^6	α^3
α	α	α^4	0	α^5	α^9	1	α^2	α^{11}	α^{14}	α^{10}	α^3	α^8	α^6	α^{13}	α^{12}	α^7
α^2	α^2	α^8	α^5	0	α^6	α^{10}	α	α^3	α^{12}	1	α^{11}	α^4	α^9	α^7	α^{14}	α^{13}
α^3	α^3	α^{14}	α^9	α^6	0	α^7	α^{11}	α^2	α^4	α^{13}	α	α^{12}	α^5	α^{10}	α^8	1
α^4	α^4	α	1	α^{10}	α^7	0	α^8	α^{12}	α^3	α^5	α^{14}	α^2	α^{13}	α^6	α^{11}	α^9
α^5	α^5	α^{10}	α^2	α	α^{11}	α^8	0	α^9	α^{13}	α^4	α^6	1	α^3	α^{14}	α^7	α^{12}
α^6	α^6	α^{13}	α^{11}	α^3	α^2	α^{12}	α^9	0	α^{10}	α^{14}	α^5	α^7	α	α^4	1	α^8
α^7	α^7	α^9	α^{14}	α^{12}	α^4	α^3	α^{13}	α^{10}	0	α^{11}	1	α^6	α^8	α^2	α^5	α
α^8	α^8	α^2	α^{10}	1	α^{13}	α^5	α^4	α^{14}	α^{11}	0	α^{12}	α	α^7	α^9	α^3	α^6
α^9	α^9	α^7	α^3	α^{11}	α	α^{14}	α^6	α^5	1	α^{12}	0	α^{13}	α^2	α^8	α^{10}	α^4
α^{10}	α^{10}	α^5	α^8	α^4	α^{12}	α^2	1	α^7	α^6	α	α^{13}	0	α^{14}	α^3	α^9	α^{11}
α^{11}	α^{11}	α^{12}	α^6	α^9	α^5	α^{13}	α^3	α	α^8	α^7	α^2	α^{14}	0	1	α^4	α^{10}
α^{12}	α^{12}	α^{11}	α^{13}	α^7	α^{10}	α^6	α^{14}	α^4	α^2	α^9	α^8	α^3	1	0	α	α^5
α^{13}	α^{13}	α^6	α^{12}	α^{14}	α^8	α^{11}	α^7	1	α^5	α^3	α^{10}	α^9	α^4	α	0	α^2
α^{14}	α^{14}	α^3	α^7	α^{13}	1	α^9	α^{12}	α^8	α	α^6	α^4	α^{11}	α^{10}	α^5	α^2	0

X	0	1	α	α^2	α^3	α^4	α^5	α^6	α^7	α^8	α^9	α^{10}	α^{11}	α^{12}	α^{13}	α^{14}
0	0	0	0	0	0	0	0	0	0	0	0	0	0	0	0	0
1	0	1	α	α^2	α^3	α^4	α^5	α^6	α^7	α^8	α^9	α^{10}	α^{11}	α^{12}	α^{13}	α^{14}
α	0	α	α^2	α^3	α^4	α^5	α^6	α^7	α^8	α^9	α^{10}	α^{11}	α^{12}	α^{13}	α^{14}	1
α^2	0	α^2	α^3	α^4	α^5	α^6	α^7	α^8	α^9	α^{10}	α^{11}	α^{12}	α^{13}	α^{14}	1	α
α^3	0	α^3	α^4	α^5	α^6	α^7	α^8	α^9	α^{10}	α^{11}	α^{12}	α^{13}	α^{14}	1	α	α^2
α^4	0	α^4	α^5	α^6	α^7	α^8	α^9	α^{10}	α^{11}	α^{12}	α^{13}	α^{14}	1	α	α^2	α^3
α^5	0	α^5	α^6	α^7	α^8	α^9	α^{10}	α^{11}	α^{12}	α^{13}	α^{14}	1	α	α^2	α^3	α^4
α^6	0	α^6	α^7	α^8	α^9	α^{10}	α^{11}	α^{12}	α^{13}	α^{14}	1	α	α^2	α^3	α^4	α^5
α^7	0	α^7	α^8	α^9	α^{10}	α^{11}	α^{12}	α^{13}	α^{14}	1	α	α^2	α^3	α^4	α^5	α^6
α^8	0	α^8	α^9	α^{10}	α^{11}	α^{12}	α^{13}	α^{14}	1	α	α^2	α^3	α^4	α^5	α^6	α^7
α^9	0	α^9	α^{10}	α^{11}	α^{12}	α^{13}	α^{14}	1	α	α^2	α^3	α^4	α^5	α^6	α^7	α^8
α^{10}	0	α^{10}	α^{11}	α^{12}	α^{13}	α^{14}	1	α	α^2	α^3	α^4	α^5	α^6	α^7	α^8	α^9
α^{11}	0	α^{11}	α^{12}	α^{13}	α^{14}	1	α	α^2	α^3	α^4	α^5	α^6	α^7	α^8	α^9	α^{10}
α^{12}	0	α^{12}	α^{13}	α^{14}	1	α	α^2	α^3	α^4	α^5	α^6	α^7	α^8	α^9	α^{10}	α^{11}
α^{13}	0	α^{13}	α^{14}	1	α	α^2	α^3	α^4	α^5	α^6	α^7	α^8	α^9	α^{10}	α^{11}	α^{12}
α^{14}	0	α^{14}	1	α	α^2	α^3	α^4	α^5	α^6	α^7	α^8	α^9	α^{10}	α^{11}	α^{12}	α^{13}

<$\mathbb{F}_{2^4}$ 위에서의 + 테이블과 × 테이블>

$f(x)$를 $\mathbb{F}_{2^p}$ 위의 원시다항식인 생성다항식이라 하고 $u(x)$는 계수가

$$\mathbb{F}_{2^p} = \{0, 1, 2, \cdots, 2^p - 1\}$$

의 원소인 n차 다항식이라 하자. $u(x)$를 r개의 서로 다른 기약다항식 $p_1(x), \cdots, p_r(x)$ ($p_i(x) \in \mathbb{F}_{2^p}[x]$)에 대하여

$$u(x) = p_1(x)^{e_1} p_2(x)^{e_2} \cdots p_r(x)^{e_r}$$

로 인수분해 하고자 한다. 첫 단계로, 지수들 $e_1, e_2, \cdots, e_r$ 중 1보다 큰 것이 어느 것인가를 결정한다. $u(x) = u_n x^n + \cdots + u_0 = v(x)^2 w(x)$ 인 경우 $u(x)$의 도함수

$$u'(x) = n u_n x^{n-1} + \cdots + u_1 = 2 v(x) v'(x) w(x) + v(x)^2 w'(x)$$

는 $v(x)$ 의 배수가 된다는 것을 알 수 있다. 즉, $u(x)$가 $v(x)$의 제곱을 인수로 갖는다면, $u(x)$와 $u'(x)$는 $v(x)$를 인수로 갖는다. 다시 말해서, $u(x)$가 제곱인수를 갖는다면, $u(x)$와 $u'(x)$는 서로소가 아니다.

그러므로 우선 $d(x) = \gcd(u(x), u'(x))$를 계산한다. $d(x)$에 따라 다음과 같은 세 가지로 나눌 수 있다.

(1) 만일 $d(x) = 1$이면 $u(x)$는 중근을 갖지 않으므로 $u(x)$는 r개의 서로 다른 기약다항식 $u_1(x), \cdots, u_r(x)$의 곱 $u(x) = u_1(x) \cdots u_r(x)$으로 인수분해 된다.
(2) $d(x) \neq 1$이고 $d(x) \neq u(x)$이면, $d(x)$는 $u(x)$의 **자명하지 않은 인수**(proper factor)이다. $d(x)$의 인수들과 $\dfrac{u(x)}{d(x)}$의 인수들에 Berlekamp 알고리즘을 적용하여 $u(x)$의 인수들을 빠르게 구할 수 있다.
(3) $d(x) = u(x)$이면 $u'(x) = 0$이다. 이 경우는 $u(x)$의 항 x^k들 중에서, k가 2^p의 배수인 경우만 x^k의 계수가 0이 아니고, 2^p의 배수가 아닌 경우는 0일 때이다. 그러므로 서로 다른 기약다항식만을 인수로 갖는 다항식을 인수분해 하는 문제만 생각하면 된다.

따라서 $u(x)$는 서로 다른 기약다항식만을 인수로 갖는 다항식이라 가정한다.

n차 다항식 $u(x)$는 r개의 서로 다른 기약다항식 $u_1(x),\cdots,u_r(x)$의 곱

$$u(x) = u_1(x)\cdots u_r(x)$$

이라 가정한다. 즉, $u(x) = \prod_{i=1}^{r} u_i(x)$.

i행이 $x^{2^p(i-1)} \bmod u(x)$인 $\mathbb{F}_{2^p}$ 위의 $n\times n$ 행렬 $Q=(q_{ij})$를 정의하자.

정의 4.3.1 각 $i = 0, \cdots, n-1$에 대하여

$$x^{2^p\cdot i} \bmod u(x) = q_{i+1,1} + q_{i+1,2}x + \cdots + q_{i+1,n}x^{n-1}$$

라 할 때, $Q=(q_{ij})$라 정의하자.

예제 4.3.2 $\mathbb{F}_{2^2}$ 위에서 $u(x) = x^4+x+1$에 대하여 Q를 구하여라.

풀이 $x^{2^2\cdot i}(\bmod u(x))$ $(0 \le i \le 3)$을 구하면 다음과 같다.

$$\begin{aligned}
x^{2^2\cdot 0} &\equiv 1 \,(\bmod u(x))\\
x^{2^2\cdot 1} &\equiv 1+x \,(\bmod u(x))\\
x^{2^2\cdot 2} &\equiv 1+x^2 (\bmod u(x))\\
x^{2^2\cdot 3} &\equiv 1+x+x^2+x^3 (\bmod u(x))
\end{aligned}$$

그러므로

$$Q = \begin{pmatrix} 1&0&0&0\\ 1&1&0&0\\ 1&0&1&0\\ 1&1&1&1 \end{pmatrix}$$

이다.

예제 4.3.3 $\mathbb{F}_{2^2} = \mathbb{F}_2(\alpha)(\alpha^2 = \alpha + 1)$ 위에서 $u(x) = x^4 + x^3 + x^2 + \alpha^2 x + \alpha$에 대하여 Q를 구하여라.

풀이 $x^{2^2 \cdot i} (\mathrm{mod}\, u(x))$ $(0 \le i \le 3)$을 구하면 다음과 같다.

$$\begin{aligned}
x^{2^2 \cdot 0} &\equiv 1 \,(\mathrm{mod}\, u(x)) \\
x^{2^2 \cdot 1} &\equiv \alpha + \alpha^2 x + x^2 + x^3 \,(\mathrm{mod}\, u(x)) \\
x^{2^2 \cdot 2} &\equiv 1 + x + \alpha x^2 + \alpha^2 x^3 \,(\mathrm{mod}\, u(x)) \\
x^{2^2 \cdot 3} &\equiv \alpha + \alpha x + x^2 \,(\mathrm{mod}\, u(x))
\end{aligned}$$

그러므로

$$Q = \begin{pmatrix} 1 & 0 & 0 & 0 \\ \alpha & \alpha^2 & 1 & 1 \\ 1 & 1 & \alpha & \alpha^2 \\ \alpha & \alpha & 1 & 0 \end{pmatrix}$$

이다.

보조정리 4.3.4 $\mathbb{F}_{2^p}$ 위의 $n-1$차 이하인 다항식 $g(x) = \sum_{i=0}^{n-1} g_i x^i$에 대하여

$$g(x)^{2^p} - g(x) \equiv 0 \ (\mathrm{mod}\, u(x)) \iff (g_0, g_1, \cdots, g_{m-1})(Q - I_n) = O$$

증명 모든 $\beta \in \mathbb{F}_{2^p}$에 대하여 $2^p \beta = 0$이므로

$$\begin{aligned}
g(x)^{2^p} &= g(x^{2^p}) \\
&= \sum_{i=0}^{n-1} g_i x^{i 2^p} \\
&\equiv \sum_{i=0}^{n-1} g_i \left(\sum_{k=0}^{n-1} q_{i+1.k+1} x^k \right) (\mathrm{mod}\, u(x)) \\
&\equiv \sum_{k=0}^{n-1} \left(\sum_{i=0}^{n-1} g_i q_{i+1.k+1} \right) x^k
\end{aligned}$$

이다. 여기서 $\sum_{i=0}^{n-1} g_i q_{i+1.k+1}$은 $(g_0, g_1, \cdots, g_{m-1})Q$의 $k+1$번째 성분이다. 또한 g_k 는 $(g_0, g_1, \cdots, g_{m-1})I_n$의 $k+1$번째 성분이다. 그러므로

$$\begin{aligned} g(x)^{2^p} - g(x) &\equiv \sum_{k=0}^{n-1}\left(\left(\sum_{i=0}^{n-1} g_i q_{i+1.k+1}\right) - g_k\right)x^k = 0 \\ &\Leftrightarrow \forall k(0 \le k \le n-1), \quad \left(\sum_{i=0}^{n-1} g_i q_{i+1.k+1}\right) - g_k = 0 \\ &\Leftrightarrow (g_0, g_1, \cdots, g_{n-1})(Q - I_n) = 0 \end{aligned}$$

정리 4.3.5 $u(x) = \sum_{i=0}^{n} a_i x^i$가 $\mathbb{F}_{2^p}$ 위의 n차 모닉다항식일 때,

$$u(x) = \prod_{s \in \mathbb{F}_{2^p}} \gcd(u(x), g(x) - s)$$

이다. $g(x) = \sum_{i=0}^{n-1} g_i x^i$는 $(g_0, g_1, \cdots, g_{n-1})(Q - I_n) = 0$을 만족하는 다항식이다.

증명 보조정리 4.3.4에 의하여

$$u(x) \mid (g(x)^{2^p} - g(x))$$

가 성립한다. 임의의 y에 대하여 모든 $s \in \mathbb{F}_{2^p}$가 $y^{2^p} - y = 0$의 근이므로

$$y^{2^p} - y = \prod_{s \in \mathbb{F}_{2^p}} (y - s)$$

이다. 따라서

$$g(x)^{2^p} - g(x) = \prod_{s \in \mathbb{F}_{2^p}} (g(x) - s)$$

이다.

$$u(x) \mid \prod_{s \in \mathbb{F}_{2^\mu}} (g(x) - s)$$

이므로

$$u(x) \mid \gcd(u(x), \prod_{s \in \mathbb{F}_{2^\mu}} (g(x) - s))$$

이다. 또한

$$u(x) = \gcd(u(x), \prod_{s \in \mathbb{F}2^\mu} (g(x) - s)) \mid \prod_{s \in \mathbb{F}_{2^\mu}} \gcd(u(x), g(x) - s)$$

이다. 한편 $\gcd(u(x), g(x) - s) \mid u(x)$ 이고 보조정리 4.1.1에 의하여 $\mathbb{F}_{2^\mu}$의 서로 다른 원소 s, t에 대하여 $g(x)-s$, $g(x)-t$는 서로소이다. $\gcd(u(x),\ g(x)-s)$와 $\gcd(u(x),\ g(x)-t)$는 서로소이므로

$$\prod_{s \in \mathbb{F}_{2^\mu}} \gcd(u(x), g(x) - s) \mid u(x)$$

이다. 그러므로 $u(x) = \prod_{s \in \mathbb{F}_{2^\mu}} \gcd(u(x), g(x) - s)$ 이다.

정리 4.3.6 ($\mathbb{F}_{2^\mu}$ 위에서의 중국인의 나머지 정리) $\mathbb{F}_{2^\mu}$ 위의 영이 아닌 다항식 $u_1(x), \cdots, u_r(x)$가 쌍마다 서로소라고 하자. $\mathbb{F}_{2^\mu}$ 위의 임의의 원소 $s_1, \cdots, s_r$에 대하여 연립일차합동방정식

$$v(x) \equiv p_1(x) (\operatorname{mod} u_1(x))$$
$$\vdots$$
$$v(x) \equiv p_r(x) (\operatorname{mod} u_r(x))$$

은 $\operatorname{mod} u(x) = u_1(x) \cdots u_r(x)$에 관하여 $\mathbb{F}_{2^\mu}$ 위에서 단 한 개의 해 $v(x)$를 가진다.

증명 $v(x)$와 $h(x)$가 연립일차합동방정식의 해라 가정하자. 즉, 모든 $i(1 \le i \le r)$에 대하여

$$v(x) \equiv p_i(x) \bmod u_i(x)$$

$$h(x) \equiv p_i(x) \bmod u_i(x)$$

이다. 그러면 모든 $i(1 \le i \le r)$에 대하여 $v(x) - h(x) \equiv 0 (\bmod u_i(x))$이다. $u_1(x), \cdots, u_r(x)$가 쌍마다 서로소이므로

$$v(x) - h(x) \equiv 0 (\bmod\ u_1(x) \cdot \cdot u_i(x))$$

이다. 따라서 $v(x) \equiv h(x) (\bmod\ u_1(x) \cdots u_i(x))$이다. 또한 각 $i = 1, \cdots, r$에 대하여 $\hat{u}_i(x) = \dfrac{u(x)}{u_i(x)}$ 라 하자. 그러면 $\hat{u}_i(x)$와 $u_i(x)$가 서로소이므로

$$a_i(x)\, \hat{u}_i(x) + b_i(x)\, u_i(x) = 1$$

인 다항식 $a_i(x), b_i(x)$가 존재한다. 특히 $a_i(x) \hat{u}_i(x) \equiv 1\ (\bmod u_i(x))$이므로 $a_i(x)$는 mod $u_i(x)$에 관하여 $\hat{u}_i(x)$의 곱셈에 관한 역원이다. 만일

$$v(x) = a_1(x)\, \hat{u}_1(x)\, p_1(x) + \cdots + a_r(x)\, \hat{u}_r(x)\, p_r(x)$$

라면 $j \ne i$일 때 $u_i(x) \mid \hat{u}_j(x)$이므로

$$v(x) = a_i(x) \hat{u}_i(x) p_i(x) \equiv p_i(x) (\bmod u_i(x))$$

이다. 따라서 $v(x)$가 주어진 연립일차합동방정식의 해이다.

정리 4.3.7 $u(x) \in \mathbb{F}_{2^p}[x]$의 서로 다른 기약 인수의 개수는

$$\dim\{(g_0, g_1, \cdots, g_{m-1}) \mid (g_0, g_1, \cdots, g_{m-1})(Q - I_n) = 0\}$$

이다.

증명 $u(x)$가 r개의 서로 다른 기약다항식 $u_1(x),\cdots,u_r(x)$의 곱 $u(x)=u_1(x)\cdots u_r(x)$으로 인수분해 된다고 하자.

$$
\begin{aligned}
&(g_0,g_1,\cdots,g_{m-1})\in N(Q-I_n)\\
&\qquad\Leftrightarrow\quad u(x)\,|\,(g(x)^{2^p}-g(x))=\prod_{a_i\in\mathbb{F}_{2^p}}(g(x)-a_i)\\
&\qquad\Leftrightarrow\quad \forall i=1,2,\cdots,r,\ \ \exists\, a_{j_i}\in\mathbb{F}_{2^p}\ ;\ u_i(x)\,|\,(g(x)-a_{j_i})\\
&\qquad\Leftrightarrow\quad \exists\,(a_{j_1},\cdots,a_{j_r})\in\mathbb{F}_{2^p}^r\ ;
\end{aligned}
$$

$$
\begin{aligned}
g(x)&\equiv a_{j_1}(\mathrm{mod}\,u_1(x))\\
&\ \ \vdots\\
g(x)&\equiv a_{j_r}(\mathrm{mod}\,u_r(x))
\end{aligned}
$$

한편 임의의 원소 $a_1,\cdots,a_n\in\mathbb{F}_{2^p}$에 대하여 중국인의 나머지 정리로부터 연립일차합동방정식

$$
\begin{aligned}
g(x)&\equiv a_1(\mathrm{mod}\,u_1(x))\\
&\ \ \vdots\\
g(x)&\equiv a_r(\mathrm{mod}\,u_r(x))
\end{aligned}
$$

의 유일한 해 $g(x)\ (\mathrm{mod}\,u(x))$ 가 존재한다. 각 a_i 에 대하여 $(2^p)^r$ 가지 방법으로 $a_1,\ \cdots,a_r$을 선택할 수 있다. 그러므로

$$g(x)^{2^p}-g(x)\equiv 0\,(\mathrm{mod}\,u(x))$$

인 $(2^p)^r$개 원소가 $g(x)\in\mathbb{F}_{2^p}[x]$가 존재한다. 그러므로 $Q-I_n$ 의 영공간에는 $(2^p)^r$ 개 원소가 있다. 그러므로 $\mathbb{F}_{2^p}$ 위의 $Q-I_n$의 영공간의 차원은 r 이다. 즉, r이 $u(x)$ 의 서로 다른 기약 인수의 개수이다.

다음 알고리즘은 $\mathbb{F}_{2^p}$ 위에서의 다항식의 인수분해에 관한 알고리즘이다.

<$\mathbb{F}_{2^p}$ 위에서의 Berlekamp 알고리즘>

단계 1 : $d(x)$를 계산하여 $d(x) \neq 1$이면 $u(x)$를 제곱 항이 없는 형태로 만든다.
단계 2 : Q를 구성한다.
단계 3 : $Q-I_n$의 영공간 $N(Q-I_n)$로부터 각 $j\,(1 \leq j \leq r)$에 대하여 $v^{[j]}(Q-I_n)=(0,\cdots,0)$인 r개의 일차독립인 벡터 $v^{[1]},\cdots,v^{[r]}$을 구한다. $v^{[1]}$은 자명한 해인 $(1,0,\cdots,0)$으로 둔다.
단계 4 : 각 $s\,(0 \leq s \leq 2^p-1)$에 대하여 $\gcd(u(x),v^{[2]}(x)-s)$을 계산한다. 여기서 $v^{[2]}(x)$는 $v^{[2]}$에 의해 표현된 다항식이다.

참고 (1) $\gcd(u(x),v^{[2]}(x)-s)$는 $u(x)$의 자명하지 않은 인수이다. 왜냐하면 $v^{[2]}(x)-s$는 영이 아니고, $v^{[2]}(x)-s$의 차수는 $u(x)$의 차수보다 작고, $v(x)$가

$$v(x)^q \equiv v(x)(\mathrm{mod}\, u(x)), \quad \deg(v(x)) < \deg u(x)$$

를 만족할 때마다

$$u(x)=\prod_{0 \leqq s < 2^p-1} \gcd(v(x)-s,u(x))$$

이 성립하기 때문이다.
(2) $v^{[2]}(x)$를 이용하여 $u(x)$를 r개의 인수로 분해하지 못했다면, $v^{[k]}(x)$ $(k=3,4,\cdots)$에 대하여, r개의 인수를 찾을 때까지 $\gcd(v^{[k]}(x)-s,w(x))$을 계산하여 구할 수 있다. 여기서 $w(x)$는 $u(x)$의 이미 밝혀진 인수로 나눈 다항식이다.

예제 4.3.8 $\mathbb{F}_{2^2}=\mathbb{F}_2(\alpha)(\alpha^2=\alpha+1)$ 위에서 $u(x)=x^4+\alpha^2x^3+\alpha x^2+x+\alpha^2$을 인수분해 하여라.

풀이 Q가

$$Q=\begin{pmatrix} 1 & 0 & 0 & 0 \\ \alpha^2 & 1 & \alpha & \alpha^2 \\ 0 & 0 & 0 & \alpha \\ 0 & 0 & \alpha^2 & 0 \end{pmatrix}$$

이므로

$$Q-I_4=\begin{pmatrix}0&0&0&0\\ \alpha^2&0&\alpha&\alpha^2\\ 0&0&1&\alpha\\ 0&0&\alpha^2&1\end{pmatrix}$$

이다. $N(Q-I_4)$는 다음과 같다.

$$N(Q-I_4)=\{u(1,0,0,0)+v(0,0,\alpha^2,1)\mid u,v\in\mathbb{F}_{2^2}\}$$

이다. 그러므로 $v^{[1]}(x)=1$이고 $v^{[2]}(x)=\alpha^2x^2+x^3$이다.

$\gcd(u(x),v^{[2]}(x))=\alpha^2$
$\gcd(u(x),v^{[2]}(x)-1)=\alpha^2$
$\gcd(u(x),v^{[2]}(x)-\alpha)=\alpha(x^2+\alpha x+\alpha)$
$\gcd(u(x),v^{[2]}(x)-\alpha^2)=\alpha(x^2+x+\alpha)$

그러므로 $u(x)=(x^2+\alpha x+\alpha)(x^2+x+\alpha)$이다.

예제 4.3.9 $\mathbb{F}_{2^2}=\mathbb{F}_2(\alpha)(\alpha^2=\alpha+1)$ 위에서 $u(x)=x^6+x^5+1$을 인수분해하여라.

풀이 Q를 구하면 다음과 같다.

$$Q=\begin{pmatrix}1&0&0&0&0&0\\ 0&0&0&0&1&0\\ 1&1&1&0&0&1\\ 0&1&1&1&1&1\\ 0&1&0&1&0&1\\ 0&0&1&1&0&1\end{pmatrix}$$

따라서

$$Q-I_6=\begin{pmatrix}0&0&0&0&0&0\\0&1&0&0&1&0\\1&1&0&0&0&1\\0&1&1&0&1&1\\0&1&0&1&1&1\\0&0&1&1&0&0\end{pmatrix}$$

이며 $N(Q-I_6)$는 다음과 같다.

$$N(Q-I_6)=\{(u(1,0,0,0,0,0)+v(0,0,0,1,1,1)\mid u,v\in\mathbb{F}_{2^2}\}$$

이다. 그러므로 $v^{[1]}(x)=1$이고 $v^{[2]}(x)=x^3+x^4+x^5$이다.

$\gcd(u(x),v^{[2]}(x))=1$
$\gcd(u(x),v^{[2]}(x)-1)=1$
$\gcd(u(x),v^{[2]}(x)-\alpha)=x^3+\alpha x^2+\alpha^2x+\alpha^2$
$\gcd(u(x),v^{[2]}(x)-\alpha^2)=x^3+\alpha^2x^2+\alpha x+\alpha$

그러므로 $u(x)=(x^3+\alpha^2x^2+\alpha x+\alpha)(x^3+\alpha x^2-\alpha^2x+\alpha^2)$이다.

예제 4.3.10 $\mathbb{F}_{2^4}=\mathbb{F}_2(\beta)(\beta^4=\beta+1)$ 위에서 $u(x)=x^6+x^5+1$을 인수분해 하여라.

풀이 예제 4.3.9에서 $\alpha=\beta^5$라 하면 $\alpha^2+\alpha-1=0$이다. 따라서

$$\begin{aligned}u(x)&=(x^3+\alpha^2x^2+\alpha x+\alpha)(x^3+\alpha x^2+\alpha^2x+\alpha^2)\\&=(x^3+\beta^{10}x^2+\beta^5x+\beta^5)(x^3+\beta^5x^2+\beta^{10}x+\beta^{10})\end{aligned}$$

이 된다.

예제 4.3.11 $\mathbb{F}_{2^4}=\mathbb{F}_2(\alpha)(\alpha^4=\alpha+1)$ 위에서 $u(x)=x^6+\alpha^3x^2+\alpha^{10}x+\alpha^6$을 인수분해 하여라.

풀이 $\mathbb{F}_{2^4}$ 위에서의 Berlekamp 알고리즘을 이용하여 인수분해하면

$$u(x) = (x^4 + \alpha^6 x^3 + \alpha^{11} x^2 + \alpha^3 x + \alpha^6)(x^2 + \alpha^6 x + 1)$$

이다.

예제 4.3.12 $\mathbb{F}_{2^4} = \mathbb{F}_2(\alpha)(\alpha^4 = \alpha + 1)$ 위에서

$$u(x) = x^{10} + \alpha^3 x^9 + \alpha^8 x^8 + \alpha x^7 + \alpha^{10} x^5 + \alpha^5 x^4 + x^3 + \alpha x + 1$$

을 인수분해 하여라.

풀이 $\mathbb{F}_{2^4}$ 위에서의 Berlekamp 알고리즘을 이용하여 인수분해를 하면

$$\begin{aligned} u(x) = &(x^5 + \alpha^{10} x^4 + \alpha^2 x^3 + \alpha^{12} x^2 + \alpha^{12} x + \alpha^{14}) \\ &\times (x^5 + \alpha^{12} x^4 + \alpha^9 x^3 + \alpha^{10} x^2 + \alpha^{13} x + \alpha) \end{aligned}$$

이다.

연습문제 4장

1. $\mathbb{F}_2$ 위에서 $x^6+x^5+x^4+x^3+x^2+x+1$을 인수븐해 하여라.

2. $\mathbb{F}_2$ 위에서 $x^{12}+x^7+x^5+x^4+x^3+x^2+1$을 인수분해 하여라.

3. $\mathbb{F}_2$ 위에서 x^8+x^3+1을 인수분해 하여라.

4. $\mathbb{F}_2$ 위에서 $x^7+x^5+x^4+x^2+1$을 인수분해 하여라.

5. $\mathbb{F}_2$ 위에서 $\Phi_{17}(x)$를 인수분해 하여라.

6. $\mathbb{F}_{2^2}$ 위에서 확장된 Berlekamp 알고리즘을 이용하여 $x^8+x^4+x^3+x^2+1$을 인수분해 하여라.

8. $\mathbb{F}_{2^2}$ 위에서 $x^8+x^7+x^6+x^5+x^4+x^2+1$을 인수분해 하여라.

9. $\mathbb{F}_{2^2}$ 위에서 확장된 Berlekamp 알고리즘을 이용하여 $x^7+\alpha x^6+x^5+\alpha x^2+1$을 인수분해 하여라.

제5장

선형점화수열

제 5장 선형점화수열

§5.1 선형점화수열의 정의(Definition of Linear recurring sequence)

정의 5.1.1 k가 양의 정수이고 $a, a_0, \cdots, a_{k-1}$를 유한체 $\mathbb{F}_q$의 원소라 하자. $\mathbb{F}_q$의 원소로 이루어진 수열 $s_0, s_1, \cdots$이 다음을 만족하면 **k차 선형점화수열**(kth-order linear recurring sequence)이라 한다.

$$s_{n+k} = a_{k-1}s_{n+k-1} + a_{k-2}s_{n+k-2} + \cdots + a_0 s_n + a \quad (n = 0, 1, \cdots) \tag{5.1.1}$$

$s_0, s_1, \cdots, s_{k-1}$을 이 수열의 **초기값**(initial value)이라 하고, 이 초기값에 의하여 수열의 나머지 항들이 결정된다.

식 (5.1.1)을 **k차 선형점화식**(kth-order linear recurrence relation)이라 한다. 여기서 $a=0$인 경우에 **동차선형점화식**(homogeneous linear recurrence relation)이라 하고 $a \neq 0$인 경우에 **비동차 선형점화식**(inhomogeneous linear recurrence relation)이라 한다. 선형점화수열의 생성은 **피드백 쉬프트 레지스터**(feedback shift register)로 구현할 수 있다. 이것은 전기적 스위치 회로의 특별한 종류로 $\mathbb{F}_q$의 원소를 다루며 4개의 장치로 구성된다. 첫째, 두개의 입력을 더해서 하나의 결과를 출력하는 **덧셈기**(adder), 두 번째는 하나의 입력에 상수 a를 곱하는 **상수 곱셈기**(constant multiplier), 세 번째는 하나의 입력에 상수 b를 더하는 **상수 덧셈기**(constant adder), 네 번째 장치는 **지연소자**(flip-flop)로 하나의 입력 단자가 있고 클럭 펄스가 인가되었을 때 입력 신호가 1이면 1로, 0이면 0으로 자리잡는 플립플롭으로 일반적으로 입력 신호를 클럭 펄스의 시간 간격만큼 지연시켜 출력으로 내는 데 사용된다. 그림 5.1은 피드백 쉬프트 레지스터를 구성하는 네가지 장치들을 나타내는 그림이다. 피드백 쉬프트 레지스터는 유한개의 덧셈기, 상수 곱셈기, 상수 덧셈기, 지연소자의 상호연결로 이루어진다. 그림 5.2는 선형점화수열을 생성하는 피드백 쉬프트 레지스터이다.

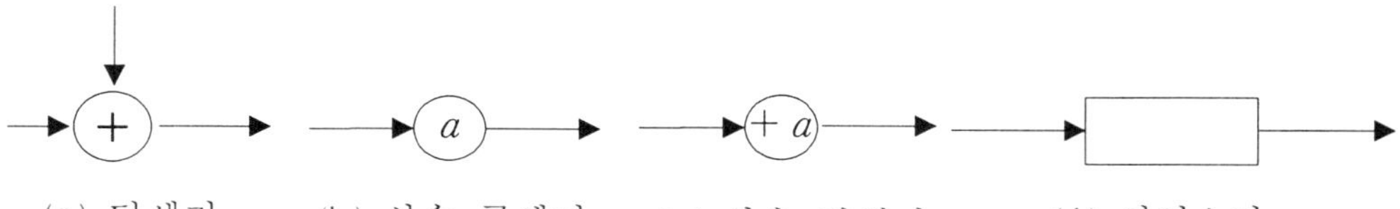

그림 5.1 피드백 쉬프트 레지스터를 구성하는 장치

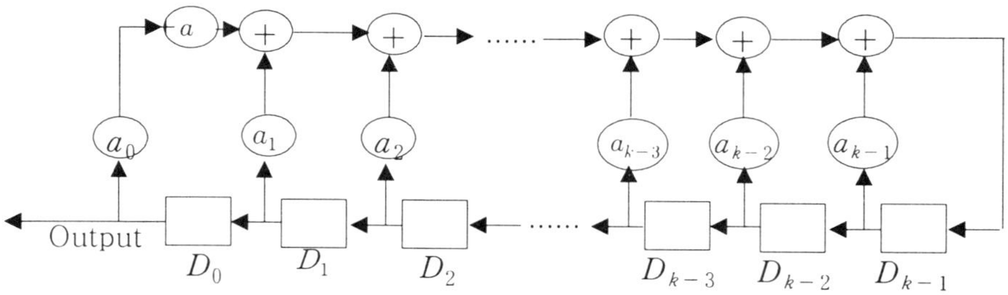

그림 5.2 선형점화수열을 생성하는 피드백 쉬프트 레지스터

예제 5.1.2 $\mathbb{F}_5$에서 선형점화식

$$s_{n+6} = s_{n+5} + 2s_{n+4} + s_{n+1} + 3s_n \ (n = 0, 1, \cdots)$$

을 만족하는 선형점화수열을 생성하기 위한 피드백 쉬프트 레지스터는 그림 5.3과 같다. 이 식에서 $a_2 = a_3 = 0$이므로 두 점에서는 연결이 필요하지 않다.

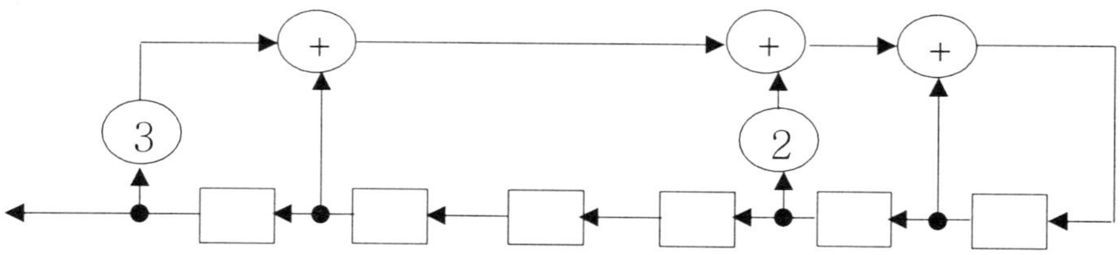

그림 5.3 피드백 쉬프트 레지스터($s_{n+6} = s_{n+5} + 2s_{n+4} + s_{n+1} + 3s_n$)

예제 5.1.3 $\mathbb{F}_2$에서 선형점화식이

$$s_{n+7} = s_{n+4} + s_{n+3} + s_{n+2} + s_n \ (n = 0, 1, \cdots)$$

인 경우를 생각해 보자. $\mathbb{F}_2$에서 s_i의 계수는 0 또는 1이므로 상수곱셈기는 필요하지 않다. 그림 5.4는 주어진 이진 선형점화수열을 생성하는 피드백 쉬프트 레지스터이다. 그러므로 이진 선형점화수열을 생성하기 위한 피드백 쉬프트 레지스터는 단지 지연소자, 덧셈기와 연결선만 필요하다.

$s_0, s_1, \cdots, s_{k-1}$를 식 (5.1.1)을 만족하는 $\mathbb{F}_q$에서의 k차 선형점화수열이라 하자. 이 수열의 생성을 위한 피드백 쉬프트 레지스터는 그림 5.2와 같다. n이 음이 아닌 정수이면 n시간단위 후 지연소자

$$D_j, \ j = 0, 1, \cdots, k-1$$

는 s_{n+j}를 가지고 있다. 그러므로 선형점화수열의 n**번째 상태벡터**(nth state vector)를 행벡터

$$\mathbf{s}_n = (s_n, s_{n+1}, \cdots, s_{n+k-1})$$

로 표현하는 것이 자연스럽다. 그리고 상태벡터 $\mathbf{s}_0 = (s_0, s_1, \cdots, s_{k-1})$를 **초기 상태벡터**(initial state vector)라 한다.

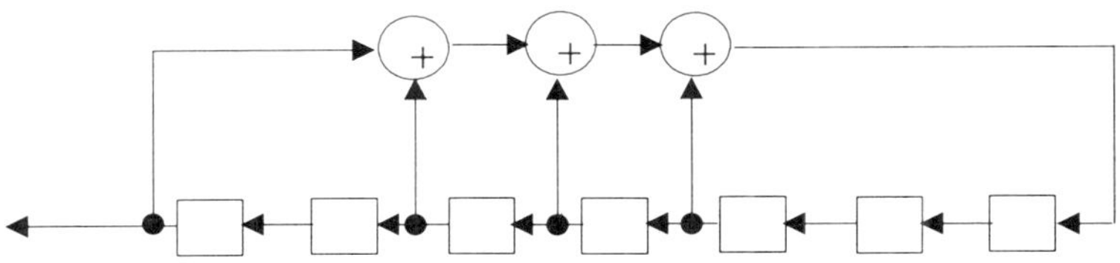

그림 5.4 이진점화수열 생성을 위한 피드백 쉬프트 레지스터

정의 5.1.4 $s_0, s_1, \cdots$를 임의의 집합 S의 원소라 하자. 임의의 $r \in \mathbb{N}$과 적당한 $n_0 \in \mathbb{N}$에 대하여 $s_{n+r} = s_n (n \geq n_0)$인 수열을 **궁극적 순환수열**(ultimate periodic sequence)이라 하고 r을 이 수열의 **주기**(period)라 한다. 모든 가능한 주기 가운데 가장 작은 자연수를 이 수열의 **최소주기**(least period)라 한다.

정리 5.1.5 궁극적 순환수열의 모든 주기는 최소주기의 배수이다.

증명 r을 궁극적 순환수열 $s_0, s_1, \cdots$ 의 주기라 하고 r_1을 최소주기라 하자. 그러면 n_1이 존재하여 $n \geq n_1$ 이면 $s_{n+r} = s_n$이다. 또한 n_0가 존재하여 $n \geq n_0$ 이면 $s_{n+r_1} = s_n$ 이다. r_1이 r을 나누지 않는다면 $r = mr_1 + t$을 만족하는 $m \geq 1$와 $t(0 < t < r_1)$가 존재한다. 그러므로 모든 $n \geq \max(n_0, n_1)$에 대하여

$$s_n = s_{n+r} = s_{n+mr_1+t} = s_{n+(m-1)r_1+t} = \cdots = s_{n+t}$$

이다. 즉, t는 주어진 수열의 주기가 된다. 이는 r_1이 최소주기라는 가정에 모순이 된다. 따라서 r_1은 r을 나눈다.

정의 5.1.6 최소주기가 r인 궁극적 순환수열 $s_0, s_1, \cdots$이 $s_{n+r} = s_n$ $(n = 0, 1, \cdots)$일 때 이 수열을 **순환수열**(periodic sequence)이라 한다.

수열 $s_0, s_1, \cdots$이 순환수열일 필요충분조건은 음이 아닌 임의의 정수 n에 대하여 $s_{n+r} = s_n$을 만족하는 r이 존재하는 것이다. 궁극적 순환수열 $s_0, s_1, \cdots$의 주기가 r이고 적당한 양의 정수 n_0에 대하여 $s_{n+r} = s_n (n \geq n_0)$ 일 때, n_0를 **이전주기**(preperiod)라 한다. 그러므로 이전주기가 0인 수열은 순환수열이다.

정리 5.1.7 $\mathbb{F}_q$ 위에서 k차 선형점화수열은 최소주기가 r인 궁극적 순환수열이다. 여기서 $r \leq q^k$ 이고 동차수열이면 $r \leq q^k - 1$이다.

증명 $\mathbb{F}_q$ 위에서 주어진 k차 선형점화수열의 상태벡터 $\mathbf{s}_m (0 \leq m \leq q^k)$는 $\mathbf{s}_i = \mathbf{s}_j$를 만족하는 $i, j(0 \leq i < j \leq q^k)$가 존재한다. 수학적 귀납법에 의하여 모든 $n > i$에 대하여

$$\mathbf{s}_n = \mathbf{s}_{i+(n-i)} = \mathbf{s}_{j+(n-i)} = \mathbf{s}_{n+j-i}$$

이 성립한다. 그러므로 선형점화수열은 최소주기 $r(\leq j-i \leq q^k)$을 갖는 궁극적 순환수열이다. 선형점화수열이 동차이고 초기벡터가 영벡터가 아닌 경우는 위와 같은 방법으로 최소주기 $r(\leq q^k - 1)$을 얻는다. 그러나 동차 선형점화수열의 상태벡터들 중 하나가 영벡터라면 뒤이은 상태벡터들도 영벡터들이므로 그 수열은

최소주기 $r=1 \le q^k-1$을 갖는다.

예제 5.1.8 $\mathbb{F}_q$ 위의 1차 동차선형점화수열에서 최소주기는 $q-1$ 의 약수이다. 그러나 $k \ge 2$인 k차 동차선형점화수열의 최소주기는 q^k-1의 약수일 필요는 없다. 예를 들어 $\mathbb{F}_5$에서 초기벡터가 $s_0=0, s_1=1$ 일 때 동차선형점화식이 $s_{n+2}=s_{n+1}+s_n (n=0,1,\cdots)$인 선형점화수열은 다음과 같다.

$$0,1,1,2,3,0,3,3,1,4,0,4,4,3,2,0,2,2,4,1,0,1,1,2,3,\cdots$$

이 수열의 최소주기는 20이고, 20은 $5^2-1=24$의 약수가 아니다.

정리 5.1.9 $s_0, s_1, \cdots$가 선형점화식 식 (5.1.1)을 만족하는 선형점화수열이고 $a_0 \neq 0$이면 수열 $s_0, s_1, \cdots$은 순환수열이다.

증명 정리 5.1.7에 의하여 주어진 선형점화수열은 궁극적 순환수열이다. r을 최소주기라 하고 n_0를 이전주기라 하면 모든 $n(\ge n_0)$에 대하여 $s_{n+r}=s_n$이다. $n_0 \ge 1$이라 하자. 식 (5.1.1)로부터 다음을 얻는다:

$$\begin{aligned} s_{n_0-1+r} &= a_0^{-1}(s_{n_0+k-1+r} - a_{k-1}s_{n_0+k-2+r} - \cdots - a_1 s_{n_0+r} - a) \\ &= a_0^{-1}(s_{n_0+k-1} - a_{k-1}s_{n_0+k-2} - \cdots - a_1 s_{n_0} - a) \\ &= s_{n_0-1} \end{aligned}$$

이는 이전주기가 n_0보다 작다는 것을 의미한다. 다라서 이전주기의 정의에 위배되므로 모순이다. 그러므로 $n_0=0$이다. 즉, $s_0, s_1, \cdots$은 순환수열이다.

$s_0, s_1, \cdots$을 다음 선형점화식을 만족하는 $\mathbb{F}_q$ 위의 k차 동차선형점화수열이라 하자.

$$s_{n+k} = a_{k-1}s_{n+k-1} + a_{k-2}s_{n+k-2} + \cdots + a_0 s_n \ (n=0,1\cdots) \tag{5.1.2}$$

여기서 $a_j \in \mathbb{F}_q$이고 $0 \le j \le k-1$이다. 이러한 선형점화식은 $\mathbb{F}_q$ 위에서 $k \times k$ 행

렬로 다음과 같이 나타낼 수 있다.

$$A = \begin{pmatrix} 0 & 0 & 0 & \cdots & 0 & a_0 \\ 1 & 0 & 0 & \cdots & 0 & a_1 \\ 0 & 1 & 0 & \cdots & 0 & a_2 \\ \vdots & \vdots & \vdots & \ddots & \vdots & \vdots \\ 0 & 0 & 0 & \cdots & 1 & a_{k-1} \end{pmatrix} \tag{5.1.3}$$

$s_{0.}s_1,\cdots$가 $\mathbb{F}_q$에서 식 (5.1.2)를 만족하는 동차선형점화수열이고 A가 이에 대응하는 행렬이라 하면 상태벡터는 다음을 만족 한다:

$$\mathbf{s}_n = \mathbf{s}_0 A^n \, (n = 0,1,\cdots) \tag{5.1.4}$$

주어진 정칙행렬 A가 $A^r = I_n$를 만족할 때, r을 A의 **위수**(order)라 한다.

정리 5.1.10 $s_0,s_1,\cdots$가 $\mathbb{F}_q$에서 식 (5.1.2)를 만족하는 k차 동차선형점화수열이고 $a_0 \neq 0$이면 이 수열의 최소주기는 식 (5.1.3)의 대응하는 행렬 A의 위수의 약수이다.

증명 $a_0 \neq 0$이므로 A는 정칙행렬이다. m을 A의 위수라 하면 모든 $n \geq 0$에 대하여 식 (5.1.4)에 의하여

$$\mathbf{s}_{n+m} = \mathbf{s}_0 A^{n+m} = \mathbf{s}_0 A^n = \mathbf{s}_n$$

이다. 그러므로 m은 선형점화수열의 주기이다. 그러므로 정리 5.1.5에 의하여 이 수열의 최소주기는 m을 나눈다.

§5.2 충격반응수열(Impulse response sequences)

정의 5.2.1 식 (5.1.2)와 같은 k차 선형점화식을 만족하는 $\mathbb{F}_q$ 위의 동차선형점화수열들 중에서 $d_0 = \cdots = d_{k-2} = 0$, $d_{k-1} = 1$ ($k = 1$인 경우는 $d_0 = 1$)와 선형점화식

$$d_{n+k} = a_{k-1}d_{n+k-1} + a_{k-2}d_{n+k-2} + \cdots + a_0 d_n \quad (n = 0, 1, \cdots) \tag{5.2.1}$$

에 의하여 유일하게 얻어진 수열을 **충격반응수열**(impulse response sequence)이라 한다.

예제 5.2.2 $\mathbb{F}_2$ 위의 선형점화식

$$s_{n+5} = s_n + s_{n+1} \ (n = 0, 1, \cdots)$$

을 만족시키는 영수열이 아닌 수열이라 하자.

(i) $d_0 = 1, d_1 = 1, d_2 = 0, d_3 = 1, d_4 = 1$인 경우는 주기가 3인 수열

$$110110110110110110 \cdots$$

을 얻는다.

(ii) $d_0 = 1, d_1 = 1, d_2 = 1, d_3 = 0, d_4 = 1$인 경우는 주기가 7인 수열

$$111010011101001110100 \cdots$$

을 얻는다.

(iii) $d_0 = 0, d_1 = 0, d_2 = 0, d_3 = 0, d_4 = 1$인 경우는 주기가 21인 수열

$$0000100011001010111110001 \cdots$$

을 얻는다.

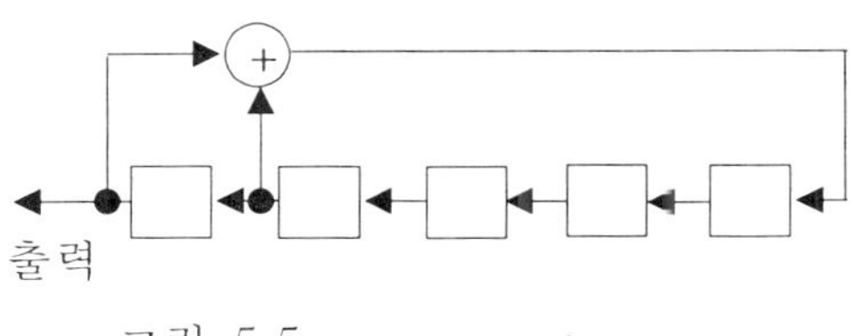

그림 5.5 $s_{n+5} = s_n + s_{n+1}$

참고　위의 예제에서 초기값을 어떻게 정하느냐에 따라 수열의 주기가 달라진다는 것을 알 수 있으며 나중에 이 수열의 최대주기는 21이 된다는 것과 충격반응수열의 주기가 최대주기가 된다는 것을 알게 된다.

보조정리 5.2.3　$d_0, d_1, \cdots$를 식 (5.2.1)를 만족하는 $\mathbb{F}_q$ 위의 충격반응수열이며 A를 식 (5.1.3)의 행렬이라 하자. 그러면 두 상태벡터가 $\mathbf{d}_m = \mathbf{d}_n$일 필요충분조건은 $A^m = A^n$이다.

증명　$A^m = A^n$이라 하면 식 (5.1.4)에 의하여 $\mathbf{d}_m = \mathbf{d}_n$이다. 역으로 $\mathbf{d}_m = \mathbf{d}_n$이라 하자. 식 (5.2.1)에 의하여 모든 $t \geq 0$에 대하여$\mathbf{d}_{m+t} = \mathbf{d}_{n+t}$이다. 식 (5.1.4)에 의하여 모든 $t \geq 0$에 대하여 $\mathbf{d}_t A^m = \mathbf{d}_t A^n$이다. $\{\mathbf{d}_0, \mathbf{d}_1, \cdots, \mathbf{d}_{k-1}\}$은 $\mathbb{F}_q$ 위의 k차원 벡터공간 $\mathbb{F}_q^k$의 기저를 이루므로 $A^m = A^n$이다.

정리 5.2.4　$\mathbb{F}_q$ 위의 동차선형점화수열의 최소주기는 대응하는 충격반응수열의 최소주기의 약수이다.

증명　$s_0, s_1, \cdots$를 식 (5.1.2)를 만족하는 $\mathbb{F}_q$ 위의 동차선형점화수열이라 하자. $d_0, d_1, \cdots$를 대응하는 충격반응수열이라 하고 A를 식 (5.1.3)의 행렬이라 하자. r_0를 $s_0, s_1, \cdots$의 최소주기, r을 $d_0, d_1, \cdots$의 최소주기라 하고 n_0를 이전주기라 하면, 모든 $n \geq n_0$에 대하여 $\mathbf{d}_{n+r} = \mathbf{d}_n$이다. 보조정리 5.2.3에 의하여 모든 $n \geq n_0$에 대하여 $A^{n+r} = A^n$이다. 그러므로 식 (5.1.4)에 의하여 모든 $n \geq n_0$에 대하여 $\mathbf{s}_{n+r} = \mathbf{s}_n$이다. 그러므로 r은 $s_0, s_1, \cdots$의 주기이다. 따라서 r_0는 r의 약수이다.

정리 5.2.5　$d_0, d_1, \cdots$가 $\mathbb{F}_q$ 위에서 식 (5.2.1)를 만족하는 $a_0 \neq 0$인 k차 충격반응수열이고 A는 식 (5.1.3)의 대응하는 행렬이라 하면 이 수열의 최소주기는 A의 위수와 같다.

증명　p를 $d_0, d_1, \cdots$의 최소주기라 하면 정리 5.1.10에 의하여 p는 A의 위수의 약수이다. $\mathbf{d}_p = \mathbf{d}_0$이므로 $A^p = A^0 = I_k$이다.

정리 5.2.6 $s_0, s_1, \cdots$를 이전주기 n_0를 갖는 $\mathbb{F}_q$ 위의 k차 동차선형점화수열이라 하자. $\mathbb{F}_q$ 위에서 일차독립인 k개의 상태벡터들

$$\mathbf{s}_{m_1}, \mathbf{s}_{m_2}, \cdots, \mathbf{s}_{m_k} (m_j (\geq n_0), (1 \leq j \leq k))$$

이 존재하면 $s_0, s_1, \cdots$와 대응하는 충격반응수열은 주기적이며 최소주기가 같다.

증명 p를 $s_0, s_1, \cdots$의 최소주기라 하자. 식 (5.1.4)에 의하여 각 $j(1 \leq j \leq k)$에 대하여 $\mathbf{s}_{m_j} A^p = \mathbf{s}_{m_j + p} = \mathbf{s}_{m_j}$이다. $\mathbf{s}_{m_1}, \mathbf{s}_{m_2}, \cdots, \mathbf{s}_{m_k}$이 일차독립이므로 $A^p = I_k$이다. 그러므로 $\mathbf{s}_p = \mathbf{s}_0 A^p = \mathbf{s}_0$이다. 즉, $s_0, s_1, \cdots$는 주기적이다. 마찬가지로 $\mathbf{d}_n$을 n차 충격반응수열의 상태벡터라 하면 $\mathbf{d}_p = \mathbf{d}_0 A^p = \mathbf{d}_0$이다. 그러므로 정리 5.2.4에 의하여 두 수열의 최소주기는 같다.

정리 5.2.6에서 $m_j \geq n_0$은 필수적이다.

예제 5.2.7 $d_0, d_1, \cdots$를 $\mathbb{F}_2$ 위의 위수 2인 $d_{n+1} = d_n$을 만족하는 충격반응수열이라 하자. 그러면 이 수열은 다음과 같다:

$$0, 1, 1, 1, \cdots$$

$\mathbf{d}_0, \mathbf{d}_1$은 $\mathbb{F}_2$ 위에서 일차독립이지만 이 수열은 비주기적이다. 여기서 $n_0 = 1$이다.

정리 5.2.6의 역은 성립하지 않는다. $s_0, s_1, \cdots$이 $s_{n+3} = s_n$을 만족하는 $\mathbb{F}_2$ 위의 위수 3인 선형점화수열이라 하고 $\mathbf{s}_0 = (1,1,0)$라 하면 $s_0, s_1, \cdots$와 대응하는 충격반응수열은 최소주기 3을 갖는 주기적인 수열이지만 $s_0, s_1, \cdots$의 어떤 세 벡터들도 $\mathbb{F}_2$ 위에서 일차독립이 아니다.

정의 5.2.8 $s_0, s_1, \cdots$를 $\mathbb{F}_q$ 위의 k차 동형선형점화수열로서 다음 선형점화식을 만족한다고 하자:

$$s_{n+k} = a_{k-1}s_{n+k-1} + a_{k-2}s_{n+k-2} + \cdots + a_0 s_n \quad (n = 0, 1, \cdots) \tag{5.2.2}$$

여기서 $a_j \in \mathbb{F}_q (0 \le j \le k-1)$이다. 다항식

$$f(x) = x^k - a_{k-1}x^{k-1} - a_{k-2}x^{k-2} - \cdots - a_0 \tag{5.2.3}$$

를 $s_0, s_1, \cdots$의 **특성다항식**(characteristic polynomial)이라 한다.

정리 5.2.9 $s_0, s_1, \cdots$를 특성다항식이 $f(x)$인 $\mathbb{F}_q$ 위의 k차 동형선형점화수열이라 하고 $f(x) = a(x-\alpha_1)(x-\alpha_2)\cdots(x-\alpha_k)$라 하자. 여기서 $\alpha_1, \cdots, \alpha_k \in \mathbb{F}_{q^k}$는 서로 다르며 $a \in \mathbb{F}_q$이다. 그러면

$$s_n = \sum_{j=1}^{k} \beta_j \alpha_j^n \quad (n = 0, 1, \cdots) \tag{5.2.4}$$

이 된다. 여기서 $\beta_1, \cdots, \beta_k \in \mathbb{F}_q(\alpha_1, \alpha_2, \cdots, \alpha_k)$는 수열의 초기값들에 의하여 유일하게 결정된 원소들이다.

증명 $\beta_1, \cdots, \beta_k$는 일차연립방정식

$$\sum_{j=1}^{k} \alpha_j^n \beta_j = s_n \quad (n = 0, 1, \cdots)$$

의 해이다. α_j^k들로 이루어진 행렬식 V는

$$V = \begin{vmatrix} \alpha_1^0 & \alpha_2^0 & \cdots & \alpha_k^0 \\ \alpha_1^1 & \alpha_2^1 & \cdots & \alpha_k^1 \\ \vdots & \vdots & \ddots & \vdots \\ \alpha_1^k & \alpha_2^k & \cdots & \alpha_k^k \end{vmatrix} \ne 0$$

이므로 $\beta_1, \cdots, \beta_k$는 유일하게 결정된 $\mathbb{F}_q^k$의 원소들이다. 식 (5.2.4)가 성립함을 보이기 위하여 식 (5.2.4)의 $s_i (i = 0, 1, \cdots, k-1)$들이 선형점화식 (5.2.2)를 만족함을 보이면 된다. 모든 $n \ge 0$에 대하여

$$\sum_{j=1}^{k}\beta_j\alpha_j^{n+k}-\alpha_{k-1}\sum_{j=1}^{k}\beta_j\alpha_j^{n+k-1}-\alpha_{k-2}\sum_{j=1}^{k}\beta_j\alpha_j^{n+k-2}-\cdots-\alpha_0\sum_{j=1}^{k}\beta_j\alpha_j^{n}$$

$$=\sum_{j=1}^{k}\beta_j f(\alpha_j)\alpha_j^n=0$$

이다.

예제 5.2.10 $\mathbb{F}_2$ 위의 선형점화수열 $s_0, s_1, \cdots$ 가 $s_0=s_1=1$ 이며

$$s_{n+2}=s_{n+1}+s_n \quad (n=0,1,\cdots)$$

을 만족한다고 하자. 그러면 이 수열의 특성다항식은 $f(x)=x^2+x+1$ 이다. $\mathbb{F}_4=\mathbb{F}_2(\alpha)$라 하면 $f(x)$의 두 근은 $\alpha_1=\alpha$, $\alpha_2=1+\alpha$이고 주어진 초기값에 의하여 $\beta_1=\alpha$, $\beta_2=1+\alpha$이다. 정리 5.2.5에 의하여 모든 $n\geq n_0$에 대하여

$$s_n=\alpha^{n+1}+(1+\alpha)^{n+1}$$

이다. 모든 $\beta\in\mathbb{F}_4^*$에 대하여 $\beta^3=1$이므로 모든 $n\geq n_0$에 대하여 $s_{n+3}=s_n$이다. 따라서 이 수열의 주기는 3이다.

보조정리 5.2.11 K를 유한체 F의 확대체로서 F와 K를 F 위의 벡터공간으로 간주하자. 그러면 각 $\beta\in K$에 대하여 K에서 F로의 선형변환 $L_\beta : K\to F$은 다음과 같이 유일하게 정의된다:

$$L_\beta(\alpha)=Tr_F^K(\beta\alpha) \tag{5.2.5}$$

또한 $\beta\neq\gamma$이면 $L_\beta\neq L_\gamma$이다.

증명 각 $\beta\in K$에 대하여 $L_\beta : K\to F$은 선형변환이다. $\beta\neq\gamma$이면

$$L_\beta(\alpha) - L_\gamma(\alpha) = Tr_F^K(\beta\alpha) - Tr_F^K(\gamma\alpha) = Tr_F^K((\beta-\gamma)\alpha) \neq 0$$

이므로 $L_\beta \neq L_\gamma$ 이다. $F=\mathbb{F}_q$, $K=\mathbb{F}_{q^m}$이면 선형변환 L_β들은 q^m개 존재한다. 그런데 K에서 F로의 선형변환은 F의 임의의 원소를 F위에서 K의 주어진 기저의 m개의 원소들에 대응시킴으로서 얻을 수 있다. 이와 같은 대응 방법은 q^m개이다. 따라서 식 (5.2.5)가 성립한다.

정리 5.2.12 $s_0, s_1, \cdots$를 $F:=\mathbb{F}_q$ 위의 k차 동차선형점화수열로서 특성다항식 $f(x)$이 F 위에서의 기약다항식이라 하자. α를 $K:=\mathbb{F}_{q^k}$에 있는 $f(x)=0$의 근이라 하면 다음을 만족하는 $\theta \in K$가 유일하게 존재한다:

$$s_n = Tr_F^K(\theta\alpha^n), \quad n=0,1,\cdots \tag{5.2.6}$$

증명 $\{1, \alpha, \cdots, \alpha^{k-1}\}$은 F 위에서 K의 기저이므로 각 $n=0,1,\cdots,k-1$에 대하여 $L(\alpha^n)=s_n$을 만족하는 선형변환 $L: K \to F$를 유일하게 정의할 수 있다. 보조정리 5.2.11에 의하여 모든 $\gamma \in K$에 대하여 $L(\gamma)=Tr_F^K(\theta\gamma)$를 만족하는 선형변환이 유일하게 존재한다. 따라서 식 (5.2.6)을 얻는다. 마지막으로 $Tr_F^K(\theta\alpha^n)$, $n=0,1,\cdots$이 특성다항식이 $f(x)$인 동차선형점화식을 만족한다는 것을 보인다.

$$f(x) = x^k - a_{k-1}x^{k-1} - \cdots - a_1 x - a_0 \, (a_0, a_1, \cdots, a_{k-1} \in F)$$

라면

$$\begin{aligned}
& Tr_F^K(\theta\alpha^{n+k}) - a_{k-1} Tr_F^K(\theta\alpha^{n+k-1}) - \cdots - a_1 Tr_F^K(\theta\alpha^{n+1}) - a_0 Tr_F^K(\theta\alpha^n) \\
= \; & Tr_F^K(\theta\alpha^{n+k} - a_{k-1}\theta\alpha^{n+k-1} - \cdots - a_1\theta\alpha^{n+1} - a_0\theta\alpha^n) \\
= \; & Tr_F^K(\theta\alpha^n f(\alpha)) = Tr_F^K(\theta\alpha^n \cdot 0) = 0
\end{aligned}$$

정리 5.2.13 $s_0, s_1, \cdots$를 선형점화식 (5.2.2)를 만족하는 $\mathbb{F}_q$ 위의 k차 동차선형

점화수열이고 주기가 r인 주기수열이라 하자. $f(x)$를 그 수열의 특성다항식이라 하면 다음이 성립 한다:

$$f(x)s^*(x) = (1 - x^r)h(x) \tag{5.2.7}$$

여기서

$$s^*(x) = s_0x^{r-1} + s_1x^{r-2} + \cdots + s_{r-2}x + s_{r-1} \in \mathbb{F}_q[x]$$

이며

$$h(x) = \sum_{j=0}^{k-1}\sum_{i=0}^{k-1-j} a_{i+j+1}s_ix^j \in \mathbb{F}_q[x]\ (a_k = -1) \tag{5.2.8}$$

증명 식 (5.2.7)의 양변의 계수를 비교하면 된다.

예제 5.2.14 $\mathbb{F}_2$ 위에서 정의된 동차선형점화수열 $s_0, s_1, \cdots$가

$$s_{n+4} = s_n + s_{n+1} + s_{n+3}\ (n = 0, 1, 2, \cdots)$$

을 만족한다고 하자. 이 식을 만족하는 충격반응수열은 다음과 같다.

$$000111000111000111\cdots$$

이 수열의 주기는 $r = 6$이며 특성다항식은 $f(x) = x^4 + x^3 + x + 1$이다. 또한

$$\begin{aligned} s^*(x) &= s_0x^5 + s_1x^4 + s_2x^3 + s_3x^2 + s_4x + s_5 \\ &= x^2 + x + 1 \end{aligned}$$

이다. $h(x) = 1$이므로 식 (5.2.7)을 만족한다.

정의 5.2.15 $f(0)\neq 0$인 다항식 $f(x)\in\mathbb{F}_q[x]$에 대하여 $f(x)$가 x^e-1를 나누는 최소의 정수 e를 $f(x)$의 **위수**(order)라 하고 $\mathrm{ord}(f(x))=e$로 나타낸다.

보조정리 5.2.16 $k\geq 1$이고 $a_0\neq 0$인 다항식 $f(x)$가 다음과 같다고 하자:

$$f(x)=x^k-a_{k-1}x^{k-1}-a_{k-2}x^{k-2}-\cdots-a_0\in\mathbb{F}_q[x]$$

그러면 $\mathrm{ord}(f(x))$는 $f(x)$의 동반행렬의 위수와 같다.

증명 $f(x)$의 동반행렬을 A라 하자. $A^e=I_k$일 필요충분조건은 $f(x)$가 x^e-1을 나눈다는 것이다. 그러므로 A의 위수가 e라면 $\mathrm{ord}(f(x))=e$이다.

정리 5.2.17 $s_0,s_1,\cdots$를 특성다항식이 $f(x)\in\mathbb{F}_q[x]\,(f(0)\neq 0)$인 $\mathbb{F}_q$ 위의 동차선형점화수열이라 하자. 그러면 그 수열의 주기는 $\mathrm{ord}(f(x))$의 약수이며, 대응하는 충격반응수열의 최소주기는 $\mathrm{ord}(f(x))$이다.

증명 정리 5.1.10, 정리 5.2.5와 보조정리 5.2.16에 의하여 분명하다.

정리 5.2.18 $s_0,s_1,\cdots$를 영이 아닌 초기벡터를 갖는 $\mathbb{F}_q$ 위의 동차선형점화수열이라 하고 특성다항식 $f(x)\in\mathbb{F}_q[x]\,(f(0)\neq 0)$가 $\mathbb{F}_q$ 위에서 기약다항식이라 하면 그 수열은 최소주기가 $\mathrm{ord}(f(x))$인 주기수열이다.

증명 정리 5.2.17에 의하여 주어진 수열은 주기적이며 그것의 최소주기를 r이라 하면 r은 $\mathrm{ord}(f(x))$의 약수이다. 한편, 식 (5.2.7)에 의하여 $f(x)$는 $(x^r-1)h(x)$의 약수이다. $s(x)$와 $h(x)$는 영이 아닌 다항식이고

$$\deg(h(x))<\deg(f(x))$$

이므로, 기약다항식 $f(x)$는 x^r-1의 약수이다. 그러므로 $r\geq\mathrm{ord}(f(x))$이다. 따라서 $\mathrm{ord}(f(x))=r$이다.

다음 정리는 자주 사용되는 정리이다.

정리 5.2.19 $f(x) \in \mathbb{F}_q[x]$를 $\deg(f(x)) = k$인 $\mathbb{F}_q$ 위에서 기약다항식이라 하면 $\mathrm{ord}(f(x))$는 $q^k - 1$을 나눈다.

증명 $f(x)$가 모닉이며 $f(0) \neq 0$라 가정해도 일반성을 잃지 않는다. $\mathbb{F}_q$ 위에서 특성다항식이 $f(x)$이고 초기상태벡터가 영이 아닌 동차선형점화수열을 택하자. 정리 5.2.18에 의하여 이 수열은 최소주기가 $\mathrm{ord}(f(x))$인 주기수열이다. 그러므로 이 수열에는 $\mathrm{ord}(f(x))$개의 상태벡터들이 나타난다. $\mathrm{ord}(f(x)) = q^k - 1$이면 증명은 끝이 난다. 그러므로 $\mathrm{ord}(f(x)) < q^k - 1$ ($\mathbb{F}_q$의 원소들인 영이 아닌 k-순서쌍들의 총 개수)인 경우를 증명하자. 이 경우 그 수열에서 상태벡터로 나타나지 않는 하나의 k-순서쌍을 택하여 특성다항식이 $f(x)$인 $\mathbb{F}_q$ 위의 다른 동차선형점화수열의 초기벡터로 사용하자. 두 번째 수열의 $\mathrm{ord}(f(x))$개의 다른 상태벡터들은 첫 번째 수열의 상태벡터와 다르다. 이와 같은 방법으로 계속하면 $\mathrm{ord}(f(x)) \cdot m = q^k - 1$를 만족하는 m개의 $f(x)$를 특성다항식으로 갖는 동차선형점화수열을 얻는다. 그러므로 $\mathrm{ord}(f(x))$는 $q^k - 1$을 나눈다.

예제 5.2.20 $\mathbb{F}_2$ 위의 동차선형점화식

$$s_{n+4} = s_{n+3} + s_{n+2} + s_{n+1} + s_n \ (n = 0, 1, 2, \cdots)$$

을 생각하자. 이 수열의 특성다항식은 $f(x) = x^4 + x^3 + x^2 + x + 1$으로서 기약다항식이며 $\mathrm{ord}(f(x)) = 5$이다. 초기상태벡터에 따라 동차점화수열은 다음과 같은 세 가지이다:

(i) 초기상태벡터가 $(0,0,0,1)$인 경우: $000110001100011\cdots$
(ii) 초기상태벡터가 $(0,1,0,0)$인 경우: $010010100101001\cdots$
(iii) 초기상태벡터가 $(0,1,0,1)$인 경우: $010100101001010\cdots$

이 수열들의 주기는 모두 5이다. $\mathbb{F}_{2^4}^*$의 15개의 4-순서쌍들이 각 수열의 상태벡터로 5개씩 나타난다.

정리 5.2.19에서 $f(x)$가 기약다항식이라는 조건이 꼭 필요하다는 것을 다음 예제로부터 알 수 있다.

예제 5.2.21 $\mathbb{F}_2$ 위의 다항식 $f(x) = x^5 + x + 1$ 은 기약다항식이 아니다. 사실

$$f(x) = (x^3 + x^2 + 1)(x^2 + x + 1)$$

이며 이 수열의 주기는 $7 \cdot 3 = 21$이다.

정의 5.2.22 영이 아닌 초기상태벡터를 갖는 $\mathbb{F}_q$ 위의 k차 동차선형점화수열의 특성다항식 $f(x)$의 주기가 $q^k - 1$일 때 즉, $\mathrm{ord}(f(x)) = q^k - 1$일 때, 그 수열을 $\mathbb{F}_q$ 위의 **최대주기수열**(maximum period sequence)이라 한다.

정의 5.2.22로부터 다음 정리를 얻을 수 있다.

정리 5.2.23 $\mathbb{F}_q$ 위의 모든 k차 최대주기수열은 주기적이며 최소주기는 $q^k - 1$이다.

예제 5.2.24 $\mathbb{F}_2$ 위의 선형점화식 $s_{n+7} = s_{n+1} + s_n$의 특성다항식

$$f(x) = x^7 + x + 1$$

은 원시다항식이다. 그러므로 이 수열의 최소주기는 $2^7 - 1 = 127$이다.

연습문제 5.2장

1. $\mathbb{F}_2$ 위의 선형점화수열 $s_0, s_1, \cdots$의 동차선형점화식이 다음과 같다고 하자:

$$s_{n+5} = s_{n+1} + s_n \quad (n = 0,1\ 2,\cdots)$$

(1) 이 수열의 특성다항식 $f(x)$를 구하고 $f(x)$의 동반행렬을 구하여라.
(2) 이 수열을 생성하는 선형 쉬프트 레지스터를 그림으로 나타내어라.
(3) 이 수열의 초기상태벡터가 $(1,1,0,1,1)$일 때, 이 수열의 주기를 구하여라.
(4) 이 수열의 초기상태벡터가 $(1,1,1,0,1)$일 때, 이 수열의 주기를 구하여라.
(5) 이 수열의 초기상태벡터가 $(0,0,0,0,1)$일 때, 이 수열의 주기를 구하여라.

2. $\mathbb{F}_2$ 위의 선형점화수열 $s_0, s_1, \cdots$의 동차선형점화식이 다음과 같다고 하자:

$$s_{n+5} = s_{n+2} + s_n \quad (n = 0,1\ 2,\cdots)$$

(1) 이 수열의 특성다항식 $f(x)$를 구하여라.
(2) 이 수열의 초기상태벡터가 $(1,1,1,0,1)$일 때, 이 수열의 주기를 구하여라.
(3) 이 수열의 초기상태벡터가 $(0,0,0,0,1)$일 때, 이 수열의 주기를 구하여라.

§5.3 생성함수(Generating functions)

정의 5.3.1 $\mathbb{F}_q$의 원소들로 이루어진 임의의 수열 $s_0, s_1, \cdots$에 대하여

$$G(x) = s_0 + s_1 x + s_2 x^2 + \cdots + s_n x^n + \cdots = \sum_{n=0}^{\infty} s_n x^n \tag{5.3.1}$$

을 이 수열의 **생성함수**(generating function)라 한다.

정리 5.3.2 멱급수 $B(x) = \sum_{n=0}^{\infty} b_n x^n$ $(b_n \in \mathbb{F}_q, n = 0, 1, 2, \cdots)$가 곱셈에 대한 역원을 가질 필요충분조건은 $b_0 \neq 0$이다.

예제 5.3.3 $\mathbb{F}_2$ 위에서 $B(x) = x^4 + x + 1$이라 하면

$$\frac{1}{B(x)} = 1 + x + x^2 + x^3 + x^5 + x^7 + \cdots$$

정리 5.3.4 $s_0, s_1, \cdots$를 선형점화식 (5.2.2)을 만족하는 $\mathbb{F}_q$ 위의 k차 동차선형점화수열이라 하고 그것의 특성다항식을 $f(x)$라 하자. $G(x)$를 식 (5.3.1)에 있는 생성함수라 하면 다음 식이 성립한다:

$$G(x) = \frac{g(x)}{f^*(x)} \tag{5.3.2}$$

여기서

$$g(x) = -\sum_{j=0}^{k-1} \sum_{i=0}^{j} a_{i+k-j} s_i x^j \in \mathbb{F}_q[x] \tag{5.3.3}$$

이며 $a_k = -1$이다. 역으로 $g(x)$가 $\mathbb{F}_q$ 위에서 $\deg(g(x)) < k$를 만족하는 다항식이며 $G(x)$는 선형점화식 (5.2.2)을 만족하는 $\mathbb{F}_q$ 위의 k차 동차 선형점화수열의

생성함수이다.

증명 우선 $f^*(x)G(x)$ 를 구해보면 다음과 같다:

$$f^*(x)\ G(x) = -\left(\sum_{n=0}^{k} a_{k-n}x^n\right)\left(\sum_{n=0}^{\infty} s_n x^n\right) \tag{5.3.4}$$

$$= -\sum_{j=0}^{k-1}\left(\sum_{i=0}^{j} a_{i+k-j}s_i\right)x^j - \sum_{j=k}^{\infty}\left(\sum_{i=j-k}^{j} a_{i+k-j}s_i\right)x^j$$

$$= g(x) - \sum_{j=k}^{\infty}\left(\sum_{i=0}^{k} a_i s_{j-k+i}\right)x^j$$

그러므로 $s_0, s_1, \cdots$가 식 (5.2.2)를 만족한다면 $f^*(x)G(x) = g(x)$가 된다. 따라서 식 (5.3.2)이 성립한다. 역으로 식 (5.3.4)으로부터 도든 $j \geq k$에 대하여

$$\sum_{i=0}^{k} a_i s_{j-k+i} = 0$$

일 때만 $f^*(x)G(x)$는 k보다 차수가 낮은 다항식디 된다. 이것은 $G(x)$의 계수들의 수열 $s_0, s_1, \cdots$가 선형점화식 (5.2.2)을 만족한다는 것을 뜻한다.

따름정리 5.3.5 $s_0, s_1, \cdots$를 선형점화식 (5.2.2)을 만즉하는 $\mathbb{F}_q$ 위의 주기가 r인 k차 동차선형점화수열이라 하고 그것의 특성다항식을 $f(x)$라 하자. $G(x)$를 식 (5.3.1)에 있는 생성함수라 하면 다음 식이 성립한다:

$$f(x)s^*(x) = (x^r - 1)g^*(x) \tag{5.3.5}$$

증명 $s(x) = s_0 + s_1 x + \cdots + s_{r-1}x^{r-1}$라 하면 $s_0, s_1, \cdots$의 주기가 r이므로 다음을 얻는다.

$$G(x) = s_0 + s_1 x + \cdots + s_{r-1}x^{r-1} + s_0 x^r + s_1 x^{r+1} + \cdots + s_{r-1}x^{2r-1} + \cdots \qquad (5.3.6)$$
$$= (s_0 + s_1 x + \cdots + s_{r-1}x^{r-1})\,(1 + x^r + x^{2r} + \cdots)$$
$$= \frac{s_0 + s_1 x + \cdots + s_{r-1}x^{r-1}}{1-x^r} = \frac{s(x)}{1-x^r}$$

이므로 식 (5.3.2)과 식 (5.3.6)으로부터

$$G(x) = \frac{g(x)}{f^*(x)} = \frac{s(x)}{1-x^r}$$

이고 따라서 다음 등식이 성립한다.

$$f^*(x)s(x) = (1-x^r)g(x)$$

그리고 위의 등식에 의하여

$$x^k f^*\left(\frac{1}{x}\right)x^{r-1}s\left(\frac{1}{x}\right) = x^r\left\{1 - \left(\frac{1}{x}\right)^r\right\}x^{k-1}g\left(\frac{1}{x}\right)$$

이므로 식 (5.3.5)를 얻는다.

따름정리 5.3.6 위의 정리에서 다음이 성립한다.

$$x^{k-1}g\left(\frac{1}{x}\right) = -h(x) \qquad (5.3.7)$$

여기서 $h(x)$는 식 (5.2.7)에 있는 다항식이다.

증명 식 (5.2.7)과 다음 식에 의하여 식 (5.3.7)이 성립한다.

$$f(x)s^*(x) = x^k f^*\left(\frac{1}{x}\right)s^*(x) = (x^r-1)g^*(x)$$
$$= (x^r-1)x^{k-1}g\left(\frac{1}{x}\right) = (1-x^r)h(x)$$

예제 5.3.7 $\mathbb{F}_2$ 위의 동차선형점화식이 다음과 같다고 하자:

$$s_{n+4} = s_{n+3} + s_{n+1} + s_n \quad (n = 0, 1, 2, \cdots)$$

이 수열의 특성다항식과 상반다항식은 다음과 같다:

$$f(x) = x^4 + x^3 + x + 1, \quad f^*(x) = x^4 + x^3 + x + 1 = f(x)$$

이제 $G(x) = \sum_{n=0}^{\infty} s_n x^n$을 선형점화수열 $s_0, s_1, \cdots$의 생성함수라 하자.

(1) $(s_0, s_1, s_2, s_3) = (0, 0, 0, 1)$인 경우

$f^*(x)G(x) = x^3 + \cdots$이므로 $g(x) = x^3$이며 다음이 성립한다.

$$G(x) = \frac{g(x)}{f^*(x)} = \frac{x^3}{x^4 + x^3 + x + 1} = x^3 + x^4 + x^5 + x^9 + x^{10} + x^{11} + \cdots$$

그러므로 $s_0, s_1, \cdots$는 다음과 같은 주기가 6인 순환수열이다.

$$000111000111000111 \cdots$$

(2) $(s_0, s_1, s_2, s_3) = (1, 1, 0, 1)$인 경우

$f^*(x)G(x) = 1 + x^2 + \cdots$이므로 $g(x) = 1 + x^2$이며 다음이 성립한다.

$$G(x) = \frac{g(x)}{f^*(x)} = \frac{1 + x^2}{x^4 + x^3 + x + 1} = 1 + x + x^3 + x^4 + x^6 + \cdots$$

그러므로 $s_0, s_1, \cdots$는 다음과 같은 주기가 3인 순환수열이다.

$$110110110110110 \cdots$$

연습문제 5.3장

1. $\mathbb{F}_2$ 위에서 다음을 멱급수로 나타내어라.

$$\frac{1+x+x^2+x^3+\cdots}{1+x+x^4}$$

2. $\mathbb{F}_2$ 위의 선형점화수열 $s_0, s_1, \cdots$의 동차선형점화식이 다음과 같다고 하자:

$$s_{n+5} = s_{n+1} + s_n \quad (n = 0, 1, 2, \cdots)$$

$(s_0, s_1, s_2, s_3, s_4) = (0,0,0,0,1)$일 경우에 이 수열의 생성함수 $G(x)$를 구하고 이를 이용하여 수열 $s_0, s_1, \cdots$을 구하여라.

3. $\mathbb{F}_2$ 위의 선형점화수열 $s_0, s_1, \cdots$

$$1011101110111011\cdots$$

의 생성함수를 구하여라.

§5.4 최소다항식(Minimal Polynomials)

정리 5.4.1 $s_0, s_1, \cdots$을 $\mathbb{F}_q$ 위의 동차선형점화수열이라 하면 양의 차수를 갖는 모닉다항식 $f(x) \in \mathbb{F}_q[x]$가 $s_0, s_1, \cdots$의 특성다항식일 필요충분조건은 모닉다항식 $m(x) \in \mathbb{F}_q[x]$가 유일하게 존재하여 $m(x) \mid f(x)$이다.

증명 $f_0(x) \in \mathbb{F}_q[x]$가 주어진 수열이 만족하는 동차선형점화식의 특성다항식이고 $h_0(x) \in \mathbb{F}_q[x]$를 $f_0(x)$와 $h_0(x)$에 의해서 결정된 식 (5.2.8)의 다항식이라 하자. 만일 $d(x) = \gcd(f_0(x), h_0(x))$라 하고

$$f_0(x) = m(x)d(x),\ h_0(x) = t(x)d(x)$$

라고 하자. 여기서 $m(x), b(x) \in \mathbb{F}_q[x]$이다. 분명히 $m(x)$는 모닉다항식이다. 이제 $f(x) \in \mathbb{F}_q[x]$를 주어진 수열의 임의의 특성다항식이라 하고 $h(x) \in \mathbb{F}_q[x]$를 $f(x)$와 그 수열에 의해서 결정된 식 (5.2.8)의 다항식이라 하자. 정리 5.3.5에 의하여 주어진 수열의 생성함수 $G(x)$가

$$G(x) = \frac{g_0(x)}{f_0^*(x)} = \frac{g(x)}{f^*(x)}$$

를 만족한다. 여기서 $g_0(x)$, $g(x)$은 식 (5.3.3)에 의해서 결정된다. 그러므로 $g(x)f_0^*(x) = g_0(x)f^*(x)$이고 식 (5.3.7)에 의하여

$$\begin{aligned} h(x)f_0(x) &= -x^{\deg(f(x))-1} g\left(\frac{1}{x}\right) x^{\deg(f_0(x))} f_0^*\left(\frac{1}{x}\right) \\ &= -x^{\deg(f_0(x))-1} g\left(\frac{1}{x}\right) x^{\deg(f(x))} f^*\left(\frac{1}{x}\right) \\ &= h_0(x)f(x) \end{aligned}$$

그러므로

$$h(x)m(x) = h(x)\frac{f_0(x)}{d(x)} = \frac{h_0(x)}{d(x)}f(x) = b(x)f(x)$$

이다. $\gcd(m(x), b(x)) = 1$이므로 $m(x)$는 $f(x)$의 약수이다. 이제 $f(x) \in \mathbb{F}_q[x]$를 양의 차수를 갖는 모닉다항식으로서

$$f(x) = m(x)c(x),\ c(x) \in \mathbb{F}_q[x]$$

라면 $f^*(x) = m^*(x)\,c^*(x)$이다. 또한

$$h_0(x)m(x) = b(x)f_0(x)$$

이므로 식 (5.3.7)에 의하여

$$\begin{aligned} g_0(x)m^*(x) &= -x^{\deg(f_0(x))-1}h_0\left(\frac{1}{x}\right)x^{\deg(m(x))}m\left(\frac{1}{x}\right) \\ &= -x^{\deg(m(x))-1}b\left(\frac{1}{x}\right)x^{\deg(f_0(x))}f_0\left(\frac{1}{x}\right) \\ &= a(x)f_0^*(x) \end{aligned}$$

이다. 여기서 $a(x) = -x^{\deg(m(x))-1}b\left(\frac{1}{x}\right)$이다. $\deg(b(x)) < \deg(m(x))$이므로 $g_0(x)m^*(x) = a(x)f_0^*(x)$이다. 따라서 다음이 성립한다.

$$G(x) = \frac{g_0(x)}{f_0^*(x)} = \frac{a(x)}{m^*(x)} = \frac{a(x)c^*(x)}{m^*(x)c^*(x)} = \frac{a(x)c^*(x)}{f^*(x)}$$

그런데

$$\begin{aligned} \deg(a(x)c^*(x)) &= \deg(a(x)) + \deg(c^*(x)) \\ &< \deg(m(x)) + \deg(c(x)) = \deg(f(x)) \end{aligned}$$

이므로 정리 5.3.4에 의하여 $f(x)$는 그 수열의 특성다항식이다. $m(x)$는 정리에

서 언급한 성질을 만족하는 유일한 다항식임은 분명하다.

정의 5.4.2 정리 5.4.1의 유일한 다항식 $m(x)$를 수열 $s_0, s_1, \cdots$의 **최소다항식** (minimal polynomial)이라 한다.

분명히 모든 $n \geq 0$에 대하여 $s_n = 0$이면 $m(x) = 1$이다.

예제 5.4.3 $s_0, s_1, \cdots$를 $\mathbb{F}_2$ 위의 다음을 만족하는 선형점화수열이라 하자.

$$s_{n+4} = s_{n+3} + s_{n+1} + s_n, \quad n = 0, 1, 2, \cdots$$

$(s_0, s_1, s_2, s_3) = (1, 1, 0, 1)$라 하자. $s_0, s_1, \cdots$의 특성다항식은 $f_0(x) = x^4 + x^3 + x + 1$이며 주기가 3이므로 $h_0(x) = (x+1)(x^3+x+1)$이다.

$$d(x) = \gcd(f_0(x), h_0(x)) = x + 1$$

이므로 최소다항식은

$$m(x) = \frac{f_0(x)}{d(x)} = x^3 + 1$$

이다.

다음 정리에 의하여 최소다항식은 선형점화수열의 최소주기를 결정하는데 결정적인 역할을 한다는 것을 알 수 있다.

정리 5.4.4 $s_0, s_1, \cdots$를 최소다항식 $m(x) \in \mathbb{F}_q[x]$를 갖는 $\mathbb{F}_q$ 위의 동차선형점화수열이라 하면 그 수열의 최소주기는 $\mathrm{ord}(m(x))$이다.

증명 r을 주어진 수열의 최소주기라 하고 n_0를 그 수열의 이전주기라 하면 모든 $n \geq n_0$에 대하여 $s_{n+r} = s_n$이다. 그러므로 그 수열은 동차선형점화식

$$s_{n+n_0+r} = s_{n+n_0} \quad n = 0,1,2,\cdots$$

를 만족한다. 정리 5.4.1에 의하여 $m(x)$는 $x^{n_0+r} - x^{n_0} = x^{n_0}(x^r - 1)$ 을 나눈다. 그러므로 $m(x) = x^h g(x)$ 이다. 여기서 $h \le n_0$이고 $g(x) \in \mathbb{F}_q[x]$는 $g(0) \ne 0$이며 $x^r - 1$을 나눈다. 그러므로 $\mathrm{ord}(m(x)) = \mathrm{ord}(g(x)) \le r$이다. 한편, 정리 5.2.17에 의하여 r은 $\mathrm{ord}(m(x))$를 나눈다. 그러므로 $r = \mathrm{ord}(m(x))$이다.

예제 5.4.5 $s_0, s_1, \cdots$를 선형점화식

$$s_{n+5} = s_{n+1} + s_n, \quad n = 0,1,2,\cdots$$

를 만족하는 $\mathbb{F}_2$ 위의 선형점화수열이라 하고 초기상태벡터를 $(1,1,1,0,1)$라 하자. 그러면 이 수열의 특성다항식은 $f_0(x) = x^5 + x + 1$이고 주기가 7이므로 $h_0(x) = x^4 + x^3 + x^2$이다. 그러면 $d(x) = x^2 + x + 1$이므로 최소다항식은

$$m(x) = \frac{f_0(x)}{d(x)} = x^3 + x^2 + 1$$

이며 $\mathrm{ord}(m(x)) = 7$이다.

예제 5.4.6 $s_0, s_1, \cdots$를 선형점화식

$$s_{n+4} = s_{n+2} + s_{n+1}, \quad n = 0,1,2,\cdots$$

를 만족하는 $\mathbb{F}_2$ 위에서의 선형점화수열이라 하고 초기상태벡터를 $(1,0,1,0)$라 하자. 그러면 이 수열의 특성다항식은 $f_0(x) = x^4 + x^2 + x = x(x^3 + x + 1) = m(x)$이다. 이 수열은 비 주기적이며 궁극적 최소주기는 $\mathrm{ord}(m(x)) = 7$이다.

정리 5.4.7 $s_0, s_1, \cdots$를 $\mathbb{F}_q$ 위에서의 동차선형점화수열이며 $b \in \mathbb{N}$라 하자. 그러면 이동한 수열 $s_b, s_{b+1}, \cdots$의 최소다항식 $m_1(x)$는 원 수열의 최소다항식 $m(x)$를 나눈다. $s_0, s_1, \cdots$가 주기수열이면 $m_1(x) = m(x)$이다.

증명 $s_0, s_1, \cdots$이 만족하는 동차선형점화식은 이동한 수열의 동차선형점화식과 같기 때문에 정리 5.4.1에 의하여 $m_1(x)$는 $m(x)$를 나눈다. $s_0, s_1, \cdots$가 주기수열이고

$$s_{n+b+k} = a_{k-1}s_{n+b+k-1} + \cdots + a_0 s_{n+b}, \quad n = 0, 1, 2, \cdots \tag{5.4.1}$$

를 이동한 수열의 동차선형점화식이라 하자. r을 $s_0, s_1, \cdots$의 주기라면 모든 $n \geq 0$에 대하여 $s_{n+r} = s_n$이다. 정수 c가 존재하여 $cr \geq b$를 만족한다. 식 (5.4.1)의 n을 $n + cr - b$로 대치하면 모든 $n \geq 0$에 대하여

$$s_{n+k} = a_{k-1}s_{n+k-1} + \cdots + a_0 s_n, \quad n = 0, 1, 2, \cdots$$

을 얻는다. 즉, 수열 $s_0, s_1, \cdots$은 이동한 수열과 같은 선형점화식을 만족한다. 그러므로 정리 5.4.1에 의하여 $m_1(x) = m(x)$이다.

정리 5.4.8 $f(x) \in \mathbb{F}_q[x]$를 $\mathbb{F}_q$ 위에서 모닉기약다항식이라 하고 $s_0, s_1, \cdots$를 $\mathbb{F}_q$ 위에서의 영수열이 아닌 동차선형점화수열이라 하자. 주어진 수열의 특성다항식이 $f(x)$라면 그 수열의 최소다항식은 $f(x)$이다.

증명 정리 5.4.1에 의하여 그 수열의 최소다항식 $m(x)$는 $f(x)$를 나눈다. $f(x)$가 기약다항식이므로 $m(x) = 1$이거나 $m(x) = f(x)$이다. 그런데 $m(x) \neq 1$이므로 $m(x) = f(x)$이다.

다음 정리는 주어진 선형점화수열의 특성다항식이 그 수열의 최소다항식인지 아닌지를 결정해 주는 대단히 중요한 정리이다.

정리 5.4.9 $s_0, s_1, \cdots$를 특성다항식이 $f(x) \in \mathbb{F}_q[x]$인 k차 동차선형점화식을 만족하는 수열이라 하자. 그러면 그 수열의 최소다항식이 $f(x)$일 필요충분조건은 상태벡터들 $\mathbf{s}_0, \mathbf{s}_1, \cdots, \mathbf{s}_{k-1}$이 $\mathbb{F}_q$ 위에서 일차독립인 것이다.

증명 $f(x)$를 그 수열의 최소다항식이라 하자. $\mathbf{s}_0, \mathbf{s}_1, \cdots, \mathbf{s}_{k-1}$이 $\mathbb{F}_q$ 위에서 일차종속이라면 모두는 0이 아닌 $b_0, b_1, \cdots, b_{k-1} \in \mathbb{F}_q$가 존재하여

$$b_0\mathbf{s}_0 + b_1\mathbf{s}_1 \cdots + b_{k-1}\mathbf{s}_{k-1} = \mathbf{0}$$

를 만족한다. 모든 $n \geq 0$에 대하여 식 (5.1.4)에 의하여

$$\begin{aligned} & b_0\mathbf{s}_n + b_1\mathbf{s}_{n+1} \cdots + b_{k-1}\mathbf{s}_{n+k-1} \\ &= (b_0\mathbf{s}_0 + b_1\mathbf{s}_1 \cdots + b_{k-1}\mathbf{s}_{k-1})A^n \\ &= \mathbf{0}A^n \\ &= \mathbf{0} \end{aligned}$$

이다. 그러므로 모든 $n \geq 0$에 대하여

$$b_0 s_n + b_1 s_{n+1} + \cdots + b_{k-1} s_{n+k-1} = 0$$

를 얻는다. $b_j = 0(1 \leq j \leq k-1)$라면 모든 $n \geq 0$에 대하여 $s_n = 0$이므로 최소다항식의 차수가 양수라는데 모순이 된다. 따라서 $j \geq 1$를 $b_j \neq 0$인 최대의 정수라 하자. 그러면 $s_0, s_1, \cdots$는 $j < k$를 만족하는 j차 동차선형점화식을 만족한다. 이 또한 $f(x)$가 최소다항식이라는 사실에 모순이 된다. 그러므로 $\mathbf{s}_0, \mathbf{s}_1, \cdots, \mathbf{s}_{k-1}$이 $\mathbb{F}_q$ 위에서 일차독립이다. 역으로, $\mathbf{s}_0, \mathbf{s}_1, \cdots, \mathbf{s}_{k-1}$이 $\mathbb{F}_q$ 위에서 일차독립이라 하자. $\mathbf{s}_0 \neq \mathbf{0}$이므로 최소다항식의 차수는 영보다 큰 정수이다. $f(x)$가 최소다항식이 아니라면 수열 $s_0, s_1, \cdots$은 $m(1 \leq m < k)$차 동차선형점화식

$$s_{n+m} = a_{m-1}s_{n+m-1} + \cdots + a_0 s_n \quad n = 0, 1, 2, \cdots$$

를 만족한다. 따라서

$$\mathbf{s}_m = a_{m-1}\mathbf{s}_{m-1} + \cdots + a_0\mathbf{s}_0$$

가 되어 $\mathbf{s}_0, \mathbf{s}_1, \cdots, \mathbf{s}_{k-1}$의 일차독립성에 모순이 된다. 그러므로 $f(x)$는 주어진 수열의 최소다항식이다.

따름정리 5.4.10 $s_0, s_1, \cdots$가 $\mathbb{F}_q$ 위의 어떤 동차선형점화식을 만족하는 충격반응수열이라면 그 수열의 최소다항식은 그 선형점화식의 특성다항식과 같다.

증명 $s_0, s_1, \cdots$가 충격반응수열이면 $\mathbf{s}_0, \mathbf{s}_1, \cdots, \mathbf{s}_{k-1}$이 일차독립이다. 그러므로 이 수열의 최소다항식은 그 선형점화식의 특성다항식과 같다.

예제 5.4.11 $s_0, s_1, \cdots$가 $\mathbb{F}_2$ 위의 동차선형점화식

$$s_{n+5} = s_{n+1} + s_n \quad (n = 0, 1, 2, \cdots) \tag{5.4.2}$$

를 만족한다고 하자. 그러면 이 수열의 특성다항식은

$$f(x) = x^5 + x + 1 = (x^3 + x^2 + 1)(x^2 + x + 1)$$

이다. 그러므로 이 수열의 최소다항식은 다음 중 하나이다.

$$x^2 + x + 1,\ x^3 + x^2 + 1,\ x^5 + x + 1$$

(1) 다음 수열은 식 (5.4.2)를 만족하는 주기가 3인 순환수열이다.

$$110110110110110110\cdots$$

이 수열은 동차선형점화식

$$s_{n+2} = s_{n+1} + s_n \quad (n = 0, 1, 2 \cdots)$$

를 만족하므로 최소다항식은 $m(x) = x^2 + x + 1$이다.

(2) 다음 수열은 식 (5.4.2)를 만족하는 주기가 7인 순환수열이다.

$$111010011101001110100\cdots$$

이 수열은 동차선형점화식

$$s_{n+3} = s_{n+2} + s_n \quad (n = 0, 1, 2, \cdots)$$

를 만족하므로 최소다항식은 $m(x) = x^3 + x^2 + 1$이다.

(3) 다음 수열은 식 (5.4.2)를 만족하는 주기가 21인 순환수열이다.

$$000010001100101011111100001\cdots$$

이 수열은 동차선형점화식

$$s_{n+2} = s_{n+1} + s_n \quad (n = 0, 1, 2, \cdots)$$
$$s_{n+3} = s_{n+2} + s_n \quad (n = 0, 1, 2, \cdots)$$

를 만족하지 않는다. 그러므로 최소다항식은 $m(x) = x^5 + x + 1$이다.

연습문제 5.4장

1. 최소다항식이 $f(x)=x^4+x+1$인 동차선형점화수열을 구하여라.

2. 최소다항식이 $f(x)=x^5+x^2+1$인 동차선형점화수열을 구하여라.

3. 다음 선형점화수열의 최소다항식을 구하여라.

$$11101011001000111101011001000111\cdots$$

4. 다음 선형점화수열의 최소다항식을 구하여라.

$$10001001101011110001001101 0111\cdots$$

5. $\mathbb{F}_2$ 위에서 다항식 $f(x)=x^6+x+1$를 특성다항식으로 갖는 동차선형점화수열 $s_0, s_1, \cdots$의 초기상태벡터가 $(0,0,0,0,0,1)$일 때, 그 수열을 결정하고 그 수열의 최소다항식이 $f(x)$임을 보여라.

6. $\mathbb{F}_2$ 위에서 다항식 $f(x)=x^6+x^5+x^4+x^3+1$를 특성다항식으로 갖는 동차선형점화수열 $s_0, s_1, \cdots$의 초기상태벡터가 $(0,0,0,0,0,1)$일 때, 그 수열을 결정하고 그 수열의 최소다항식이 $f(x)$임을 보여라.

§5.5 선형점화수열들의 집합(Families of Linear recurring sequences)

$f(x) \in \mathbb{F}_q[x]$는 양의 차수를 갖는 모닉다항식이라고 하자. $f(x)$를 특성다항식으로 가지는 $\mathbb{F}_q$의 원소로 이루어진 동차 선형점화수열 전체의 집합을 $S(f(x))$로 나타내기로 한다. 즉 $S(f(x))$는 $f(x)$에 의해 결정되는 동차 선형점화식을 만족하는 $\mathbb{F}_q$에서의 수열 전체의 집합이다. $\deg(f(x)) = k$이면 q^k개의 서로 다른 초기상태벡터에 대응한 정확히 q^k개 수열을 포함한다.

예를 들어 $f(x) = x^3 + x + 1$이면

$$S(f(x)) = \{0000000\cdots, 0010111\cdots, 0101110\cdots, 1011100\cdots, \\ 0111001\cdots, 1110010\cdots, 1100101\cdots, 1001011\cdots\}$$

이다.

집합 $S(f(x))$에 속한 두 수열 $\{s_n\}$과 $\{t_n\}$에 대하여 다음과 같이 덧셈과 스칼라 곱셈을 정의한다.

$$s_n + t_n = s_n + t_n$$
$$cs_n = cs_n, \quad c \in \mathbb{F}_q$$

$$s_{n+k} = \sum_{i=0}^{k-1} a_i s_{n+i}, \ t_{n+k} = \sum_{i=0}^{k-1} a_i u_{n+i} \qquad (n = 0, 1, 2, \cdots)$$

이므로 모든 $n(n = 0, 1, 2, \cdots)$에 대하여 다음이 성립한다.

$$s_{n+k} + t_{n+k} = \sum_{i=0}^{k-1} a_i (s_{n+i} + u_{n+i}),$$
$$cs_{n+k} = \sum_{i=0}^{k-1} a_i (cs_{n+i})$$

그러므로 수열 $\{s_n + t_n\}$과 $\{cs_n\}$가 $S(f(x))$에 속한다는 것을 알 수 있다. 위와 같이 정의된 덧셈과 스칼라 곱셈에 관하여 집합 $S(f(x))$는 체 $\mathbb{F}_q$ 위의 벡터공간을 이룬다. 모든 항이 0인 **영수열**(zero sequence) $\{0\}$이 벡터공간 $S(f(x))$의

영벡터(zero vector)이다. $S(f(x))$의 원소가 q^k개이므로 $S(f(x))$은 k차원 벡터공간이다. $\mathbb{F}_q$의 원소로 구성된 k개 일차독립인 k-쌍을 $\boldsymbol{y_1},\cdots,\boldsymbol{y_k}$을 선택하고, 초기상태벡터로 $\boldsymbol{y_j}$를 가지는 $S(f(x))$에 속한 수열들 $\sigma_1, \cdots, \sigma_k$를 선택함으로써 $S(f(x))$의 k개 일차독립인 원소를 얻을 수 있다. $\boldsymbol{y_1},\cdots,\boldsymbol{y_k}$로는 표준기저벡터들

$$e_1 = (1,0,\cdots,0),\ \ e_2 = (0,1,\cdots,0),\ \ \cdots\ \ , e_k = (0,0,\cdots,1)$$

을 선택하는 것이 자연스럽다. 또 다른 유용한 방법은 $S(f(x))$에 속한 충격반응수열 $d_0, d_1, \cdots$을 이용하여, $\boldsymbol{y_1},\cdots,\boldsymbol{y_k}$로 이 충격반응수열의 상태벡터들 $\boldsymbol{d_0},\cdots,\boldsymbol{d_{k-1}}$을 선택하는 것이 흔히 사용되는 유용한 방법이다.

지금부터 $S(f(x))$들 사이의 관계를 알아보자.

정리 5.5.1 $f(x)$와 $g(x)$가 $\mathbb{F}_q$ 위의 상수가 아닌 모닉다항식이라 하자. 그러면 다음이 성립한다.

$$S(f(x)) \subset S(g(x)) \quad \Leftrightarrow \quad f(x)|g(x)$$

증명 $S(f(x)) \subset S(g(x))$이라 가정하자. $S(f(x))$에 속한 충격반응수열은 따름정리 5.4.10에 의하면 $f(x)$를 최소다항식으로 가지며, 가정에 의하여 $S(g(x))$에 속한다. 그러므로 정리 5.4.1에 의하여 $f(x)$는 $g(x)$의 약수이다. 역으로 $f(x)$가 $g(x)$의 약수라 가정하고 $\{s_n\}$이 $S(f(x))$에 속한 임의의 수열이라면 정리 5.4.1에 의하여, 이 수열의 최소다항식 $m(x)$는 $f(x)$의 약수이다. 결국 $m(x)$는 $g(x)$의 약수가 되므로 정리 5.4.1을 또다시 적용하면 수열 $\{s_n\}$이 $S(g(x))$에 속한다. 그러므로 $S(f(x)) \subset S(g(x))$이다.

예를 들어 $f(x) = x^2 + x + 1$이고 $g(x) = x^3 + x^2 + x$이면

$$S(f(x) = \{000\cdots, 011\cdots, 101\cdots, 110\cdots\}$$

이고

$$S(g(x)) = \{000\cdots, 0011011\cdots, 01\cdots, 101\cdots, \\ 110\cdots, 1110110\cdots, 0101101\cdots, 10000\cdots\}$$

이다.

정리 5.5.2 $f_1(x), \cdots, f_h(x)$가 $\mathbb{F}_q$ 위의 상수가 아닌 모닉다항식이라 하자. 그러면 다음이 성립한다.

(1) $f_1(x), \cdots, f_h(x)$가 서로소이면

$$S(f_1(x)) \cap \cdots \cap S(f_h(x)) = \{0\}$$

(2) $f_1(x), \cdots, f_h(x)$의 최대공약수 $d(x)$의 차수가 양수이면

$$S(f_1(x)) \cap \cdots \cap S(f_h(x)) = S(d(x))$$

증명 $S(f_1(x)) \cap \cdots \cap S(f_h(x))$에 속한 수열의 최소다항식 $m(x)$는 $f_1(x), \cdots, f_h(x)$의 약수이다.
(1) $f_1(x), \cdots, f_h(x)$가 서로소이면 $m(x) = 1$이다. 최소다항식이 1인 수열은 영수열 뿐이다.
(2) $m(x)$는 $d(x)$의 약수이므로 정리 5.4.1에 의하면 $S(f_1(x)) \cap \cdots \cap S(f_h(x)) \subset S(d(x))$이다. 정리 5.5.1로부터 $S(d(x)) \subset S(f_1(x)) \cap \cdots \cap S(f_h(x))$이다.

일반적으로 $S(f_1(x)) + \cdots + S(f_h(x))$를 다음과 같이 정의하면 $\mathbb{F}_q$ 위의 벡터공간이 된다.

$$S(f_1(x)) + \cdots + S(f_h(x)) = \{\sigma_1 + \cdots + \sigma_h \mid \sigma_1 \in S(f_1(x)), \cdots, \sigma_h \in S(f_h(x))\}$$

정리 5.5.3 $f_1(x), \cdots, f_h(x)$가 $\mathbb{F}_q$ 위의 상수가 아닌 모닉다항식이라 하자. $c(x)$가 $c(x) = lcm\{f_1(x), \cdots, f_h(x)\}$인 모닉다항식이라고 하면 다음이 성립한다.

$$S(f_1(x))+\cdots+S(f_h(x))=S(c(x))$$

증명 두 다항식 $f_1(x), f_2(x)$에 대해서 정리가 성립함을 증명하기로 한다. 일반적인 경우는 수학적 귀납법으로 증명할 수 있다. $f_1(x)|c(x)$, $f_2(x)|c(x)$이므로, 정리 5.5.1에 의하여 $S(f_1(x))\subset S(c(x))$, $S(f_2(x))\subset S(c(x))$ 이고 $S(c(x))$가 벡터공간이므로 $S(f_1(x))+S(f_2(x))\subset S(c(x))$이다. 이제 두 벡터공간의 차원을 비교해보자. $V_1:=S(f_1(x))$, $V_2:=S(f_2(x))$라 하고 $d(x)$를

$$d(x)=\gcd\{f_1(x), f_2(x)\}$$

인 모닉다항식이라 하면, 정리 5.5.2에 의하여 다음이 성립한다.

$$\begin{aligned}\dim(V_1+V_2)&=\dim(V_1)+\dim(V_2)-\dim(V_1\cap V_2)\\&=\deg(f_1(x))+\deg(f_2(x))-\deg(d(x))\end{aligned}$$

한편, $c(x)=f_1(x)f_2(x)/d(x)$ 이므로

$$\dim(V_1+V_2)=\deg(c(x))=\dim(S(c(x)))$$

가 성립한다. 벡터부분공간 $S(f_1(x))+S(f_2(x))$는 벡터공간 $S(c(x))$와 차원이 같으므로 $S(f_1(x))+S(f_2(x))=S(c(x))$이다.

정리 5.5.3에 의하여 $f(x)$와 $g(x)$가 $\mathbb{F}_q$ 위의 상수가 아닌 서로소인 모닉다항식인 경우라면

$$S(f(x)g(x))=S(f(x))+S(g(x))$$

가 성립하며 정리 5.5.2에 의하여 $S(f_1(x))\cap S(f_2(x))=\{0\}$이다. 따라서 $S(f(x)g(x))$는 벡터부분공간 $S(f(x))$와 $S(g(x))$의 **직합**(direct sum)이다. 즉, 모든 수열 $\sigma\in S(f(x)g(x))$은

$$\sigma=\sigma_1+\sigma_2 \qquad (\sigma_1\in S(f(x)),\ \sigma_2\in S(g(x)))$$

의 꼴로 나타내어지고, 이와 같이 나타내는 방법은 단 한 가지뿐이다.

예를 들어 $f(x)=x^2+x+1$이고 $g(x)=x+1$이면

$$S(f(x))=\{000\cdots,011\cdots,101\cdots,110\cdots\}$$

이고

$$S(g(x))=\{00\cdots,11\cdots\}$$

이다. 따라서

$$\begin{aligned} S(f(x))+S(g(x)) &= \{000\cdots,011\cdots,101\cdots,110\cdots, \\ &\quad 111\cdots,100100\cdots,010010\cdots,001001\cdots\} \\ &= S(x^3+1) \end{aligned}$$

이다.

$S(f(x))$는 차원이 $f(x)$의 차수와 같은 $\mathbb{F}_q$ 위의 벡터공간이므로, 벡터공간 $S(f(x))$는 다음과 같은 성질을 갖는다:
$s_0, s_1, \cdots \in S(f(x))$이면 모든 정수 $b \geq 0$에 대하여 이동 수열 $s_b, s_{b+1}, \cdots$도 $S(f(x))$에 속한다.

$S(f(x))$가 이런 성질을 가지고 있다는 것을 **수열의 이동에 관하여 닫혀있다**(closed under shifts of sequences)라고 말한다.

정리 5.5.4 E가 $\mathbb{F}_q$의 원소로 이루어진 수열들로 이루어진 집합이라 하자. 차수가 양수인 모닉다항식 $f(x) \in \mathbb{F}_q[x]$가 존재하여 $E=S(f(x))$일 필요충분조건은 E가 수열의 이동에 관하여 닫혀있으며 $\mathbb{F}_q$ 위의 0보다 큰 유한차원 벡터공간이다.

증명 충분조건이 성립한다는 것을 위에서 보였다. 역으로 필요조건을 증명하자. 영수열이 아닌 임의의 수열 $\sigma \in E$를 생각해보자. $s_0, s_1, \cdots$이 수열 σ의 항들이고 $b \geq 0$가 정수라면 이동수열 $s_b, s_{b+1}, \cdots$ 을 $\sigma^{(b)}$로 나타낸다. 가정에 의하

여 수열들 $\sigma^{(0)}, \sigma^{(1)}, \sigma^{(2)}, \cdots$은 모두 E에 속한다. E가 유한집합이므로 $\sigma^{(i)} = \sigma^{(j)}$인 음이 아닌 정수 $i < j$ 가 존재한다. 그러므로 처음 주어진 수열 σ는 동차 선형점화식

$$s_{n+j} = s_{n+i} \qquad (n = 0, 1, \cdots)$$

을 만족한다. 정리 5.4.1에 의하여 수열 σ는 차수가 양수 (예를 들어) k인 최소다항식 $m_\sigma(x) \in \mathbb{F}_q[x]$을 가진다. 수열 σ의 상태벡터들 $\boldsymbol{s_0}, \boldsymbol{s_1}, \cdots, \boldsymbol{s_{k-1}}$은 정리 5.4.9에 의하여 $\mathbb{F}_q$ 위에서 일차독립이다. 결국 수열들 $\sigma^{(0)}, \sigma^{(1)}, \cdots, \sigma^{(k-1)}$은 $S(m_\sigma(x))$의 일차독립인 원소들이므로 $S(m_\sigma(x))$의 기저가 된다.

$$\sigma^{(0)}, \sigma^{(1)}, \cdots, \sigma^{(k-1)}$$

가 벡터공간 E에 속하므로 $S(m_\sigma(x))$는 E의 벡터브분공간이 된다. 모든 $\sigma \in E^*$에 대하여 $\sum_{\sigma \in E^*} S(m_\sigma(x))$은 E의 벡터부분공간이다. 한편, $E \subset \sum_{\sigma \in E^*} S(m_\sigma(x))$가 자명하게 성립하므로 $E = \sum_{\sigma \in E^*} S(m_\sigma(x))$이다. $f(x) := lcm\{m_\sigma(x) | \sigma \in E^*\}$라 하자. 그러면 정리 5.5.3에 의하여 $E = \sum_{\sigma \in E^*} S(m_\sigma(x)) = S(f(x))$이다.

정리 5.5.3에 의하면 $\mathbb{F}_q$ 위에서 두 개 이상의 동차 선형점화수열의 합도 역시 동차 선형점화수열이다. 합 수열의 특성다항식도 이 정리로부터 알 수 있다. 합 수열의 최소다항식과 최소 주기는 원래 주어진 수열들의 최소다항식과 최소 주기로부터 바로 결정될 수 있다.

정리 5.5.5 각 $i = 1, 2, \cdots, h$에 대하여 σ_i를 최소다항식이 $m_i(x) \in \mathbb{F}_q[x]$인 $\mathbb{F}_q$ 위의 동차선형점화수열이라 하면 다음이 성립한다.

$m_1(x), \cdots, m_h(x)$가 쌍마다 서로소이면 합 수열 $\sigma_1 + \cdots + \sigma_h$의 최소다항식은 $m_1(x) \cdots m_h(x)$이다.

증명 $h = 2$인 경우에 대해서 정리가 성립함을 증명하기로 한다. 일반적인 경우는 수학적 귀납법으로 증명할 수 있다. $m_1(x) = 1$ 또는 $m_2(x) = 1$이라면 분

명히 성립한다. 이와 유사하게 $\sigma_1+\sigma_2$ 의 최소다항식 $m(x) \in \mathbb{F}_q[x]$ 가 상수다항식 1이라면 분명히 성립한다. 그러므로 $m_1(x)$, $m_2(x)$와 $m(x)$의 차수가 모두 양수라고 가정하자. 정리 5.5.3에 의하여

$$\sigma_1+\sigma_2 \in S(m_1(x))+S(m_2(x))=S(m_1(x)m_2(x))$$

이므로 $m(x)$는 $m_1(x)m_2(x)$의 약수이다. σ_1의 항들이 $s_0, s_1, \cdots$ 이고 σ_2의 항들이 $t_0, t_1, \cdots$ 이며 $m(x)=x^k-a_{k-1}x^{k-1}-\cdots-a_0$ 라면

$$s_{n+k}+t_{n+k}=a_{k-1}(s_{n+k-1}+t_{n+k-1})+\cdots+a_0(s_n+t_n) \qquad (n=0,\ 1,\ \cdots)$$

이다.

$$\begin{aligned} u_n &= s_{n+k}-a_{k-1}s_{n+k-1}-\cdots-a_0 s_n \\ &= -t_{n+k}+a_{k-1}t_{n+k-1}+\cdots+a_0 t_n \qquad (n=0,\ 1,\ \cdots) \end{aligned}$$

이라 하고, $S(m_1(x))$와 $S(m_2(x))$가 수열의 이동에 관하여 닫혀있는 $\mathbb{F}_q$ 위의 벡터공간이라는 사실을 이용하면, 수열 $u_0, u_1, \cdots$ 은 $S(m_1(x))$와 $S(m_2(x))$에 모두 속하므로 정리 5.5.2에 의하여 영수열이다. 이로부터 $m_1(x)$와 $m_2(x)$가 모두 $m(x)$의 약수가 되므로 $m_1(x)m_2(x)$는 $m(x)$의 약수다. 따라서 $m(x)=m_1(x)m_2(x)$이다.

수열들 $\sigma_1, \cdots, \sigma_h$에 대응하는 최소다항식 $m_1(x), \cdots, m_h(x)$가 쌍마다 서로소가 아니라면 합 수열 $\sigma_1+\cdots+\sigma_h$ 의 최소다항식을 결정하기 위하여 수열들 $\sigma_1, \cdots, \sigma_h$이 가지고 있는 특성을 고려해야 한다. 가장 편리한 방법은 생성함수를 이용하는 것이다. 각 $i=1,2,\cdots,h$에 대하여 σ_i의 생성함수가 $G_i(x) \in \mathbb{F}_q[x]$라 가정하자. 그러면 σ의 생성함수는 $G(x)=G_1(x)+\cdots+G_h(x)$이다. 정리 5.3.4에 의하여 각 $G_i(x)$는 예를 들어 분모가 $m_i(x)$의 상반다항식인 분수로 쓰여질 수 있다. 이 분수들을 더하고 통분한 다음 정리 5.3.4의 두 번째 부분과 정리 5.4.1의 증명 방법을 결합하면 σ의 최소다항식을 구할 수 있다. 이 기법을 이용하여 정리 5.5.5를 증명할 수도 있다.

예제 5.5.6 $\sigma_1 \in S(x^4+x^3+x+1)$와 $\sigma_2 \in S(x^5+x^4+1)$이 $\mathbb{F}_2$에서의 충격반응수열이라 하자. 그러면 따름정리 5.4.10에 의하여 대응하는 최소다항식은

$$m_1(x) = x^4+x^3+x+1 = (x^2+x+1)(x+1)^2 \in \mathbb{F}_2[x]$$
$$m_2(x) = x^5+x^4+1 = (x^2+x+1)(x^3+x+1) \in \mathbb{F}_2[x]$$

이다. 따름정리 5.3.5를 이용하면 합 수열 $\sigma = \sigma_1 + \sigma_2$의 생성함수 $G(x)$는 다음과 같다.

$$G(x) = \frac{x^3}{(x^2+x+1)(x+1)^2} + \frac{x^4}{(x^2+x+1)(x^3+x^2+1)} = \frac{x^3}{(x^3+x^2+1)(x+1)^2}$$

정리 5.3.4의 두 번째 부분에 의하여 분모의 상반다항식

$$f_0(x) = (x^3+x+1)(x+1)^2$$

은 σ의 특성다항식이다. 식 (5.3.7)에 의하여 $h_0(x) = h_0(x) = -x^4(1/x)^3 = -x$이다. $f_0(x)$와 $h_0(x)$가 서로소이므로 정리 5.4.1의 증명방법으로부터 σ의 최소다항식은 $m(x) = (x^3+x+1)(x+1)^2$이다. $m(x)$는 $m_1(x)$와 $m_2(x)$의 최소공배수인 $(x^2+x+1)(x+1)^2(x^3+x+1)$의 자명하지 않은 약수임을 알 수 있다.

정리 5.5.5에 있는 최소다항식에 대한 정보로부터 합 수열의 최소주기와 관련된 유용한 결과를 바로 얻을 수 있다.

정리 5.5.7 각 $i = 1, 2, \cdots, h$에 대하여 σ_i를 최소다항식이 $m_i(x) \in \mathbb{F}_q[x]$이고 최소주기가 r_i인 $\mathbb{F}_q$에서의 동차선형점화수열이라 하자. 만일 $m_1(x), \cdots, m_h(x)$가 쌍마다 서로소이면 합 수열 $\sigma_1 + \cdots + \sigma_h$의 최소주기는 $r_1, \cdots, r_h$의 최소공배수이다.

증명 $h = 2$인 경우에 대해서 정리가 성립함을 증명하기로 한다. 일반적인 경우는 수학적 귀납법으로 증명할 수 있다. r이 $\sigma_1 + \sigma_2$의 최소주기이면 정리 5.4.4와 정리 5.5.5에 의하여 $r = \mathrm{ord}(m_1(x) \cdot m_2(x))$이다. r은 $\mathrm{ord}(m_1(x))$와

$\mathrm{ord}(m_2(x))$의 최소공배수가 되므로 r은 r_1과 r_2의 최소공배수가 된다.

예제 5.5.8 수열 σ_1과 σ_2가 예제 5.5.6과 같다고 하자. 그러면 σ_1과 σ_2의 최소주기는 각각 $r_1 = \mathrm{ord}(m_1(x)) = 6$, $r_2 = \mathrm{ord}(m_2(x)) = 21$이다. $\sigma_1 + \sigma_2$의 최소주기 r은 $r = \mathrm{ord}(m(x)) = 14$이다. 위와 같은 논의는 관련된 수열들의 항들을 계산하지 않고 실행되었다. 이 특별한 경우에 최소주기를 구체적으로 계산해서 그 결과를 비교할 수 있다.

σ_1 :	000111000111000111000111100⋯	최소 주기	$r_1 = 6$
σ_2 :	000011111010100110001000001⋯	최소 주기	$r_2 = 21$
$\sigma_1 + \sigma_2$:	000100111101100001001111101⋯	최소 주기	$r = 14$

정리 5.5.9 각 $i = 1, 2, \cdots, h$에 대하여 σ_i를 최소주기가 r_i인 $\mathbb{F}_q$에서의 궁극적 주기수열이라 하자. $r_1, \cdots, r_h$가 쌍마다 서로소이면 $\sigma_1 + \cdots + \sigma_h$의 최소주기는 $r_1 \cdots r_h$이다.

증명 $h = 2$인 경우에 대해서 정리가 성립함을 증명하기로 한다. 일반적인 경우는 수학적 귀납법으로 증명할 수 있다. $\sigma_1 + \sigma_2$의 주기가 $r_1 r_2$인 것은 명백하므로 $\sigma_1 + \sigma_2$의 최소주기 r은 $r_1 r_2$의 약수이다. 그러므로 r은 다음과 같은 형태이다.

$$r = d_1 d_2 \ (d_1\text{과 } d_2\text{는 각각 } r_1\text{과 } r_2\text{의 양의 약수이다})$$

특히 $d_1 r_2$는 $\sigma_1 + \sigma_2$의 주기이다. σ_1의 항들이 $s_0, s_1, \cdots$이고 σ_2의 항들이 $t_0, t_1, \cdots$이라면 충분히 큰 모든 n에 대하여 $s_{n+d_1 r_2} + t_{n+d_1 r_2} = s_n + t_n$이 성립한다. 하지만 충분히 큰 모든 n에 대하여 $t_{n+d_1 r_2} = t_n$이므로 충분히 큰 모든 n에 대하여 $s_{n+d_1 r_2} = s_n$이다. 그러므로 r_1은 $d_1 r_2$의 약수이고 r_1과 r_2가 서로소이므로 r_1은 d_1의 약수이다. 그러므로 $d_1 = r_1$이다. 유사하게 $d_2 = r_2$ 이다.

연습문제 5.5장

1. $f(x)=x^2+x+1$이고 $g(x)=x^3+x^2+1$일 때, $S(f(x)g(x))$를 구하여라.

2. $f(x)=x^2+x+1$이고 $g(x)=x^3+x^2+1$일 때, $S(f(x))+S(g(x))$를 구하여라.

3. $\sigma_1 \in S(x^4+x^3+x+1)$과 $\sigma_2 \in S(x^5+x+1)$가 $\mathbb{F}_2$에서의 충격반응수열일 때, 합수열 $\sigma := \sigma_1+\sigma_2$의 최소다항식을 구하여라.

4. 연습문제 5.5의 3번에서 σ의 최소주기를 구하여라

§5.6 Berlekamp–Massey 알고리즘(Berlekamp–Massey algorithm)

$\mathbb{F}_q$의 원소로 이루어진 수열이 선형점화수열인지 여부를 결정하는 것은 중요한 문제이다.

정의 5.6.1 $s_0, s_1, \cdots$이 $\mathbb{F}_q$의 원소로 이루어진 임의의 수열이라 하자. $n \geq 0, r \geq 1$인 정수에 대하여 **한켈 행렬식**(Hankel determinant) $D_n^{(r)}$을 도입하자.

$$D_n^{(r)} = \begin{vmatrix} s_n & s_{n+1} & \cdots & s_{n+r-1} \\ s_{n+1} & s_{n+2} & \cdots & s_{n+r} \\ \vdots & \vdots & \ddots & \vdots \\ s_{n+r-1} & s_{n+r} & \cdots & s_{n+2r-2} \end{vmatrix}$$

한켈 행렬식을 이용하여 선형점화수열의 특성을 파악할 수 있다.

다음 보조정리는 잘 알려진 정리이다.

보조정리 5.6.2 $s_0, s_1, \cdots$이 $\mathbb{F}_q$에서의 임의의 수열이고 $n \geq 1, r \geq 1$이 정수라면 다음이 성립한다.

$$D_n^{(r)} = D_n^{(r+1)} = 0 \text{ 이면 } D_{n+1}^{(r)} = 0\text{이다.}$$

정리 5.6.3 $\mathbb{F}_q$에서 수열 $s_0, s_1, \cdots$이 선형점화수열일 필요충분조건은 유한히 많은 $n \geq 0$을 제외한 모든 n에 대하여 $D_n^{(r)} = 0$ 인 양의 정수 r이 존재하는 것이다.

증명 $s_0, s_1, \cdots$이 k차 동차 선형점화식을 만족한다고 가정하자. 임의로 고정된 $n \geq 0$에 대하여 행렬식 $D_n^{(k+1)}$을 고려한다. 선형점화식 때문에 $D_n^{(k+1)}$의 $(k+1)$번째 행은 처음부터 k개 행의 일차결합으로 표현되므로 $D_n^{(k+1)} = 0$이다.

충분조건을 보이기 위하여 유한히 많은 $n \geq 0$을 제외한 모든 n에 대하여 $D_n^{(t)} = 0$ 인 정수 t중 가장 작은 양의 정수를 $k+1$이라 하자. $k+1 = 1$이라면 증명이 끝나므로 $k \geq 1$이라 가정하자. 모든 $n \geq m$에 대하여 $D_n^{(k+1)}=0$인 정수 $m \geq 0$이 존재한다. $D_{n_0}^{(k)}=0$인 $n_0 \geq m$ 가 존재한다면 보조정리 5.6.2에 의하여 모든 $n \geq n_0$에 대하여 $D_n^{(k)}=0$이다. 이는 $k+1$의 정의에 모순이다. 그러므로 모든 $n \geq m$에 대하여 $D_n^{(k)} \neq 0$이다. $\mathbf{s_n}=(s_n, s_{n+1}, \cdots, s_{n+k})$로 놓으면 $n \geq m$에 대하여 $D_n^{(k+1)}$의 행벡터들인 벡터들 $\mathbf{s_n}, \mathbf{s_{n+1}}, \cdots, \mathbf{s_{n+k}}$은 $\mathbb{F}_q$에서 일차독립이다. $D_n^{(k)} \neq 0$이므로 벡터들 $\mathbf{s_n}, \mathbf{s_{n+1}}, \cdots, \mathbf{s_{n+k-1}}$은 $\mathbb{F}_q$에서 일차종속이고, 따라서 $\mathbf{s_{n+k}}$는 $\mathbf{s_n}, \mathbf{s_{n+1}}, \cdots, \mathbf{s_{n+k-1}}$의 일차결합이다. 그러면 수학적 귀납법에 의하여 $n \geq m$인 각 $\mathbf{s_n}$이 $\mathbf{s_m}, \mathbf{s_{m+1}}, \cdots, \mathbf{s_{m+k-1}}$의 일차결합이 된다는 것을 알 수 있다. $\mathbf{s_m}, \mathbf{s_{m+1}}, \cdots, \mathbf{s_{m+k-1}}$은 $\mathbb{F}_q^{k+1}$에 속한 k개 벡터이므로

$$a_0 s_n + a_1 s_{n+1} + \cdots + a_k s_{n+k} = 0 \qquad (m \leq n \leq m+k-1)$$

이 성립하는 영벡터가 아닌 벡터 $(a_0, a_1, \cdots, a_k) \in \mathbb{F}_q^{k+1}$가 존재한다. 이로부터 모든 $n \geq m$에 대하여

$$a_0 s_n + a_1 s_{n+1} + \cdots + a_k s_{n+k} = 0$$

또는

$$a_0 s_{n+m} + a_1 s_{n+m+1} + \cdots + a_k s_{n+m+k} = 0$$

이 성립한다. 그러므로 수열 $s_0, s_1, \cdots$은 기껏해야 차수가 $m+k$인 동차 선형점화식을 만족한다.

다음 정리는 동차 선형점화수열의 최소다항식의 차수를 알려주는 중요한 정리이다.

정리 5.6.4 $\mathbb{F}_q$에서의 수열 $s_0, s_1, \cdots$이 k차 최소다항식을 갖는 동차 선형점화수열일 필요충분조건은 모든 $r \geq k+1$에 대하여 $D_0^{(r)}=0$이 성립하고, $\min\{r \in \mathbb{N} \mid D_0^{(r)}=0\}=k+1$이다.

증명 주어진 선형점화수열이 영수열이라면 필요조건은 분명히 성립한다. 만일 그렇지 않다면 $k \geq 1$이 되고 $D_0^{(r)}$의 $(k+1)$번째 행이 처음부터 k개 행의 일차결합이므로 모든 $r \geq k+1$에 대하여 $D_0^{(r)} = 0$이다. 더욱이 정리 5.4.5에 의하여 $D_0^{(k)} \neq 0$이 되므로 필요조건은 모든 경우에 성립한다.

역으로 한켈 행렬식의 조건이 성립한다고 가정하자. 보조정리 5.6.2와 n에 관한 수학적 귀납법에 의하여 모든 $r \geq k+1$과 모든 $n \geq 0$에 대하여 $D_0^{(r)} = 0$이 성립한다. 특히 모든 $n \geq 0$에 대하여 $D_n^{(k+1)} = 0$이므로 정리 5.6.2에 의하여 $s_0, s_1, \cdots$은 선형점화수열이다. $s_0, s_1, \cdots$의 최소다항식의 차수가 d라면 모든 $r \geq d+1$에 대하여 $D_0^{(r)} = 0$이 되고 $d+1$은 $D_0^{(d+1)} = 0$이 성립하는 가장 작은 양의 정수이다. 따라서 $d = k$가 된다.

예제 5.6.5 $\mathbb{F}_2$에서의 동차 선형점화수열 $10010111\cdots$의 최소다항식의 차수를 구하여라.

풀이 $D_0^{(3)} \neq 0$이며 $D_0^{(4)} = D_0^{(5)} = \cdots = 0$이므로 정리 5.6.5에 의하여 이 수열의 최소다항식의 차수는 3이며 실제로 구해보면 최소다항식은 $x^3 + x + 1$임을 알 수 있다.

동차 선형점화수열이 차수 $k \geq 1$인 최소다항식을 가진다는 것을 알고 있다면 그 최소다항식은 원래 수열의 처음부터 $2k$개 항에 의해 결정된다. 이것을 보이기 위하여 $n = 0, 1, \cdots, k-1$에 대하여 식 (5.1.2)를 이용하면 구하려는 최소다항식의 계수 $a_0, a_1, \cdots, a_{k-1}$에 대한 k개의 일차방정식으로 이루어진 연립일차방정식을 얻는다. 그러므로 이 연립일차방정식은 유일한 해를 가질 수 있다. 중요한 문제는 주어진 동차 선형점화수열의 최소다항식을 실제로 계산해야 한다는 것이다. 확실히 최소다항식을 구하는 한 방법이 정리 5.4.1의 증명 과정에서 이미 제시된 바 있다. 그러나 이 방법은 수열의 특성방정식에 대한 사전 지식과 $\mathbb{F}_q[x]$에서 최대공약수의 결정에 의존한다. 주어진 동차 선형점화수열의 차수가 k라면 반드시 $2k$개 이상의 연이은 항을 알아야만 그 수열의 최소다항식을 구할 수 있으므로 최소다항식의 차수의 상한을 알고 있다는 전제하에, 유한 단계 후에 최소다항식을 생성하는 Berlekamp-Massey 알고리즘을 논의하다.

$s_0, s_1, \cdots$을 생성함수가

$$G(x) = \sum_{n=0}^{\infty} s_n x^n$$

인 $\mathbb{F}_q$에서의 수열이라 하자. $j = 0, 1, \cdots$에 대하여 $\mathbb{F}_q$ 위의 다항식들 $g_j(x)$와 $h_j(x)$, 정수 m_j, $\mathbb{F}_q$의 원소들 b_j를 다음과 같이 정의한다. 초기값은

$$g_0(x) = 1,\ h_0(x) = x,\ m_0 = 0 \tag{5.6.1}$$

로 정한다. 그런 다음 b_j를 $g_j(x)G(x)$에서 x^j의 계수로 놓고, 다음과 같이 $g_{j+1}(x), h_{j+1}(x), m_{j+1}$ 를 재귀적으로 정의한다.

$$\begin{aligned} g_{j+1}(x) &= g_j(x) - b_j h_j(x) \\ h_{j+1}(x) &= \begin{cases} b_j^{-1} x g_j(x) & (b_j \neq 0,\ m_j \geq 0) \\ x h_j(x) & (\text{나머지 경우}) \end{cases} \\ m_{j+1} &= \begin{cases} -m_j & (b_j \neq 0, m_j \geq 0) \\ m_j + 1 & (\text{나머지 경우}) \end{cases} \end{aligned} \tag{5.6.2}$$

동차 선형점화수열 $s_0, s_1, \cdots$의 최소다항식을 구함에 있어서 최소다항식의 차수 k를 정확하게 아는 경우와 최소다항식의 차수가 k이하라는 것만 아는 경우에 대하여 생각해 보자. k차 최소다항식을 갖는 동차 선형점화수열이면 $g_{2k}(x)$는 상반 최소다항식이 된다. 그러므로 최소다항식 $m(x)$는 다음 정리에 의하여 $m(x) = x^k g_{2k}(1/x)$로 주어진다. 최소다항식의 차수가 k이하라는 것만 아는 경우에 $r := \left\lfloor k + \frac{1}{2} - \frac{1}{2} m_{2k} \right\rfloor$ 라면 $m(x)$는 다음 정리로부터 $m(x) = x^r g_{2k}(1/x)$로 주어진다. 여기서 $\lfloor y \rfloor$ 는 y를 넘지 않는 가장 큰 정수이다.

정리 5.6.6 Berlekamp-Massey 알고리즘에 의하여 지시된 단계 후에 최소다항식을 구할 수 있다.

증명 재귀적으로 $\mathbb{F}_q$ 위의 다항식 $u_j(x)$와 $v_j(x)$를 정의한다. 초기값으로

$$u_0(x) = 0, \quad v_0(x) = -1 \tag{5.6.3}$$

으로 놓은 다음

$$u_{j+1}(x) = u_j(x) - b_j v_j(x)$$

$$v_{j+1}(x) = \begin{cases} b_j^{-1} x u_j(x) & (b_j \neq 0, m_j \geq 0) \\ x v_j(x) & (\text{나머지 경우}) \end{cases} \tag{5.6.4}$$

으로 놓는다. 각 $j \geq 0$에 대하여 다음이 성립한다는 것을 보인다.

$$\deg(g_j(x)) \leq \frac{1}{2}(j+1-m_j), \quad \deg(g_j(x)) \leq \frac{1}{2}(j+1-m_j) \tag{5.6.5}$$

식 (5.6.1)의 초기값에 의해 $j=0$인 경우는 분명히 성립한다. 부등식이 성립하는 $j \geq 0$가 존재한다고 가정하면 식 (5.6.2)로부터 $b_j \neq 0$, $m_j \geq 0$인 경우에

$$\begin{aligned} \deg(g_{j+1}(x)) &\leq \max(\deg(g_j(x)), \deg(h_j(x))) \\ &\leq \frac{1}{2}(j+2+m_j) = \frac{1}{2}(j+2-m_{j+1}) \end{aligned}$$

가 성립한다. 만일 그렇지 않다면 다음이 성립한다.

$$\deg(g_{j+1}(x)) \leq \frac{1}{2}(j+1-m_j) = \frac{1}{2}(j+2-m_{j+1})$$

이와 마찬가지 방법으로 경우에 따라 나누어서 식 (5.6.5)의 두 번째 부등식의 경우도 증명된다. 유사한 방법으로 각 $j \geq 0$에 대하여

$$\deg(u_j(x)) \leq \frac{1}{2}(j-1-m_j), \ \deg(v_j(x)) \leq \frac{1}{2}(j+m_j) \tag{5.6.6}$$

가 성립함을 보일 수 있다. 새롭게 정의한 다항식 $u_j(x)$, $v_j(x)$과 알고리즘에 나타나는 다항식 $g_j(x)$, $h_j(x)$은 다음 항등식과 같은 관계가 성립한다.

$$g_j(x)G(x) \equiv u_j(x) + b_j x^j (\text{mod}\, x^{j+1}) \tag{5.6.7}$$

$$h_j(x)G(x) \equiv v_j(x) + x^j (\text{mod}\, x^{j+1}) \tag{5.6.8}$$

식 (5.6.1)과 식 (5.6.3) 그리고 b_0의 정의에 의하여 식 (5.6.7)과 식 (5.6.8)은 $j=0$일 때 성립한다. 두 합동식이 성립하는 $j \geq 0$가 존재한다고 가정하면 적당한 계수 $c_{j+1}, d_{j+1}, e_{j+1} \in \mathbb{F}_q$에 대하여 다음이 성립한다.

$$\begin{aligned} g_{j+1}(x)G(x) &= g_j(x)G(x) - b_j h_j(x)G(x) \\ &\equiv u_j(x) + b_j x^j + c_{j+1}x^{j+1} - b_j(v_j(x) + x^j + d_{j+1}x^{j+1}) \\ &\equiv u_j(x) + e_{j+1}x^{j+1} (\text{mod}\, x^{j+2}) \end{aligned}$$

$|m_j| \leq j$이므로 식 (5.6.6)에 의해 $\deg(u_{j+1}(x)) \leq j$을 수학적 귀납법에 의해 쉽게 보일 수 있다. 그러므로 e_{j+1}은 $g_{j+1}(x)G(x)$에서 x^{j+1}의 계수이고, 따라서 $e_{j+1} = b_{j+1}$이 된다. 식 (5.6.8)에 대한 수학적 귀납법의 각 단계도 유사하게 성립한다. 다음으로 귀납적 방법에 의해 다음이 성립한다. 각 $j \geq 0$에 대하여

$$h_j(x)u_j(x) - g_j(x)v_j(x) = x^j \tag{5.6.9}$$

이다.

이제 $\mathbb{F}_q$ 위의 다항식 $s(x)$와 $u(x)$가 $s(x)G(x) = u(x)$, $s(0) = 1$을 만족한다고 하자. 그러면 식 (5.6.8)에 의하여

$$\begin{aligned} h_j(x)u(x) - s(x)v_j(x) &= s(x)(h_j(x)G(x) - v_j(x)) \\ &\equiv s(x)x^j \equiv x^j \mod x^{j+1} \end{aligned}$$

가 성립하므로 적당한 $u_j(x) \in \mathbb{F}_q[x]$에 대하여 다음이 성립한다.

$$h_j(x)u(x) - s(x)v_j(x) = x^j U_j(x),\ U_j(0) = 1 \tag{5.6.10}$$

이와 유사하게 식 (5.6.7)을 이용하여

$$g_j(x)u(x) - s(x)u_j(x) = x^j V_j(x) \tag{5.6.11}$$

가 성립하는 $v_j(x) \in \mathbb{F}_q[x]$가 존재한다는 것을 보일 수 있다. 주어진 동차 선형점화수열의 최소다항식 $m(x)$의 차수가 k이하이고 $s(x)$가 상반 최소다항식이라 가정하자. 그러면 $s(0) = 1$이고 $\deg(s(x)) \le k$이다. 그리고 식 (5.3.2)으로부터

$$s(x)G(x) = u(x),\ \deg(u(x)) \le \deg(m(x)) - 1 \le k - 1$$

이 성립하는 $u(x) \in \mathbb{F}_q[x]$가 존재한다는 것을 안다. 식 (5.6.5)와 식 (5.6.6)을 이용하여

$$\deg(h_{2k}(x)u(x)) \le \frac{1}{2}(2k + 2 + m_{2k}) + k - 1 = 2k + \frac{1}{2}m_{2k},$$
$$\deg(s(x)v_{2k}(x)) \le k + \frac{1}{2}(2k + m_{2k}) = 2k + \frac{1}{2}m_{2k}$$

이 성립하므로

$$\deg(h_{2k}(x)u(x) - s(x)v_{2k}(x)) \le 2k + \frac{1}{2}m_{2k}$$

이 성립한다. 한편,

$$\deg(h_{2k}(x)u(x) - s(x)v_{2k}(x)) = \deg(x^{2k}U_{2k}(x)) \ge 2k$$

이므로 이 두 부등식으로부터 $m_{2k} \ge 0$임을 알 수 있다. 다시 식 (5.6.5)과 식 (5.6.6)을 이용하면

$$\deg(g_{2k}(x)u(x)) \le 2k - \frac{1}{2} - \frac{1}{2}m_{2k}\ ,\ \deg(s(x)u_{2k}(x)) \le 2k - \frac{1}{2} - \frac{1}{2}m_{2k}$$

이 되므로 식 (5.6.11)에 의해

$$\deg(x^{2k}V_{2k}(x)) = \deg(g_{2k}(x)u(x) - s(x)u_{2k}(x)) < 2k$$

이 성립한다. 그러나 이것은 $V_{2k}(x)$가 영다항식일 때만 가능하다. 결국 식 (5.6.11)에 의해 $g_{2k}(x)u(x)=s(x)u_{2k}(x)$ 가 성립한다. $j=2k$일 때 식 (5.6.10)에 $g_{2k}(x)$를 곱하면 다음을 얻는다.

$$\begin{aligned} & h_{2k}(x)g_{2k}(x)u(x)-s(x)g_{2k}(x)v_{2k}(x) \\ &= s(x)(h_{2k}(x)u_{2k}(x)-g_{2k}(x)v_{2k}(x)) = x^{2k}U_{2k}(x)g_{2k}(x) \end{aligned}$$

식 (5.6.9)에 의하면 $s(x)=U_{2k}(x)g_{2k}(x)$이 되고 따라서 $u(x)=U_{2k}(x)u_{2k}(x)$이 성립한다. $s(x)$가 상반 최소다항식이므로 따름정리 5.3.5의 두 번째 부분에 의하면 $s(x)$와 $u(x)$는 서로소이다. 이 사실에 의하면 $U_{2k}(x)$는 상수다항식이고, 식 (5.6.10)에 의해 $U_{2k}(0)=1$이므로 실제로

$$U_{2k}(x)=1$$

이다. 그러므로 $s(x)=g_{2k}(x)$이고 $u(x)=u_{2k}(x)$이다 $\deg(m(x))=k$이면

$$m(x)=x^k s\left(\frac{1}{x}\right)=x^k g_{2k}\left(\frac{1}{x}\right)$$

이다. $\deg(m(x))=t\le k$이면

$$s(x)=g_{2t}(x),\ u(x)=u_{2t}(x)$$

이고 $m_{2t}\ge 0$이다. 분명히 $\max(\deg(s(x)),\ 1+\deg(u(x)))\le t$이고 정리 5.3.5의 두 번째 부분에 의하면 $t=\max(\deg(s(x)),\ 1+\deg(u(x)))$이 성립한다. 그러면 식 (5.6.5)와 식 (5.6.6)으로부터

$$t=\max(\deg(g_{2t}(x)),\ 1+\deg(u_{2t}(x)))\le t+\frac{1}{2}-\frac{1}{2}m_{2t}$$

이므로 $m_{2t}=0$ 또는 $m_{2t}=1$이다. 더욱이 $g_j(x)=s(x)$이고, 모든 $j\ge 2t$에 대하여 $b_j=0$이라는 사실에 주목하면 m_j의 정의에 의하여 모든 $j\ge 2t$에 대하여 $m_j=m_{2t}+j-2t$가 성립한다. $j=2k$로 놓으면 $t=k+\frac{1}{2}m_{2t}-\frac{1}{2}m_{2k}$를 얻는다.

그리고 $m_{2t}=0$ 또는 $m_{2t}=1$이므로 $t=\left\lfloor k+\frac{1}{2}-\frac{1}{2}m_{2k}\right\rfloor=r$이다. 그러므로 $m(x)=x^r s\left(\frac{1}{x}\right)=x^r g_{2k}\left(\frac{1}{x}\right)$이 성립한다.

정리 5.6.5 바로 위에서 언급한 두 가지 경우에 Berlekamp-Massey 알고리즘으로부터 $m(x)$는 수열의 $2k$개 항 $s_0, s_1, \cdots, s_{2k-1}$에만 의존한다는 것을 바로 알 수 있다. 그러므로 Berlekamp-Massey 알고리즘에서 생성함수 $G(x)$를 다항식

$$G_{2k-1}(x)=\sum_{n=0}^{2k-1} s_n x^n$$

으로 대체할 수 있다.

예제 5.6.7 위수가 4이하인 $\mathbb{F}_3$에서의 동차 선형점화수열의 처음부터 8개 항이 0, 2, 1, 0, 1, 2, 1, 0라 하자. 최소다항식을 구하기 위하여 $G(x)$ 대신에 $G_7(x)=2x+x^2+x^4+2x^5+x^6\in\mathbb{F}_3[x]$에 Berlekamp-Massey 알고리즘을 적용한다. 계산 결과는 다음 표와 같다.

j	$g_j(x)$	$h_j(x)$	m_j	b_j
0	1	x	0	0
1	1	x^2	1	2
2	$1+x^2$	$2x$	-1	1
3	$1+x+x^2$	$2x^2$	0	0
4	$1+x+x^2$	$2x^3$	1	2
5	$1+x+x^2+2x^3$	$2x+2x^2+2x^3$	-1	2
6	$1+x^3$	$2x^2+2x^3+2x^4$	0	1
7	$1+x^2+2x^3+x^4$	$x+x^4$	0	1
8	$1+2x+x^2+2x^3$		0	

그러면 $r=\left\lfloor 4+\frac{1}{2}-\frac{1}{2}m_8\right\rfloor=4$이므로 $m(x)=x^4+2x^3+x^2+2x$이다. 그러므로 수열에 의해 만족되는 최소차 동차 선형점화식은 $s_{n+4}=s_{n+3}+2s_{n+2}+s_{n+1}$이다.

예제 5.6.8 처음부터 8개 항이 1, 1, 0, 0, 1, 0, 1, 1 인 최소 위수의 $\mathbb{F}_2$에서의 동차 선형점화수열을 구해보자. $G(x)$ 대신에

$$G_7(x) = 1 + x + x^4 + x^6 + x^7 \in \mathbb{F}_2[x]$$

에 Berlekamp-Massey 알고리즘을 적용한다. 계산 결과는 다음 표와 같다.

j	$g_j(x)$	$h_j(x)$	m_j	b_j
0	1	x	0	1
1	$1+x$	x	0	0
2	$1+x$	x^2	1	1
3	$1+x+x^2$	$x+x^2$	-1	1
4	1	x^2+x^3	0	1
5	$1+x^2+x^3$	x	0	0
6	$1+x^2+x^3$	x^2	1	0
7	$1+x^2+x^3$	x^3	2	0
8	$1+x^2+x^3$		3	

그러면 $r = \left\lfloor 4 + \frac{1}{2} - \frac{1}{2}m_8 \right\rfloor = 3$이므로 $m(x) = x^3 + x + 1$이다. 그러므로 수열의 주어진 항들은 $s_{n+3} = s_{n+1} + s_n \ (n = 0, 1, \cdots)$을 만족하는 동차 선형점화수열의 처음 부분이고, 수열의 처음 부분이 1, 1, 0, 0, 1, 0, 1, 1인 더 낮은 차수의 선형점화식은 존재하지 않는다.

연습문제 5.6장

1. 차수가 5이하인 $\mathbb{F}_2$ 위에서의 동차 선형점화수열의 첫 10개 항이 0, 1, 1, 0, 0, 0, 0, 1, 1, 1이라 하자. Berlekamp-Massey 알고리즘을 이용하여 주어진 수열의 최소다항식을 구하여라.

2. 차수가 4이하인 $\mathbb{F}_5$ 위에서의 동차 선형점화수열의 첫 8개 항이 2, 1, 0, 1, −2, 0, −2, −1이라 하자. Berlekamp-Massey 알고리즘을 이용하여 주어진 수열의 최소다항식을 구하여라.

3. 차수가 5이하인 $\mathbb{F}_3$ 위에서의 동차 선형점화수열의 첫 10개 항이 1, −1, 0, −1, 0, 0, 0, 0, 1, 0이라 하자. Berlekamp-Massey 알고리즘을 이용하여 주어진 수열의 최소다항식을 구하여라.

4. $\mathbb{F}_2$ 위에서 유한수열 1,0,0,1,0,0,1,1,1,1,1의 최소다항식을 구하여라.

5. $\mathbb{F}_2$ 위에서 유한수열 1,0,1,0,1,0,1,0,0,1,1,0,0,1의 최소다항식을 구하여라.

제6장

BCH 부호

6.1 _ 배경지식

6.2 _ 근들에 의하여 생성된 순환 부호

6.3 _ BCH 부호의 정의와 성질

6.4 _ Reed-Solomcn 부호

6.3 _ BCH 부호의 복호

제 6 장 BCH부호

§6.1 배경지식(Background)

전달해야 할 내용을 **전문**(message)이라 하고 이 전문이 **통신로**(channel)를 통하여 전달될 때 이 통신문을 통신로가 인식할 수 있도록 일정한 **기호**(symbol)로 바꾸는 과정을 **부호화**(encoding)라고 하며 전환하는 장치를 **부호기**(encoder)라고 한다.

그리고 부호화된 언어를 **부호어**(codeword)라 하고 하나의 전달 체계에 속하는 모든 부호어들의 집합을 **부호**(code)라고 한다. 이 전문은 통신로를 통하여 수신자가 있는 곳으로 전달되어, 수신자는 이것을 이해할 수 있는 언어로 바꾸어 전달받은 내용을 알게 된다. 여기서, 수신된 기호를 **수신벡터**(received vector)라고 하고 이 수신벡터를 수신자가 이해할 수 있는 내용으로 전환하는 과정을 **복호**(decoding)라 하고 전환하는 장치를 **복호기**(decoder)라고 한다. 그러므로 정보의 전달 과정에 부호화와 복호가 필요하며 전달 체계는 다음과 같다.

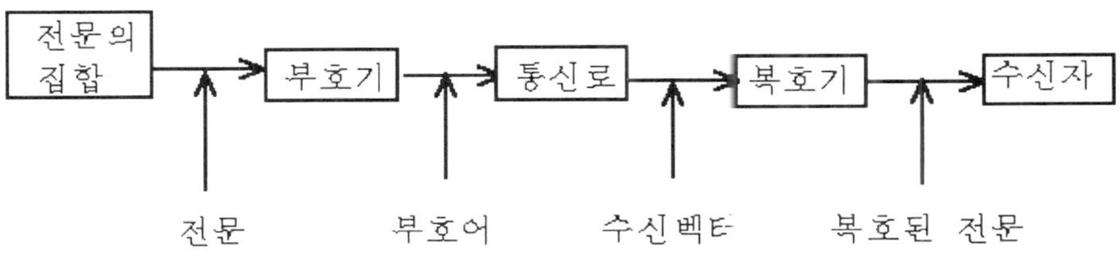

통신문이나 부호어를 만들 때에는 먼저 q개의 기호로 이루어진 집합 F를 생각한다. 전문은 F에 속하는 $k\,(k \geq 1)$개의 기호를 차례로 나열하여 $a_1\, a_2 \cdots\, a_k$와 같이 나타내고 부호어는 F에 속하는 $n\,(n \geq k)$개의 기호를 나열하여 $x_1 x_2 \cdots x_n$과 같이 나타낸다.

정의 6.1.1 $\mathbb{F}_q$ 위의 벡터공간 $\mathbb{F}_q^n$에서 C가 $\mathbb{F}_q^n$의 k차원 부분공간 $k \geq 1$일 때, C를 블록(block)의 길이가 n인 $\mathbb{F}_q$ 위의 **선형(n,k) 부호**(linear(n,k) code)라 하고 C에 속하는 각 벡터를 $\mathbb{F}_q$ 위의 길이가 n인 **부호어**(codeword)라고 한다.

특히, $\mathbb{F}_2$ 위의 부호와 부호어를 각각 **이진 부호**(binary code), **이진 부호어**(binary codeword)라고 한다.

부호 C가 $\mathbb{F}_q$ 위의 선형(n, k)부호이면, C는 $\mathbb{F}_q$ 위의 k차원 벡터 공간이므로 $C \cong \mathbb{F}_q^k$이고 따라서 $|C| = q^k$이므로 C에 속하는 부호어는 q^k개이다.

정의 6.1.2 $\mathbb{F}_q$ 위의 $m \times n$ 행렬 G에 대하여

$$C = (G\text{의 행공간})$$

일 때, G를 부호 C의 **생성행렬**(generator matrix)이라고 한다.

특히, $\mathbb{F}_q$ 위의 $k \times n$ 행렬 G가

$$G = [I_k \mid D] \qquad (I_k\text{는 } k\text{차 단위행렬})$$

와 같은 꼴일 때, 분명히 $rank(G) = k$이므로 G를 생성행렬로 가지는 부호 C는 $\mathbb{F}_q$ 위의 선형(n, k)부호이다. 이 경우에 행렬 G를 부호 C의 **표준 생성행렬**(standard generator matrix)이라고 한다.

정의 6.1.3 $\mathbb{F}_q$ 위의 $m \times n$ 행렬 H에 대하여, $\mathbb{F}_q$ 위의 부호 C가

$$H\begin{pmatrix} x_1 \\ x_2 \\ \vdots \\ x_n \end{pmatrix} = \begin{pmatrix} 0 \\ 0 \\ \vdots \\ 0 \end{pmatrix}$$

의 해공간일 때, H를 C의 **패리티검사행렬(parity-check matrix)**이라고 한다.

여기서 $rank(H) = r$이면 C는 $\mathbb{F}_q$ 위의 선형 $(n, n-r)$부호이다.

특히, $\mathbb{F}_q$ 위의 $(n-k) \times n$ 행렬 H가

$$H = [A \mid I_{n-k}] \qquad (I_{n-k}\text{는 } n-1 \text{ 단위행렬})$$

와 같은 꼴일 때, $rank(H) = n-k$이므로 H를 패리티검사행렬로 가지는 부호 C는 $\mathbb{F}_q$ 위의 선형 (n, k)부호이다. 이 경우에 H를 부호 C의 **표준 패리티검사행렬**이라고 한다.

정의 6.1.4 $\mathbb{F}_q$ 위의 벡터공간 $\mathbb{F}_q^n$에서, 두 벡터 $v = (x_1, \cdots, x_n)$, $w = (y_1, \cdots, y_n)$의 성분 중에서 서로 다른 성분의 개수를 v, w의 **Hamming 거리** 또는 간단히 **거리**(distance)라 하고 이것을 $d(v, w)$로 나타낸다. 또, 벡터 v의 성분 중에서 0이 아닌 성분의 개수를 v의 **Hamming 무게** 또는 간단히 **무게**(weight)라 하고 이것을 $wt(v)$ 또는 $w(v)$로 나타낸다. 즉,

$$d(v, w) = |i \mid x_i \neq y_i, 1 \leq i \leq n|$$
$$wt(v) = w(v) = |i \mid x_i \neq 0, 1 \leq i \leq n|$$

위의 정의에서,

$$wt(v) = d(\mathbf{0}. v)$$
$$d(v, w) = d(\mathbf{0}, v-w) = wt(v-w)$$

이고 또 다음 정리가 성립함을 쉽게 알 수 있다.

정의 6.1.5 $\mathbb{F}_q$ 위의 선형(n, k)부호 C에 대하여

$$d(C) = \min\{d(v, w) \mid v, w \in C, v \neq w\},$$
$$wt(C) = \min\{wt(v) \mid v \in C, v \neq \mathbf{0}\}$$

를 각각 C 의 **최소 거리**(minimum distance), **최소 무게**라 한다.

또, $d(C) = d$일 때 C를 $\mathbb{F}_q$ 위의 **선형(n,k,d)부호**라 한다.

정리 6.1.6 $\mathbb{F}_q$ 위의 선형(n, k)부호 C에서 $d(C) = wt(C)$이다.

정의 6.1.7 $\mathbb{F}_q$ 위의 선형(n,k,d)부호 C에 속하는 부호어가 송신될 때, 수신된 벡터 $w = (y_1, y_2, \cdots, y_n)$에 대하여

$$d(v, w) \leq t \quad \text{즉} \ w \in S_t(v)$$

인 부호어 $v \in C$가 존재하는 경우에, 이러한 부호어 v가 단 하나뿐일 때 부호 C는 **t개까지의 오류를 정정할 수 있다**고 한다.

정리 6.1.8 $\mathbb{F}_q$ 위의 선형(n,k,d)부호 C에서, $d \geq 2t+1$ 이면 부호 C는 t개까지의 오류를 정정할 수 있다.

정의 6.1.9 $\mathbb{F}_q$ 위의 선형(n,k)부호 C가 행렬 H를 패리티검사행렬로 가진 부호라고 할 때, 임의의 $w = (y_1, \cdots, y_n) \in \mathbb{F}_q^n$에 대하여

$$S(w) = H\begin{pmatrix} y_1 \\ \vdots \\ y_n \end{pmatrix}$$

를 w의 **신드롬**(syndrome)이라고 한다.

정리 6.1.10 $\mathbb{F}_q$ 위의 선형(n,k)부호 C가 행렬 H를 패리티검사행렬을 가진 부호일 때, 임의의 $v, w \in \mathbb{F}_q^n$에 대하여 다음이 성립한다.

(1) $S(w) = O \Longleftrightarrow w \in C$
(2) $S(v+w) = S(v) + S(w), \quad S(v-w) = S(v) - S(w)$
(3) $S(v) = S(w) \Longleftrightarrow v - w \in C$ 즉 $v + C = w + C$

$\mathbb{F}_q$ 위의 선형$(n,k,2t+1)$부호 C가 행렬 H를 패리티검사행렬로 가진 부호일

때, 벡터공간 $\mathbb{F}_q^n$에서 Hamming 무게가 t이하인 벡터의 신드롬과 수신된 벡터 w의 신드롬을 비교하여 $S(w)=S(e_i)$ 즉 $w+C=e_i+C$인 e_i를 구하여 w를 부호어 $v_j=w-e_i$로 복호한다.

예제 6.1.11 $\mathbb{F}_2$ 위의 선형부호 C의 생성 행렬 G와 패리티검사행렬 H가 각각 다음과 같다고 하자.

$$G=\begin{pmatrix}1&0&1&1&0\\0&1&0&1&1\end{pmatrix},\qquad H=\begin{pmatrix}1&0&1&0&0\\1&1&0&1&0\\0&1&0&0&1\end{pmatrix}$$

이 때, 분명히 $C=\{00000, 10110, 01011, 11101\}$이므로, C는 이진 선형$(5,2,3)$부호이고 C는 1개까지의 오류를 정정할 수 있다.

한편, $\mathbb{F}_2^5$에서 Hamming 무게가 1이하인 벡터는

$$00000, 00001, 00010, 00100, 01000, 10000$$

의 6개뿐이고 이들 벡터의 신드롬은 각각 다음과 같다.

$$\begin{pmatrix}0\\0\\0\end{pmatrix},\quad \begin{pmatrix}1\\1\\0\end{pmatrix},\quad \begin{pmatrix}0\\1\\1\end{pmatrix},\quad \begin{pmatrix}1\\0\\0\end{pmatrix},\quad \begin{pmatrix}0\\1\\0\end{pmatrix},\quad \begin{pmatrix}0\\0\\1\end{pmatrix}$$

이제 수신된 벡터가 $w=(11110)$이면,

$$S(w)=\begin{pmatrix}1&0&1&0&0\\1&1&0&1&0\\0&1&0&0&1\end{pmatrix}\begin{pmatrix}1\\1\\1\\1\\0\end{pmatrix}=\begin{pmatrix}0\\1\\1\end{pmatrix}$$

이므로 오류벡터는 $e=(01000)$이다. 따라서 w를

$$v=w-e=(11110)-(01000)=(10110)$$

로 복호한다. 한편, 수신된 벡터가 $w=(11000)$이면

$$S(w)=\begin{pmatrix}1\\0\\1\end{pmatrix}$$

이고, 위의 표에서 이러한 신드롬이므로 w를 복호할 수 없다.

부호화와 복호가 쉽고 한 개의 오류를 정정할 수 있는 선형 Hamming 부호가 있다.

정의 6.1.12 $m \geq 2$인 경우에 $\mathbb{F}_2$ 위의 벡터공간 $\mathbb{F}_2^m$에서 영벡터를 제외한 2^m-1개의 서로 다른 벡터를 열벡터로 가지는 $m\times(2^m-1)$ 행렬을 H라고 할 때, H를 패리티검사행렬로 가지는 부호를 **이진 Hamming 부호**(binary Hamming code)라 하고 이 부호를 Ham$(m, 2)$로 나타낸다.

벡터공간 $\mathbb{F}_2^m$의 영벡터를 제외한 2^m-1개의 벡터를 택하는 순서에 따라 여러 가지 패리티검사행렬이 정해진다. 이러한 행렬 중의 하나를 H라고 하면, 나머지 행렬은 H에 대하여 서로 다른 두 열을 맞바꾸어 놓는 기본 열 변형을 유한 번 시행하여 얻는 행렬이므로 이들 행렬을 패리티검사행렬로 가지는 부호는 모두 서로 동치이다.

정리 6.1.13 $m \geq 2$일 때, 이진 Hamming 부호 Ham$(m, 2)$는 $\mathbb{F}_2$ 위의 선형 $(2^m-1, 2^m-1-m, 3)$부호이고 또 이 부호는 완전부호이다.

예제 6.1.14 $\mathbb{F}_2$ 위의 $2\times(2^2-1)$ 행렬 $H=\begin{pmatrix}0&1&1\\1&0&1\end{pmatrix}$를 패리티검사행렬로 가지는 부호 $C=\{0\,0\,0,\ 1\,1\,1\}$는 Hamming 부호이고 또 이 부호는 $\mathbb{F}_2$ 위의 선형 $(2^2-1, 2^2-1-2,\ 3)=(3,\ 1,\ 3)$완전부호이다.

정리 6.1.15 $\mathbb{F}_q$위의 선형(n, k)부호 C의 패리티검사행렬이 H일 때, $d(C)=d$이기 위한 필요충분조건은 다음 두 조건이 성립하는 것이다.

(i) H의 임의의 서로 다른 $d-1$개의 열벡터는 일차독립이다.

(ii) H의 열벡터 중에는 일차종속인 d개의 열벡터가 존재한다.

따름정리 6.1.16 부호 C가 최소무게 d를 가질 필요충분조건은 d가 C의 패리티검사행렬 H의 모든 $d-1$개의 열들이 독립이 되는 가장 큰 수이다.

따름정리 6.1.17 부호 C가 최소무게 d를 가지면 C는 무게가 $d-1$보다 작거나 같은 모든 오류들을 검출할 수 있다.

정의 6.1.18 $m \geq 2$일 때, $\mathbb{F}_q$ 위의 벡터공간 $\mathbb{F}_q^m$의 $\dfrac{q^m-1}{q-1}$개의 1차원 부분공간으로부터 영벡터가 아닌 벡터를 한 개씩 택하고 이들 벡터를 열벡터로 가지는 $m \times \dfrac{q^m-1}{q-1}$ 행렬을 만들어 이 행렬을 H라고 하자. 이 때, H를 패리티검사행렬로 가지는 선형부호를 $\mathbb{F}_q$ 위의 **Hamming 부호**(Hamming code)라 하고 이 부호를 $\text{Ham}(m, q)$로 나타낸다.

정리 6.1.19 $\mathbb{F}_q$ 위의 Hamming 부호 $\text{Ham}(m,q)$는 $\mathbb{F}_q$ 위의 선형 $\left(\dfrac{q^m-1}{q-1}, \dfrac{q^m-1}{q-1}-m, 3\right)$부호이고 또 이 부호는 완전부호이다.

정의 6.1.20 $\mathbb{F}_q$ 위의 선형(n, k)부호 C에 대하여

$$v = (a_0, a_1, \cdots, a_{n-1}) \in C \Rightarrow \pi(v) = (a_{n-1}, a_0\ a_1, \cdots, a_{n-2}) \in C$$

일 때, C를 **순환부호**(cyclic code)라고 한다. $\pi(v)$를 v의 **순환이동**(cyclic shift)라 한다.

순환부호인 선형(n,k)부호를 **순환(n,k)부호**라고 한다.

선형부호 C가 순환부호이면 각 $v = (a_0, a_1, \cdots, a_{n-1}) \in C$에 대하여

$$\pi(v) = (a_{n-1}, a_0, a_1, \cdots, a_{n-2})$$
$$\pi^2(v) = (a_{n-2}, a_{n-1}, a_0, a_1, \cdots, a_{n-3})$$
$$\vdots$$
$$\pi^{n-2}(v) = (a_2, a_3, \cdots, a_{n-2}, a_0, a_1)$$
$$\pi^{n-1}(v) = (a_1, a_2, \cdots, a_{n-1}, a_0)$$

는 모두 C에 속하는 부호어이다. 여기서

$$\pi^2(v) = \pi(\pi(v)),\ \pi^3(v) = \pi(\pi(\pi(v))), \cdots$$

이다.

선형부호 C가 순환부호이면 각 $v = (a_0, a_1, \cdots, a_{n-1}) \in C$에 대하여

$$\{v, \pi(v), \pi^2(v), \cdots, \pi^{n-1}(v)\} \subset \mathrm{C}$$

임을 알 수 있다.

예제 6.1.21 $\mathbb{F}_2$ 위의 부호 C가 다음 행렬을 생성행렬로 가진다고 하자.

$$G = \begin{pmatrix} 1\,1\,1\,0\,1\,0\,0 \\ 0\,1\,1\,1\,0\,1\,0 \\ 0\,0\,1\,1\,1\,0\,1 \end{pmatrix}$$

이 때, C는 $\mathbb{F}_2$ 위의 선형$(7,3)$부호이고 C에 속하는 부호어는

$$(1,1,1,0,1,0,0),\ (0,1,1,1,0,1,0),\ (0,0,1,1,1,0,1)$$

의 일차결합으로 나타내어진다. 한편, 이들 벡터에 대하여

$$(0,1,1,1,0,1,0) \in C, \qquad (0,0,1,1,1,0,1) \in C,$$
$$(1,0,0,1,1,1,0) = (1,1,1,0,1,0,0) + (0,1,1,1,0,1,0) \in C$$

이고,

$$(0,1,0,0,1,1,1) = (0,1,1,1,0,1,0) + (0,0,1,1,1,0,1) \in C, \cdots$$

이므로 C는 순환(7,3)부호이다.

정리 6.1.22 $\mathbb{F}_q$ 위의 n차원 벡터공간 $\mathbb{F}_q[x]/(x^n-1)$에서의 선형부호 C'가 순환부호이기 위한 필요충분조건은 다음 세 조건을 만족시키는 다항식 $g(x) \in \mathbb{F}_q[x]$가 존재하는 것이다.

(i) $g(x)$의 최고차 항의 계수는 1이다.
(ii) $g(x) \mid x^n - 1$ ($\mathbb{F}_q[x]$ 에서)
(iii) $C' = (g(x))/(x^n-1) = \{ f(x)g(x) + (x^n-1) \mid f(x) \in \mathbb{F}_q[x]\}$

정리 6.1.23 $\mathbb{F}_q$ 위의 두 다항식 $g(x)$, $h(x)$에 대하여 다음 두 조건이 성립한다고 하자.

(i) $g(x)$의 최고차 항의 계수가 1이고 $\deg g(x) = n-k$ 이다.
(ii) $g(x) \mid x^n - 1$, $\quad h(x) = \dfrac{x^n-1}{g(x)}$, $\deg h(x) = k$

이 때, 부호 $C' = (g(x))/(x^n-1)$에 대하여 다음이 성립한다.

(1) C'은 벡터공간 $\mathbb{F}_q[x]/(x^n-1)$에서 선형(n,k)순환부호이다.
(2) 임의의 다항식 $f(x) \in \mathbb{F}_q[x]$에 대하여

$$f(x) + (x^n-1) \in C' \iff x^n - 1 \mid f(x)h(x)$$

위의 (1), (2)가 성립한다는 의미에서, 다항식 $g(x)$를 순환부호 C'의 **생성다항식**(generator polynomial)이라 하고 또 다항식 $h(x)$를 순환부호 C'의 **검사다항식**(check polynomial)이라고 한다.

§6.2 근들에 의하여 생성된 순환부호(The cyclic code generated by roots)

순환부호는 생성다항식으로 정의할 수 있고 또한 치환의 순환군에 의해 고정된 부호로도 표현할 수 있다. 이 절에서는 또 다른 방법을 소개하고자 한다. 예를 들어 생성다항식이 $f(x)=1+x+x^3$인 길이 7인 이진 순환부호 C에 대하여 생각해보자. 이때, 다항식이 C에 속할 필요충분조건은 그 다항식이 $f(x)$의 배수인 것이다. $f(x)$는 $\mathbb{F}_{2^3}$의 한 원소 α의 최소다항식이고 다른 근들은 α^2과 α^4이다.

$f(x)$의 모든 근을 포함하는 임의의 다항식은 $f(x)$를 인수로 갖기 때문에 다음이 성립한다.

다항식 $h(x)$에 대하여,

$$\begin{aligned} h(x)\in C &\Leftrightarrow f(x)\mid h(x) \Leftrightarrow h(\alpha)=0 \\ &\Leftrightarrow h(\alpha)=h(\alpha^2)=h(\alpha^4)=0 \end{aligned}$$

$\alpha_1,\cdots,\alpha_r$이 $K=\mathbb{F}_{q^m}$의 원소들이고 $f_1(x),\cdots,f_r(x)$가 각각 $\alpha_1,\cdots,\alpha_r$의 최소다항식이라 하자. 또한 n을 모든 $f_i(x)$가 x^n-1를 나누는 정수라 하자. C를 $i=1,\cdots,r$에 대하여 $h(\alpha_i)=0$인 $F[x]/(x^n-1)$ $(F=\mathbb{F}_q)$의 모든 다항식 $h(x)$들로 구성된 길이가 n인 부호라 하자.

그러면 C는 생성다항식이 $g(x)=lcm(f_1(x),\cdots,f_r(x))$인 순환부호이다. 각 $f_i(x)$가 공통 인수를 전혀 갖지 않는다면 $g(x)=f_1(x)\cdots f_r(x)$이다.

C의 생성다항식의 기약 인수들로 $f_i(x)$들을 택하고 α_i들을 각각 $f_i(x)$의 한 근으로 택할 수 있기 때문에, 임의의 순환부호 C는 위와 같은 방법으로 구체적으로 나타낼 수 있다는 것은 분명하다.

근들을 이용하여 순환부호의 패리티검사행렬을 표현할 수 있다. 예를 들어 생성다항식이 $f(x)=1+x+x^3$인 (7,4) 이진 순환부호 C에 대하여 생각해보자. $\mathbb{F}_{2^3}$에서 $f(x)$의 한 근을 α라고 하면 다음이 성립한다.

$$h(x) = c_0 + c_1 x + c_2 x^2 + \cdots + c_6 x^6 \in C$$

$$\Leftrightarrow c_0 + c_1\alpha + c_2\alpha^2 + \cdots + c_6\alpha^6 = 0$$

그러므로 벡터 $(c_0, c_1, c_2, c_3, c_4, c_5, c_6)$가 C의 원소일 필요충분조건은 그 벡터가 $H = (1\ \alpha\ \alpha^2 \cdots\ \alpha^6)$에 수직인 것이다. 그러나 H의 성분들 $1, \alpha, \alpha^2, \cdots, \alpha^6$은 $\mathbb{F}_{2^3}$에 있는 원소들이므로 H의 성분들을 $\mathbb{F}_2$의 원소로 나타내어보자.

H의 성분 $1, \alpha, \alpha^2, \cdots, \alpha^6$을 3자리 이진수로 나타내면 H는 다음과 같이 나타낼 수 있고, 실제로 이 H가 C의 패리티검사행렬이다.

$$H = \begin{pmatrix} 1\,0\,0\,1\,0\,1\,1 \\ 0\,1\,0\,1\,1\,1\,0 \\ 0\,0\,1\,1\,1\,1\,1 \end{pmatrix}$$

이와 유사하게 $f(x)$의 다른 근 α^2, α^4의 다른 패리티검사행렬을 얻을 수 있다. $\mathbb{F}_{2^3}$ 에서 $f(x)$의 다른 근 α^2에 대하여 다음이 성립한다.

$$h(x) = c_0 + c_1 x + c_2 x^2 + \cdots + c_6 x^6 \in C$$

$$\Leftrightarrow \quad c_0 + c_1\alpha^2 + c_2\alpha^4 + c_2\alpha^6 + c_2\alpha + c_2\alpha^3 + c_2\alpha^5 = 0.$$

그러므로 벡터 $(c_0, c_1, c_2, c_3, c_4, c_5, c_6)$가 C의 원소일 필요충분조건은 그 벡터가

$$H_1 = (1\,\alpha^2\,\alpha^4\,\alpha^6\,\alpha\,\alpha^3\,\alpha^5)$$

에 수직인 것이다. 그런데 H_1의 성분들 $1, \alpha^2, \alpha^4, \alpha^6, \alpha, \alpha^3, \alpha^5$은 $\mathbb{F}_{2^3}$의 원소이므로 H_1의 성분을 $\mathbb{F}_2$의 원소로 나타낼 수 있다.

H_1의 성분 $1, \alpha^2, \alpha^4, \alpha^6, \alpha, \alpha^3, \alpha^5$을 3자리 이진수로 나타내면 H_1은 다음과 같이 나타낼 수 있고, H_1은 α^2으로부터 얻은 패리티검사행렬이다.

$$H_1 = (1\ \alpha^2\,\alpha^4\,\alpha^6\,\alpha\,\alpha^3\,\alpha^5) = \begin{pmatrix} 1\,0\,0\,1\,0\,1\,1 \\ 0\,0\,1\,0\,1\,1\,1 \\ 0\,1\,1\,1\,0\,0\,1 \end{pmatrix}$$

이렇게 얻은 C의 패리티검사행렬 H_1은 H와 다르다는 것을 쉽게 알 수 있다.

행들이 H와 H_1의 결합된 행렬로 이루어진 행렬 H_2도 또한 $C^{\perp}$을 생성하는 벡터의 집합으로 사용될 수 있다. 그러므로 C는 H_2의 행들과 수직인 모든 벡터들의 집합으로 표현할 수 있다. 이 경우에 H_2의 모든 행들을 사용할 필요는 없으며 이런 형태로 BCH 부호를 정의한다. 얼마나 많은 행이 일차독립인지를 정확히 모르기 때문에 때때로 필요한 행보다 더 많은 행들을 사용한다.

위 예의 경우 근을 포함하는 체는 $\mathbb{F}_{2^3}$이며 부호 길이는 $n=2^3-1=7$이다. 부호 길이가 항상 이 예에서처럼 그 근들을 포함하는 체의 원소의 개수보다 1 이 작은 것은 아니다. 예를 들어 $\mathbb{F}_{2^{11}}$에서 차수가 11인 최소다항식 $f(x)$의 근을 α라 하자. α는 $\mathbb{F}_{2^{11}}$의 원소이므로 $f(x)$는 $x^{(2^{11}-1)}-1$을 나눈다. $f(x)$가 x^n-1을 나눈다면 $f(x)$의 근들은 모두 x^n-1의 근이므로, x^n-1이 $x^{(2^{11}-1)}-1$을 나눌 때 $f(x)$는 x^n-1을 나눈다. 보조정리 2.3.5에 의하여 x^n-1이 $x^{(2^{11}-1)}-1$을 나눌 필요충분조건은 n이 $2^{11}-1=89 \cdot 23$을 나누는 것이다. 그러므로 길이 23인 순환부호를 정의하려면 $\mathbb{F}_{2^{11}}$의 어떤 α와 그것의 최소다항식 $f(x)$를 사용할 수 있다.

Vandermonde 행렬식은 BCH 부호에 대한 중요한 정보를 제시하는데 필요하며 또한 **무게분포**(weight distribution)에 대한 유용한 정보를 전달하는데도 필요한 개념이다.

$n \times n$ 행렬식 D가 다음과 같은 두 가지 형태 D_1 또는 D_2 중 하나일 때 **Vandermonde 행렬식**(Vandermonde determinant)이라 한다:

$$D_1 = \begin{vmatrix} 1 & 1 & \cdots & 1 \\ \alpha_1 & \alpha_2 & \cdots & \alpha_n \\ \alpha_1^2 & \alpha_2^2 & \cdots & \alpha_n^2 \\ \vdots & \vdots & \ddots & \vdots \\ \alpha_1^{n-1} & \alpha_2^{n-1} & \cdots & \alpha_n^{n-1} \end{vmatrix} \quad \text{또는} \quad D_2 = \begin{vmatrix} 1 & \alpha_1 & \alpha_1^2 & \cdots & \alpha_1^{n-1} \\ 1 & \alpha_2 & \alpha_2^2 & \cdots & \alpha_2^{n-1} \\ \vdots & \vdots & \vdots & \ddots & \vdots \\ 1 & \alpha_n & \alpha_n^2 & \cdots & \alpha_n^{n-1} \end{vmatrix}$$

α_i들은 유한체 또는 무한체인 F의 원소이다.

정리 6.2.1 Vandermonde 행렬식 D는 $i > j$인 모든 $\alpha_i - \alpha_j$의 곱이다. 즉,

$$D = \prod_{j=1}^{n-1} \prod_{i=j+1}^{n} (\alpha_i - \alpha_j)$$

이다.

증명 $D_1 = D_2^T$이므로 D_2에 대하여 증명하면 충분하다. $n = 2$일 때

$$\begin{vmatrix} 1 & \alpha_1 \\ 1 & \alpha_2 \end{vmatrix} = \alpha_2 - \alpha_1$$

이므로 성립한다. $n = 3$일 때 제 3열에 제 2열의 $-\alpha_3$배를 더하고, 제 2열에 제 1열의 $-\alpha_3$배를 더하면 다음이 성립한다.

$$\begin{aligned} \begin{vmatrix} 1 & \alpha_1 & \alpha_1^2 \\ 1 & \alpha_2 & \alpha_2^2 \\ 1 & \alpha_3 & \alpha_3^2 \end{vmatrix} &= \begin{vmatrix} 1 & \alpha_1 - \alpha_3 & \alpha_1^2 - \alpha_3\alpha_1 \\ 1 & \alpha_2 - \alpha_3 & \alpha_2^2 - \alpha_3\alpha_2 \\ 1 & 0 & 0 \end{vmatrix} = \begin{vmatrix} \alpha_1 - \alpha_3 & \alpha_1^2 \alpha_3\alpha_1 \\ \alpha_2 - \alpha_3 & \alpha_2^2 - \alpha_3\alpha_2 \end{vmatrix} \\ &= (\alpha_3 - \alpha_1)(\alpha_3 - \alpha_2) \begin{vmatrix} 1 & \alpha_1 \\ 1 & \alpha_2 \end{vmatrix} \\ &= (\alpha_3 - \alpha_1)(\alpha_3 - \alpha_2)(\alpha_2 - \alpha_1) \end{aligned}$$

이다. 유사한 방법으로 $n \times n$ Vandermonde 행렬식은

$$(\alpha_n - \alpha_2) \cdots (\alpha_n - \alpha_{n-1}) \times [(n-1) \times (n-1) \text{ Vandermonde 행렬식}]$$

이 되므로 수학적귀납법을 이용하여 쉽게 증명할 수 있다.

따름정리 6.2.2 $D = 0$일 필요충분조건은 서로 다른 i와 j에 대하여 $\alpha_i = \alpha_j$이다.

§6.3 BCH 부호의 정의와 성질(The definition of BCH code and its properties)

1960년 Bose와 Chaudhuri는 특수한 순환부호를 소개했고 이와는 독립적으로 Hocquenghem(1959) 도 같은 순환부호를 소개했는데 이 부호를 이들의 이름을 따서 BCH 부호라 한다. BCH 부호는 생성다항식의 근들에 의하여 정의된 순환부호이며, 여러 개의 오류를 정정할 수 있는 부호이다. BCH 부호를 일반적으로 정의하기 전에 이중오류정정이 가능한 길이 15인 부호를 구성할 수 있다는 것을 보이도록 하자. α를 $\mathbb{F}_{2^4}$의 원시원소라 하고, 근이 $\alpha,\alpha^2,\alpha^3,\alpha^4$인 $g(x)$를 생성다항식으로 갖는 부호 C를 생각하자. 4장에서 살펴본 $\mathbb{F}_{2^4}$의 원소들과 그 원소들의 최소다항식은 다음 표와 같다.

$\mathbb{F}_{2^4}$의 원소들	최소다항식
$\alpha,\alpha^2,\alpha^4,\alpha^8$	x^4+x^3+1
$\alpha^7,\alpha^{14},\alpha^{13},\alpha^{11}$	x^4+x+1
α^5,α^{10}	x^2+x+1
$\alpha^3,\alpha^6,\alpha^{12},\alpha^9$	$x^4+x^3+x^2+x+1$
$\alpha^{15}=1$	$x+1$
0	x

$\alpha,\alpha^2,\alpha^4,\alpha^8$의 최소다항식은 x^4+x^3+1이고, α^3의 최소다항식은

$$x^4+x^3+x^2+x+1$$

이므로(물론 $\alpha^6,\alpha^{12},\alpha^9$의 최소다항식도 $x^4+x^3+x^2+x+1$이다) 부호 C의 생성다항식은

$$g(x)=(x^4+x^3+1)(x^4+x^3+x^2+x+1)$$

이다. C는 $(15,7)$부호이다. 이 부호 C가 이중오류정정 부호인 이유를 알아보자. C의 패리티검사행렬 H의 임의의 4개 열이 일차독립이라면 C가 이중오류부호임을 안다. C의 구성 방법에 의하여 C의 모든 벡터는 행렬 H의 행들과 수직임을

알 수 있다.

$$H=\begin{pmatrix} 1 & \alpha & \alpha^2 & \alpha^3 & \cdots & \alpha^{14} \\ 1 & \alpha^2 & \alpha^4 & \alpha^6 & \cdots & \alpha^{13} \\ 1 & \alpha^3 & \alpha^6 & \alpha^9 & \cdots & \alpha^{12} \\ 1 & \alpha^4 & \alpha^8 & \alpha^{12} & \cdots & \alpha^{11} \end{pmatrix}$$

H는 열이 15개, 행이 $4\times4=16$개인 이진행렬을 나타낸다. 분명히 H의 모든 행이 독립은 아니다. 그러나 H의 행 중에는 C의 표준 패리티검사행렬의 행들이 존재한다. $\mathbb{F}_{2^4}$위의 행렬 H의 임의의 4개의 열은 독립이다. 왜냐하면 이 4개의 열로 구성된 행렬의 행렬식은 한 Vandermonde 행렬식의 배수이기 때문이다. 예를 들어 H의 2번째, 3번째, 5번째, 8번째 열로 구성된 4×4행렬 M의 경우는 다음과 같다.

$$|M|=\begin{vmatrix} \alpha & \alpha^2 & \alpha^4 & \alpha^7 \\ \alpha^2 & \alpha^4 & \alpha^8 & \alpha^{14} \\ \alpha^3 & \alpha^6 & \alpha^{12} & \alpha^6 \\ \alpha^4 & \alpha^8 & \alpha & \alpha^{13} \end{vmatrix} = \alpha\,\alpha^2\,\alpha^4\,\alpha^7 \begin{vmatrix} 1 & 1 & 1 & 1 \\ \alpha & \alpha^2 & \alpha^4 & \alpha^7 \\ \alpha^2 & \alpha^4 & \alpha^8 & \alpha^{14} \\ \alpha^3 & \alpha^6 & \alpha^{12} & \alpha^6 \end{vmatrix}$$

$|M'|=\begin{vmatrix} 1 & 1 & 1 & 1 \\ \alpha & \alpha^2 & \alpha^4 & \alpha^7 \\ \alpha^2 & \alpha^4 & \alpha^8 & \alpha^{14} \\ \alpha^3 & \alpha^6 & \alpha^{12} & \alpha^6 \end{vmatrix}$이라 하면 $|M|=\alpha\,\alpha^2\,\alpha^4\,\alpha^7|M'|$이므로

$$|M|=\alpha\,\alpha^2\,\alpha^4\,\alpha^7(\alpha^2-\alpha)(\alpha^4-\alpha)(\alpha^4-\alpha^2)(\alpha^7-\alpha)(\alpha^7-\alpha^2)(\alpha^7-\alpha^4)$$

이고 α가 $\mathbb{F}_{2^4}$의 원시원소이기 때문에 $|M|\neq0$이다. H의 임의의 4개 열이 $\mathbb{F}_{2^4}$위에서 독립이기 때문에 당연히 $\mathbb{F}_2$위에서 독립이고 따라서 C의 최소무게는 5이상이고 C는 이중오류정정부호이다. 이제부터 임의의 오류 개수를 정정할 수 있는 순환부호를 구성하는 방법에 대하여 생각해 보자.

$\gcd(n,q)=1$일 때 C를 $\mathbb{F}_q$위에서 길이 n인 순환부호라 하자. m을 $\bmod n$에 관한 q의 위수라 하자. 즉

$$m=\min\{k\mid q^k\equiv1(\bmod n), k는 자연수\}$$

라 하자. α를 $\mathbb{F}_{q^m}$에서 1의 원시n제곱근이라 하자. 부호 C의 생성다항식 $g(x)$가 $\delta-1$개의 연이은 원소 $\alpha^b, \alpha^{b+1}, \cdots, \alpha^{b+\delta-2}$의 서로 다른 최소다항식들의 곱일 때 이 부호를 **의도거리**(designed distance) δ인 BCH 부호라 한다.

$n=q^m-1$인 경우에 부호 C를 **원시 BCH 부호**(primitive BCH code)라 한다.

정리 6.3.1 **(BCH 한계).** 의도거리 δ인 BCH 부호의 최소무게는 δ이상이다.

증명 C의 모든 벡터는 행렬 H의 각 행과 수직이다.

$$H=\begin{pmatrix} 1 & \alpha^b & \alpha^{2b} & \alpha^{3b} & \cdots & \alpha^{(n-1)b} \\ 1 & \alpha^{b+1} & \alpha^{2(b+1)} & \alpha^{3(b+1)} & \cdots & \alpha^{(n-1)(b+1)} \\ \vdots & \vdots & \vdots & \vdots & \ddots & \vdots \\ 1 & \alpha^{b+\delta-2} & \cdots & \cdots & \cdots & \alpha^{(n-1)(b+\delta-2)} \end{pmatrix}$$

H의 $\delta-1$개 이하의 임의의 열들이 $\mathbb{F}_{q^m}$ 위에서 일차독립임을 보이면 된다.

H의 열들 중 $\delta-1$개를 선택하여, 선택된 각 열의 첫 번째 원소가

$$\alpha^{i_1 b}\ \alpha^{i_2 b} \cdots\ \alpha^{i_{\delta-1} b}$$

인 행렬의 행렬식 D를 생각하자;

$$D=\begin{vmatrix} \alpha^{i_1 b} & \alpha^{i_2 b} & \cdots & \alpha^{i_{\delta-1} b} \\ \alpha^{i_1(b+1)} & \alpha^{i_2(b+1)} & \cdots & \alpha^{i_{\delta-1}(b+1)} \\ \vdots & \vdots & \ddots & \vdots \\ \alpha^{i_1(b+\delta-2)} & \alpha^{i_2(b+\delta-2)} & \cdots & \alpha^{i_{\delta-1}(b+\delta-2)} \end{vmatrix}$$

$$=\alpha^{b(i_1+\cdots+i_{\delta-1})}\begin{vmatrix} 1 & 1 & \cdots & 1 \\ \alpha^{i_1} & \alpha^{i_2} & \cdots & \alpha^{i_{\delta-1}} \\ \vdots & \vdots & \ddots & \vdots \\ \alpha^{(\delta-2)i_1} & \alpha^{(\delta-2)i_2} & \cdots & \alpha^{(\delta-2)i_{\delta-1}} \end{vmatrix}$$

$$D' = \begin{vmatrix} 1 & 1 & \cdots & 1 \\ \alpha^{i_1} & \alpha^{i_2} & \cdots & \alpha^{i_{\delta-1}} \\ \vdots & \vdots & \ddots & \vdots \\ \alpha^{(\delta-2)i_1} & \alpha^{(\delta-2)i_2} & \cdots & \alpha^{(\delta-2)i_{\delta-1}} \end{vmatrix}$$

라 하면, $D' \neq 0$이므로 $D \neq 0$이다. 따라서 행렬 H의 임의의 $\delta-1$개의 열벡터는 $\mathbb{F}_{q^m}$ 위에서 일차독립이므로 당연히 $\mathbb{F}_q$ 위에서 일차독립이다. 그러므로 $d \geq \delta$이다.

H는 $\mathbb{F}_q$ 위에서 $(\delta-1)m$개의 행으로 구성된 행렬이다. 이 행렬은 통상 C의 패리티검사행렬의 행보다 더 많은 행을 갖고 있다. 이것은 C의 차원 k를 알 수 없다는 것을 말한다. H가 $m(\delta-1)$개의 행을 가지기 때문에 $k \geq n-m(\delta-1)$ 이다. 이것은 k에 대한 한계값으로는 좋은 값은 아니다. 다음 정리는 더 나은 한계값을 알려주는데, 이로부터 실용적인 면에서 BCH 부호가 중요한지를 알 수 있다.

정리 6.3.2 임의의 양의 정수 m과 $t \leq 2^{m-1}-1$인 양의 정수 t에 대하여 t개까지의 오류를 정정할 수 있는 차원이 $n-mt$ 이상이고 길이가 $n=2^m-1$인 이진 BCH 부호가 존재한다.

증명 $\mathbb{F}_{2^m}$의 원시원소를 α라 하고 $\alpha, \alpha^2, \cdots, \alpha^{2t}$을 근으로 갖는 순환부호 C를 생각하자. $m_i(x)$를 α^i의 최소다항식이라 할 때 C의 생성다항식 $g(x)$는

$$lcm\{m_1(x), m_3(x), \cdots, m_{2t-1}(x)\}$$

이다. 왜냐하면 C가 이진 순환부호일 때, α의 모든 짝수 거듭제곱은 α의 적당한 홀수 거듭제곱의 최소다항식의 근이기 때문에 i가 홀수일 때만 고려하면 된다. 예를 들어 $m_1(x)$가 α의 최소다항식이면 $\alpha^2, \alpha^4, \alpha^8, \cdots$들은 모두 $m_1(x)$의 근이다. 각 다항식 $m_i(x)$의 차수는 m이하이고 $m_i(x)$의 개수가 t개 이하이므로 C의 차원은 $n-mt$이상이다.

이 정리와 BCH 부호의 우수한 여러 복호 기법들은 BCH 부호가 유용하다는 것을 설명해준다. 또한 적절한 길이의 BCH 부호의 매개변수들과 실제 최소무게를 계산할 때 BCH 부호가 매우 우수한 부호임이 판명되었다. 의도거리 δ인

BCH 부호는 최소무게가 $d \geq \delta$이고, 다음 예에서 알 수 있듯이 $d > \delta$일 경우도 있을 수 있다. 다음 예를 생각해보자.

$\mathbb{F}_{2^{11}}$의 한 원시원소를 α라 하고 $2^{11}-1=89\times 23$인 것에 유의하여 $\beta=\alpha^{89}$이라 하면 $\beta^{23}=1$이다. 이제 길이가 23이고 의도거리 δ가 5인 이진 BCH 부호는 $\beta, \beta^2, \beta^3, \beta^4$을 근으로 갖는 생성다항식에 의하여 얻어진다. 그런데 $n=23$인 경우, 1을 포함하는 원분잉여류 C_1은 $C_1=\{1,2,4,8,16,9,18,13,3,6,12\}$로 11개의 수를 포함한다.

$$x^{23}-1=(x-1)g(x)f(x),\ \deg g(x)=\deg f(x)=11$$

이므로 C의 생성다항식은 $g(x)$ 또는 $f(x)$이다. 그런데 잘 알려진 바에 의하여 $g(x)$ 또는 $f(x)$에 의하여 생성되는 부호는 유명한 삼중오류정정 Golay $(23,12,7)$ 부호로서 최소무게가 $d=7$이다.

§6.4 Reed-Solomon 부호(Reed-Solomon Code)

BCH 부호를 정의할 때 그 부호가 정의되는 $\mathbb{F}_q$와 α를 원소로 갖는 $\mathbb{F}_{q^m}$를 사용하였다. Reed-Solomon 부호는 $m=1$로서 두 체가 똑같은 중요한 BCH부호의 한 종류이다. Reed-Solomon 부호에서는 길이가 $n=q-1$이고 α를 $\mathbb{F}_q$에서 원시원소로 택하는 경우만을 생각한다. 이 상황에서 임의의 α^i의 최소다항식은 선형이다.

예제 6.4.1 근으로서 α와 α^2을 갖는 $\mathbb{F}_2^4$ 위에서 $(15,13)$ BCH 부호 C를 구성하자. 그러면 부호 C의 생성다항식은

$$g(x)=(x-\alpha)(x-\alpha^2)=x^2+\alpha^{13}x+\alpha^3$$

이 될 것이다. 이것은 의도거리가 3인 부호이다. 실제로 무게가 3인 벡터가 존재하기 때문에 실제 최소거리는 3이다. $3-1=15-13$이므로 C는 MDS(최대거리분리가능) 부호이다.

$\mathbb{F}_q$ 위에서 길이 $n=q-1$, 의도거리 d의 Reed-Solomon 부호는 생성다항식이

$$g(x)=(x-\alpha^b)(x-\alpha^{b+1})\cdots(x-\alpha^{b+d-2})$$

인 부호라고 정의한다.

정리 6.4.2 의도거리 d인 Reed-Solomon 부호 C는 실제 최소무게가 d이다. 더욱이 C는 MDS 부호이다.

증명 구성하는 방법에 의하여, C는 $[n, n-d+1]$ 부호이다.

$$n-(n-d+1)+1=d$$

이므로 C는 MDS 부호이며 Singleton 한계값에 의하여 최소무게가 d가 된다.

이 사실로부터 Reed-Solomon 부호는 아주 우수한 부호이고 실제로 흔히 사용된다. 하지만 몇몇 응용분야에서는 Reed-Solomon 부호의 매개변수보다는 응용분야에 더 적합한 매개변수를 가진 부호를 사용하는 것이 더 나을 수 있다.

§6.5 BCH 부호의 복호(Decryption of BCH code)

6.3절에서 설명한 (15,7,5) 이진 BCH 부호에 대하여 다시 살펴보자. 앞에서 패리티검사행렬

$$H'=\begin{pmatrix}1 & \alpha & \alpha^2 \cdots \alpha^{14} \\ 1 & \alpha^3 & \alpha^6 \cdots \alpha^{12}\end{pmatrix}$$

을 이용하였다. 수신벡터 y를 복호하기 위해 우선 벡터 y의 신드롬을 계산한다.

$$syn(y)=H'y^T=\begin{pmatrix}y_1 \\ y_3\end{pmatrix},\ y_1=y(\alpha),\ y_3=y(\alpha^3).$$

y_1과 y_3로부터 계수를 구하여, 그 계수로 이루어진 방정식을 풀어서 오류위치를 결정할 수 있다. 이 방정식을 이제 일반화하려고 한다. 일반화한 방정식을 구하는 것이 목적이다. 앞서 정의한 부호는 체의 원소 α에 기초한 BCH 부호이며 t개의 오류를 정정하도록 고안되었다. 이제 $r(\leq t)$개의 오류가 발생한 벡터 v를 수신했다고 가정하자. 위와 같이 $v(\alpha^i)$를 계산한다. 이것을 S_i라 하자. $c\in C$이고 e가 오류벡터일 때 $v=c+e$이다. 그러면

$$v(\alpha)=c(\alpha)+e(\alpha)$$

이다. 여기서 현재 알지 못하는 오류 위치 $i_1,\cdots,i_r$에서 오류크기가 $e_{i_1},\cdots,e_{i_r}$인 $e(\alpha)=e_{i_1}\alpha^{i_1}+e_{i_2}\alpha^{i_2}+\cdots+e_{i_r}\alpha^{i_r}$이다. 특히 이진부호인 경우에는 오류크기가 1이다. 이진 부호가 아닌 경우는 오류 크기를 알지 못한다. 이 문제를 다루기 위하여 기호 $Y_l=e_{i_l}$와 **오류위치번호**(error-location number)라 부르는 $X_l=\alpha^{i_l}$를 도입한다. X_l의 의미로 볼 때 X_l들은 서로 다르다. 각 syndrome S_i들은 알고 있는 값이고 다음과 같은 연립방정식을 얻는다.

$$\begin{aligned}
S_1 &= Y_1X_1+Y_2X_2+\cdots+Y_rX_r\\
S_2 &= Y_1X_1^2+Y_2X_2^2+\cdots+Y_rX_r^2\\
&\vdots\\
S_{2t} &= Y_1X_1^{2t}+Y_2X_2^{2t}+\cdots+Y_rX_r^{2t}
\end{aligned}$$

이것은 r개의 미지 오류위치 $X_1,\cdots,X_r$와 r개의 미지 오류크기 $Y_1,\cdots,Y_r$를 갖는 $2t$개의 비선형방정식이다. 방정식이 복잡하므로 이 방정식을 푸는 것은 아주 어려운 듯 보인다. 그러나 위의 연립방정식은 적어도 하나의 해를 갖는다. 우리의 목적은 알고 있는 $S_1,\cdots,S_{2t}$을 이용하여 연립방정식의 $2r$개의 미지수를 구하는 것이다. 그렇게 하기 위하여 오류위치번호 $X_1,X_2,\cdots,X_r$의 역수를 근으로 하는 다음과 같은 다항식 $s(x)$를 **오류위치다항식**(error-locator polynomial)이라고 정의한다.

$$\begin{aligned}
s(x) &= (1-xX_1)(1-xX_2)\cdots(1-xX_r) \qquad (6.5.1)\\
&= 1+s_1x+\cdots+s_rx^r
\end{aligned}$$

이 때, $s(x)$의 근의 역수가 오류위치번호 $X_1, X_2, \cdots, X_r$ 이다.

먼저 알고 있는 신드롬 $S_1, \cdots, S_{2t}$로부터 $s_1, \cdots, s_r$을 계산한 다음, 오류위치다항식 $s(x)$의 근을 구한다. (i)의 양변에 $Y_i X_i^{j+r}$를 곱하고 $x = X_i^{-1}$라 놓으면 $s(X_i^{-1}) = 0$이기 때문에 다음을 얻는다.

$$\begin{aligned} 0 &= Y_i X_i^{j+r}(1 + s_1 X_i^{-1} + s_2 X_i^{-2} + \cdots + s_{r-1} X_i^{-(r-1)} + s_r X_i^{-r}) \\ &= Y_i (X_i^{j+r} + s_1 X_i^{j+r-1} + \cdots + s_r X_i^{j}) \end{aligned}$$

이 식은 각 i, j에 대하여 성립한다. $i = 1$에서 $i = r$까지 식을 변끼리 더하면 각 j에 대하여 위 식은 다음과 같다.

$$\sum_{i=1}^{r} Y_i X_i^{j+r} + s_1 \sum_{i=1}^{r} Y_i X_i^{j+r-1} + \cdots + s_r \sum_{i=1}^{r} Y_i X_i^{j} = 0$$

이 식은 다음과 같이 표현될 수 있다.

$$S_{j+r} + s_1 S_{j+r-1} + s_2 S_{j+r-2} + \cdots + s_r S_j = 0$$

또한 $j \leq 2t$ 인 S_j를 알기 때문에 다음 방정식을 얻는다.

$$s_1 S_{j+r-1} + s_2 S_{j+r-2} + \cdots + s_r S_j = -S_{j+r} \quad (j = 1, 2, \cdots, r) \tag{6.5.2}$$

즉,

$$\begin{aligned} s_1 S_r + s_2 S_{r-1} + \cdots + s_r S_1 &= -S_{r+1} \\ s_1 S_{r+1} + s_2 S_r + \cdots + s_r S_2 &= -S_{r+2} \\ &\vdots \\ s_1 S_{2r-1} + s_2 S_{2r-2} + \cdots + s_r S_r &= -S_{2r} \end{aligned}$$

이 식을 다음과 같은 행렬방정식으로 나타낼 수 있다.

$$\begin{pmatrix} S_1 & S_2 & \cdots & S_r \\ S_2 & S_3 & \cdots & S_{r+1} \\ \vdots & \vdots & \ddots & \vdots \\ S_r & S_{r+1} & \cdots & S_{2r-1} \end{pmatrix} \begin{pmatrix} s_r \\ s_{r-1} \\ \vdots \\ s_1 \end{pmatrix} = \begin{pmatrix} -S_{r+1} \\ -S_{r+2} \\ \vdots \\ -S_{2r} \end{pmatrix} \tag{6.5.3}$$

행렬의 성질을 이용하여 유용한 정보를 얻을 수 있는 상황이 되었다. 실제로 $r<t$라면 얼마나 많은 오류를 정정할 수 있는지 알 수 있다.

정리 6.5.1 C가 t개 오류정정 BCH 부호이고 $r \le t$라면 신드롬들로 구성된 행렬

$$M=\begin{pmatrix} S_1 & S_2 & \cdots & S_m \\ S_2 & S_3 & \cdots & S_{m+1} \\ \vdots & \vdots & \ddots & \vdots \\ S_m & S_{m+1} & \cdots & S_{2m-1} \end{pmatrix}$$

은, $m \le t$일 때 정칙행렬이다. 여기서 m은 이런 신드롬들을 주는 오류의 최소 개수이다. $m>r$이면 M은 비정칙행렬이다.

증명 행렬 V와 D가 다음과 같다고 하자.

$$V=\begin{pmatrix} 1 & \cdots & 1 \\ X_1 & \cdots & X_m \\ \vdots & \ddots & \vdots \\ X_1^{m-1} & \cdots & X_m^{m-1} \end{pmatrix}, \quad D=\begin{pmatrix} Y_1X_1 & 0 & \cdots & 0 \\ 0 & Y_2X_2 & \cdots & 0 \\ \vdots & \vdots & \ddots & \vdots \\ 0 & 0 & \cdots & Y_mX_m \end{pmatrix}$$

그러면 $M=VDV^T$ 이다. 그러므로 $|M|=|V||D||V^T|=|V||D||V|$이다. 만일 $m>r$이면 $|D|=0$이므로 $|M|=0$이다. 만일 $m=r$이면 X_i들이 서로 다르고 ($m \le r$일 때만) 0이 아니므로 $|D|\neq 0$이고 $|V|\neq 0$이다. 그러므로 $|M|\neq 0$이다.

이 정리가 BCH 부호에 대한 Peterson-Gorenstein-Zierler 복호기법의 기초이다. 그러므로 수신벡터를 복호하기 위하여 우선 오류개수를 결정해야 한다. 오류정정이 가능한 가장 큰 값 t부터 시작하자. $m=t$인 $|M|$을 계산한다. 만일 $|M|=0$이면 $m=t-1$로 놓아 m값을 하나씩 줄여가는 과정을 반복하여 $|M|\neq 0$이 되는 m값을 구해야 한다. 이렇게 하면 실제 오류개수 r에 대한 최선의 추측값을 알게 된다. 이 시점에서 연립방정식 (6.5.2)를 이용하여 $s(x)$를 계산할 수 있다. M^{-1}을 계산하는 것이 용이하다면 M^{-1}을 계산하여 식 (6.5.3)에 의하여 다음을 얻는다.

$$\begin{pmatrix} s_r \\ s_{r-1} \\ \vdots \\ s_1 \end{pmatrix} = M^{-1} \begin{pmatrix} -S_{r+1} \\ -S_{r+2} \\ \vdots \\ -S_{2r} \end{pmatrix}$$

그런 다음 $s(x)=0$의 근들을 구한다. 이것은 체에 있는 모든 원소들에 대하여 전부 조사하여 구할 수 있다. 만약 부호가 이진 부호이면 여기서 끝나고 이진부호가 아니라면 Y_i들도 찾아야 한다.

근이 $\alpha, \alpha^2, \cdots, \alpha^{2t}$인 이진 BCH 부호의 경우에 대한 복호 알고리즘을 생각해보자. v를 수신벡터라 하자. $S_i = v(\alpha^i)$를 다음 두 가지 방법을 사용하여 계산한다.

(a) 패리티검사행렬을 이용하여 $S_i = v(\alpha^i)$를 구한다.

(b) $m_i(x)$가 α^i의 최소다항식일 때

$$v(x) = a(x)m_i(x) + r_i(x), \quad \deg r_i(x) < \deg m_i(x)$$

라 하면 $S_i = v(\alpha^i) = r_i(\alpha^i)$이다.

<복호 알고리즘>

(1) $S_i = v(\alpha^i)$, $i = 1, \cdots, 2t$를 계산한다.

(2) $M = \begin{pmatrix} S_1 & S_2 & \cdots & S_r \\ S_2 & S_3 & \cdots & S_{r+1} \\ \vdots & \vdots & \ddots & \vdots \\ S_r & S_{r+1} & \cdots & S_{2r-1} \end{pmatrix}$이 정칙행렬이 되는 r중 최대인 r을 계산한다.

$r=t$에서부터 $r=t-1, \cdots$ 순으로 조사하여 M이 정칙이 되는 r중 최대의 r을 구한다. 그 때, r이 발생한 오류의 수이다.

(3) 식 (6.5.2)를 이용하거나 M^{-1}을 계산한 다음 식 (6.5.3)을 이용하여 오류위치다항식의 계수를 구한다.

(4) 체에 있는 모든 원소에 대하여 조사하여 다항식 $s(x)=0$의 근을 구한다. 다른 어떤 방법을 사용해서 $s(x)=0$의 근을 구해도 된다.

(5) 오류 위치를 구하고 오류를 정정한다.

단계 (2), (3)이 가장 힘든 부분이다. 행렬식을 계산하지 않고 BCH 부호를 복

호하는 여러 가지 기술이 있다. 실제로, BCH 부호가 실용적인 많은 응용에서 사용되기 때문에 BCH 부호를 복호하는 많은 연구가 이루어졌다. BCH 부호를 일반화한 여러 가지 부호가 있고 복호 기법들도 일반화되었다. 예를 들어 Goppa 부호 등이 있다. 앞의 복호 알고리즘이 BCH 부호에 대한 가장 효율적인 복호기법은 아니다. Berlekamp가 더 나은 BCH 부호의 복호 알고리즘을 고안했다.

예제 6.5.2 (15,7,5) BCH 부호에서 $y(\alpha)=\alpha^5$, $y(\alpha^3)=\alpha^7$인 벡터 y를 수신한 경우를 다시 생각해보자. 그러면

$$S_1 = y(\alpha) = \alpha^5, \quad S_2 = y(\alpha^2) = \alpha^{10},$$
$$S_3 = y(\alpha^3) = \alpha^7, \quad S_4 = y(\alpha^4) = \alpha^5$$

이다. $y(x) = x^{14} + x^{13} + x^{11} + x^9 + x^8 + x^7$이라면 S_1을 구하기 위하여 α의 최소다항식 $x^4 + x^3 + 1$로 $y(x)$를 나눌 수 있다.

$$\begin{aligned} y(x) &= a(x)m_1(x) + r_1(x) \\ &= (x^{10} + x^7 + x^5 + x + 1)(x^4 + x^3 + 1) + x^3 + x + 1 \end{aligned}$$

이므로 $S_1 = r_1(\alpha) = \alpha^3 + \alpha + 1 = \alpha^5$이다. S_3을 구하기 위하여 α^3의 최소다항식 $x^4 + x^3 + x^2 + x + 1$로 $y(x)$를 나눌 수 있다.

$$\begin{aligned} y(x) &= a(x)m_3(x) + r_3(x) \\ &= (x^{10} + x^8 + x^7 + x^6 + x^3 + x)(x^4 + x^3 + x^2 + x + 1) + x^2 + x \end{aligned}$$

이므로 $S_3 = r_3(\alpha^3) = \alpha^6 + \alpha^3 = \alpha^7$이다. $t=2$이므로

$$|M| = \begin{vmatrix} S_1 & S_2 \\ S_2 & S_3 \end{vmatrix} = \begin{vmatrix} \alpha^5 & \alpha^{10} \\ \alpha^{10} & \alpha^7 \end{vmatrix} = \alpha^{12} + \alpha^5 = \alpha^3 \neq 0$$

이다. 그러므로 두 개의 오류가 발생했음을 알 수 있다. 이 경우

$$M^{-1} = \frac{1}{|M|}\begin{pmatrix} S_3 & -S_2 \\ -S_2 & S_1 \end{pmatrix} = \frac{1}{\alpha^3}\begin{pmatrix} \alpha^7 & \alpha^{10} \\ \alpha^{10} & \alpha^5 \end{pmatrix}$$
$$= \alpha^{12}\begin{pmatrix} \alpha^7 & \alpha^{10} \\ \alpha^{10} & \alpha^5 \end{pmatrix} = \begin{pmatrix} \alpha^4 & \alpha^7 \\ \alpha^7 & \alpha^2 \end{pmatrix}$$

이다.

$$\begin{pmatrix} s_2 \\ s_1 \end{pmatrix} = M^{-1}\begin{pmatrix} -S_3 \\ -S_4 \end{pmatrix} = \begin{pmatrix} \alpha^4 & \alpha^7 \\ \alpha^7 & \alpha^2 \end{pmatrix}\begin{pmatrix} \alpha^7 \\ \alpha^5 \end{pmatrix} = \begin{pmatrix} \alpha^{11} + \alpha^{12} \\ \alpha^{14} + \alpha^7 \end{pmatrix} = \begin{pmatrix} \alpha^8 \\ \alpha^5 \end{pmatrix}$$

이므로 오류위치다항식은 $s(x) = 1 + s_1x + s_2x^2 = 1 - \alpha^5x + \alpha^8x^2$이다. $\mathbb{F}_{2^4}$의 16개 원소에 대하여 전부 조사하여 두 근 α^9, α^{13}을 얻는다. $s(x)$의 근의 역수가 오류위치번호이므로 오류위치는 $(\alpha^9)^{-1} = \alpha^6$, $(\alpha^{13})^{-1} = \alpha^2$이다. 즉 세 번째와 일곱 번째 비트에 오류가 발생하였다.

예제 6.5.3 길이가 15인 3중 오류정정부호를 생각하자. 수신벡터가 $v(x) = x^3 + x^9$라 하면

$$S_1 = v(\alpha) = \alpha^{11}, \quad S_2 = S_1^2 = \alpha^7, \quad S_4 = S_2{}^2 = \alpha^{14},$$
$$S_3 = v(\alpha^3) = \alpha^{13}, \quad S_5 = v(\alpha^5) = 0$$

이다. $t = 3$일 때

$$M = \begin{pmatrix} S_1 & S_2 & S_3 \\ S_2 & S_3 & S_4 \\ S_3 & S_4 & S_5 \end{pmatrix} = \begin{pmatrix} \alpha^{11} & \alpha^7 & \alpha^{13} \\ \alpha^7 & \alpha^{13} & \alpha^{14} \\ \alpha^{13} & \alpha^{14} & 0 \end{pmatrix}$$

부터 정칙행렬인지를 확인한다. $|M| = 0$이므로 $t = 2$로 놓는다. 그러면

$$M = \begin{pmatrix} S_1 & S_2 \\ S_2 & S_3 \end{pmatrix} = \begin{pmatrix} \alpha^{11} & \alpha^7 \\ \alpha^7 & \alpha^{13} \end{pmatrix}$$

에 대하여 $|M| \neq 0$ 이므로 두 개의 오류가 발생했다는 것을 알 수 있다.

효과적으로 복호할 수 있는 길이 15인 2개의 오류정정 부호를 들어 보자. 다음과 같은 8×15인 패리티검사행렬 H를 가지고 시작하자:

$$H=\begin{pmatrix} 1 & 2 & \cdots & 15 \\ (f(1) & f(2) & \cdots & f(15)) \end{pmatrix}$$

여기서 $1,2,\cdots,15$는 이 수들을 이진으로 나타낸 4-자리수들이고 $f(1),\cdots,f(15)$는 2개의 오류를 복호할 수 있도록 취해진 함수 f의 값들이다. v를 두열 i,j 에서 오류를 갖는 수신벡터라 하면,

$$S(v)=\begin{pmatrix} i+j \\ f(i)+f(j) \end{pmatrix}:=\begin{pmatrix} y_1 \\ y_3 \end{pmatrix}$$

이다. 그래서 주어진 y_1과 y_3에 대하여 i와 j에 대하여 $y_1=i+j$와 $y_3=f(i)+f(j)$를 풀고자 한다.

f를 어떻게 선택할 것인지에 대하여 생각해 보자. $f(i)=i$라 하면 $y_1=y_3=i+j$이므로 i,j에 대하여 풀 수 없다. 또한 $f(i)=i^2$라 하면 $y_1=i+j$이고 $y_3=i^2+j^2=(i+j)^2=y_1^2$이므로 역시 풀 수 없다. 그래서 $f(i)=i^3$라 두자. 그러면 $y_1=i+j$이고 $y_3=i^3+j^3=(i+j)(i^2+ij+j^2)$이 되므로

$$\frac{y_3}{y_1}=i^2+ij+j^2=y_1^2+ij$$

이다. 따라서 $i+j=y_1^2$이고 $ij=\dfrac{y_3}{y_1}-y_1^2$이 된다. 그러므로 i와 j는 이차방정식 $x^2+y_1x+(\dfrac{y_3}{y^1}+y_1^2)=0$의 근들이다. 우리는 $f(x)=x^4+x^3+1$을 이용하여 $\mathbb{F}_{2^2}$을 만들 수 있다. f를 $f(i)=i^3$으로 택하고 H를 변형함으로써 다음과 같은 형태:

$$H'=\begin{pmatrix} 1 & \alpha, & \alpha^2, & \cdots, & \alpha^{14} \\ 1 & \alpha^3, & \alpha^6, & \cdots, & \alpha^{12} \end{pmatrix}$$

을 만들 수 있다. 만일 $v=c+e$ (c는 부호어이고 e는 오류벡터이다.) 가 수신된 벡터라면 $v(\alpha)=e(\alpha)$이므로 $y_1=v(\alpha)$이다. 또한 $y_3=v(\alpha^3)$가 된다. $y_2=v(\alpha^2)$이라면 $y_2=y_1^2$이 된다.

예를 들어 세 번째와 일곱번째에서 두 개의 오류를 갖는 벡터 v가 수신되었다고 하자. 그러면

$$S(v)=\begin{pmatrix}\alpha^2+\alpha^6\\ \alpha^6+\alpha^3\end{pmatrix}=\begin{pmatrix}\alpha^5\\ \alpha^7\end{pmatrix}$$

이다. 그러므로 $\mathbb{F}_2^4$에서 방정식

$$x^2+\alpha^5x+(\alpha^7/\alpha^5+\alpha^{10})=x^2+\alpha^5x+\alpha^8=0$$

을 얻는다. 근을 구해보면 $i=2$이고 $j=6$임을 알 수 있다. 이것을 정리하면 다음과 같다.

<2개의 오류정정 알고리즘>

v를 수신벡터라 하면 $S(v)=\begin{pmatrix}y_1\\ y_3\end{pmatrix}$를 구한다.

(a) $S(v)=\begin{pmatrix}0\\ 0\end{pmatrix}$이면 오류가 없다고 말한다.

(b) $S(v)=\begin{pmatrix}\alpha^i\\ \alpha^{3i}\end{pmatrix}$ $(\alpha\neq 0)$이면 $i+1$위치에서 한 개의 오류가 했다고 말한다.

(c) $S(v)=\begin{pmatrix}y_1\\ y_3\end{pmatrix}$이고 $y_3\neq y_1^3$이면 $x^2+y_1x+\left(\frac{y_3}{y^1}+y_1^2\right)=0$의 해를 구한다.

만일 해가 α^i와 α^j라면 $i+1$, $j+1$ 두 위치에서 오류가 발생했다고 말한다.

(d) $S(v)$가 위의 (a), (b) 그리고 (c)의 어떤 경우도 만족하지 않는다면 3개이상의 오류가 검출되었다는 것이다.

H'을 다음과 같이 이진 행렬로 쓸 수 있으며 신드롬을 계산하는데 편리하다.

$$H' = \begin{pmatrix} 0\,0\,0\,1\,1\,1\,1\,0\,1\,0\,1\,1\,0\,0\,1 \\ 0\,0\,1\,0\,0\,0\,1\,1\,1\,1\,0\,1\,0\,1\,1 \\ 0\,1\,0\,0\,0\,1\,1\,1\,1\,0\,1\,0\,1\,1\,0 \\ 1\,0\,0\,0\,1\,1\,1\,1\,0\,1\,0\,1\,1\,0\,0 \\ 0\,1\,1\,0\,0\,0\,1\,1\,0\,0\,0\,1\,1\,0\,0 \\ 0\,0\,1\,1\,0\,0\,0\,1\,1\,0\,0\,0\,1\,1\,0 \\ 0\,0\,1\,0\,1\,0\,0\,1\,0\,1\,0\,0\,1\,0\,1 \\ 1\,0\,1\,1\,1\,1\,0\,1\,1\,1\,1\,0\,1\,1\,1 \end{pmatrix}$$

예제 6.5.4 2개의 오류정정 BCH부호를 이용하여, $S(\mathbf{x}) = \begin{pmatrix} \alpha^{11} \\ \alpha^{14} \end{pmatrix}$와 $S(\mathbf{y}) = \begin{pmatrix} \alpha^{6} \\ \alpha^{3} \end{pmatrix}$인 두 벡터 $\mathbf{x}$와 $\mathbf{y}$의 오류 위치(들)을 찾아라.

풀이 (a) $\alpha^{14} \neq (\alpha^{11})^3$이므로 방정식 $x^2 + \alpha^{11}x + \left(\dfrac{\alpha^{14}}{\alpha^{11}} + \alpha^{22}\right) = 0$을 얻는다. 이것을 정리하면

$$x^2 + \alpha^{11}x + \alpha^6 = 0 \tag{6.5.4}$$

을 얻는다. $y = \alpha^4$, $\gamma = \alpha^{14}$라 두면 식 (6.5.4)는 $y^2 + y = \gamma (= \alpha^{14})$이 된다. 이것을 풀면 α^6과 $\alpha^6 + 1 = \alpha^8$을 얻는다. 따라서

$$x_1 = \alpha^{11} \cdot \alpha^6 = \alpha^{17} = \alpha^2, \; x_2 = \alpha^{11} \cdot \alpha^8 = \alpha^{19} = \alpha^4$$

을 얻는다. 그러므로 수신벡터의 위치 3, 5에서의 오류를 정정하면 된다.

(b) $(\alpha^6)^3 = \alpha^3$이므로 위치 7의 오류를 정정하면 된다.

연습문제 6장

1. 길이가 31인 3중오류정정 이진 BCH 부호의 생성다항식 하나를 구하여라.

2. $\mathbb{F}_{2^3}$ 위에서 α가 x^2+x+2의 한 근일 때, $g(x):=m_1(x)m_2(x)$를 구하여라.

3. 길이가 26이고 의도거리가 5인 삼진 BCH 부호를 구하여라.

4. 원시다항식 x^3+x+1을 이용하여 구성된 $\mathbb{F}_{2^3}$ 위에서 α가 x^3+x+1의 한 근일 때, $\mathbb{F}_{2^3}$ 위의 Reed-Solomon (7,2) 부호를 C라 하자.
(1) C의 생성다항식을 구하여라.
(2) C의 부호어를 하나 구하여라.

5. $\mathbb{F}_{2^5}$ 위의 3중 오류정정 Reed-Solomom (31,25) 부호의 생성다항식을 구하여라.

6. (1) 길이가 15이고 의도거리기가 7인 이진 BCH 부호를 구하여라.
(2) 길이가 21이고 의도거리기가 5인 이진 BCH 부호를 구하고 길이가 21고 의도거리가 7인 이진 BCH 부호를 구하여라.

7. (1) 의도거리가 5인 (13,6) 삼진 BCH 부호의 성성다항식을 구하여라.
(2) 의도거리가 7인 (13,4) 삼진 BCH 부호의 생성다항식을 구하여라

제7장

자동 선형 순차 네트워크

7.1 _ 선형 순차 네트워크
7.2 _ 분석적 모델
7.3 _ 순차행동분석
7.4 _ 합성

제 7 장 자동 선형 순차 네트워크

쉬프트 레지스터(shift register)와 같은 네트워크는 **의사난수**(pseudo-random) 성질을 갖는 **이진수**(bit)들의 **키**(key) 문자열을 생성할 수 있으므로 현대식 레이더와 통신 시스템, 자동오류정정 회로 그리고 컴퓨터 제어회로 등에 응용되고 있으며, 좀 더 일반적인 순차 네트워크의 연구에 매우 중요하다.

§7.1 선형 순차 네트워크(Linear sequential network)

네트워크의 구성요소(그림 7.1)는 다음과 같다.

(1) 지연소자(unit-delay elements)
(2) mod$p$인 덧셈기(mod$p$ adders)
(3) mod$p$인 상수곱셈기(mod$p$ scalar multipliers)

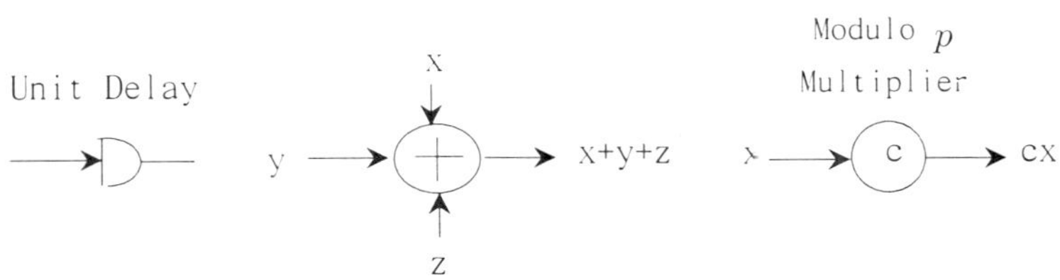

[그림 7.1] 선형논리 및 지연장치

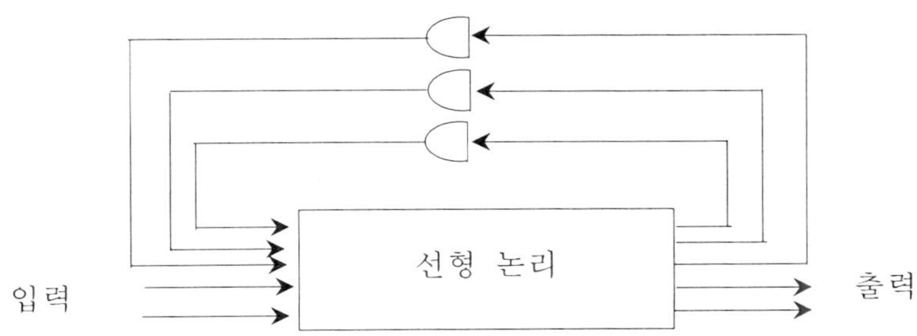

[그림 7.2] 일반적인 선형 순차 네트워크

§7.2 분석적 모델(Analytic Models)

가) T 행렬

현재의 상태벡터와 다음 상태벡터

$$X := (X_1, X_2, X_3, X_4)^t,\ \ X' = (X_1', X_2', X_3', X_4')^t$$

사이에 다음 식이 성립한다고 하자.

$$\begin{aligned} X_1' &= \quad\;\; X_2 \qquad + X_4 \\ X_2' &= X_1 + X_2 \qquad + X_4 \\ X_3' &= X_1 + X_2 + X_3 \\ X_4' &= \qquad\quad\;\; + X_3 \end{aligned}$$

$$T = \begin{pmatrix} 0\,1\,0\,1 \\ 1\,1\,0\,1 \\ 1\,1\,1\,0 \\ 0\,0\,1\,0 \end{pmatrix}$$

라 하면

$$X' = TX$$

를 만족한다.

(네트워크의 행렬표현)

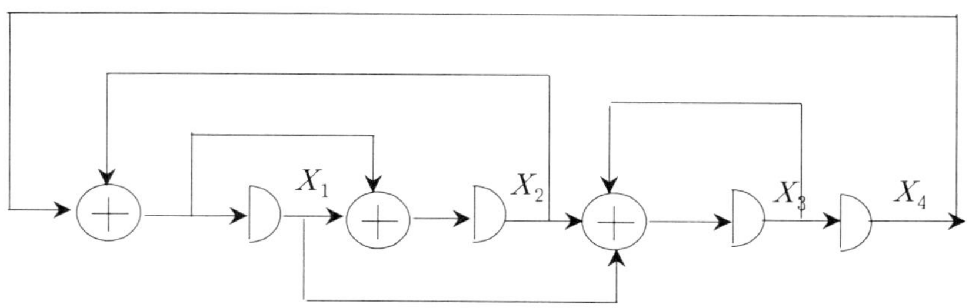

[그림 7.3] 전형적인 자동 선형 순차 네트워크

나) 상태전이 다이어그램 - **사이클 집합**(Cycle Sets)

① n개의 지연소자를 갖는 mod$p$의 네트워크에 대한 상태 다이어그램에서 상태들의 개수는 p^n이다.

② 결정적이고(현재 상태가 다음 상태를 유일하게 결정) 정칙인 네트워크에서 각 상태에 들어가고 나오는(연결하는) 화살표는 단 하나이다. 이 경우 상태 다이어그램은 사이클 집합으로 이루어진다.

③ (가)에서의 T의 특성다항식은 $\phi(x) = x^4 + x + 1$이고, 그 네트워크의 상태 다이어그램은 하나의 1-사이클과 하나의 15-사이클로 이루어진다(그림 7.4).

④ 모든 행렬은 자신의 특성다항식을 만족한다. (Cayley-Hamilton 정리)
(가)에서 $\phi(T) = T^4 + T + I = 0$ 가 성립한다.

⑤ 임의의 초기상태 X에 대해 $T^k X = X$이므로, 모든 사이클의 길이는 주기 k의 약수이다.

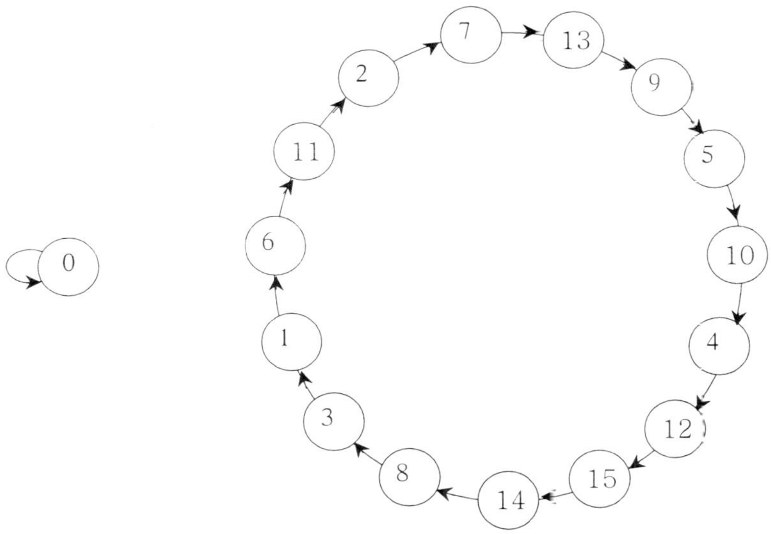

[그림 7.4] 그림 7.3의 네트워크의 상태전이다이어그램

다) 다항식 인수분해

① $x^k - 1 := \phi(x)\psi(x)$라면 $T^k - 1 = \phi(T)\psi(T) = 0$이므로 $T^k = I$이다. 따라서 이러한 k중에서 가장 작은 정수가 행렬의 주기이다. 예를 들어

$$x^{15}-1=(x^4+x+1)(x^{11}+x^8+x^7+x^5+x^3+x^2+x+1)$$

이므로 x^4+x+1은 $x^{15}-1$을 나누는 반면, x^k-1 $(k<15)$ 은 나누지 못하므로 주기는 15이다.

② $x^{15}-1=(x^4+x+1)(x^4+x^3+1)(x^4+x^3+x^2+x+1)(x^2+x+1)(x+1)$ 에서 $x^{16}-x$ 는 인수로서 1, 2, 4차의 모든 기약다항식을 가짐을 알 수 있다.

§7.3 순차행동분석(Analysis of sequential behaviors)

가) 최대주기를 갖는 네트워크

① n개의 지연소자를 갖는 최대주기 선형순환 네트워크는 상태 다이어그램이 길이가 p^n-1인 하나의 사이클과 하나의 (자명한) 1-사이클로 이루어진 네트워크이다.

②특성다항식의 기약성은 최대주기를 가지는 네트워크를 보장하는데 필요하지만 충분하지는 않다. 최대길이를 가질 필요충분조건은 특성다항식 $\phi(x)$가 기약이면서 $x^k-1(k<p^n-1)$ 의 인수가 되지 않는 것이다.

나) 인수분해 되는 특성다항식들-사이클 집합들의 곱

(1) 거듭제곱의 인수를 갖지 않는 경우: $\phi(x):=\phi_1(x)\phi_2(x)\cdots\phi_r(x)$($\phi_i(x)$는 기약다항식)이라 하고 $S_i:=\{X|\phi_i(T)X=0\}$라면, S_i의 사이클 구조는 길이가 1인 상태 0과 길이가 k_i인 $\mu_i\equiv\dfrac{2^{n_i}-1}{k_i}$개의 사이클로 표현된다. 단, k_i는 $\phi_i(x)|(x^{k_i}-1)\ (\mathrm{mod}\ p)$를 만족하는 가장 작은 정수로서 기약다항식 $\phi_i(x)$의 주기이고 n_i는 $\phi_i(x)$의 차수이다. 즉, S_i 에서의 사이클 구조는

$$[1,\mu_i(k_i)]\equiv 1+\mu_i(k_i)$$

이다. 이때, 두 사이클 집합 $1+\mu_i(k_i)$와 $1+\mu_j(k_j)$의 곱은 다음과 같이 주어진다.

$$[1+\mu_i(k_i)]\ [1+\mu_j(k_j)] = 1+\mu_i(k_i)+\mu_j(k_j)+\mu(k)$$

단, $\mu=\mu_i\mu_j \gcd(k_i,k_j)$, $k=lcm(k_i,k_j)$이다.

예제 7.3.1 상태전이행렬

$$T=\begin{pmatrix}1&0&0\\0&1&1\\0&1&0\end{pmatrix}$$

의 특성다항식은 $\phi(x)=|T+xI|=(x+1)(x^2+x+1)$이다. 한편, $\phi_1(x)=x+1$의 주기는 1이고 $\phi_2(x)=x^2+x+1$의 주기는 3이므로, $\phi_1(x)$에 대응하는 부분공간 S_1의 사이클 구조는 $[1,1(1)]$이고 $\phi_2(x)$에 대응하는 S_2의 사이클 구조는 $[1,1(3)]$이다. 따라서 $\phi(x)$는 다음과 같은 사이클 구조를 갖는다.

$$[1+1(1)][1+1(3)]=1+1(1)+1(3)+1(3)$$

실제로, 각 공간에 속하는 원소를 10진법으로 나타내면

$$S_1=\{0,4\},\qquad S_2=\{0,1,2,3\}$$
$$\begin{aligned}S_1\oplus S_2 &= \{0\oplus0,0\oplus1,0\oplus2,0\oplus3,4\oplus0,4\oplus1,4\oplus2,4\oplus3\}\\ &=\{0,1,2,3,4,5,6,7\}\end{aligned}$$

이다.

예제 7.3.2 (i) $T=\begin{pmatrix}1&0&0\\0&1&1\\0&1&0\end{pmatrix}$의 특성다항식은

$$\phi(x)=|T+xI|=(x^2+x+1)(x+1)$$

이다. 한편, $\phi_1(x)=x^2+x+1$의 주기는 3이고 $\phi_2(x)=x^3+x+1$의 주기는 7이므로, $\phi_1(x)$에 대응하는 부분공간 S_1의 사이클 구조는 $[1,1(3)]$이고 $\phi_2(x)$에 대응하

는 S_2의 사이클 구조는 $[1,1(1)]$이다. 따라서 $\phi(x)$는 다음과 같은 사이클 구조를 갖는다.

$$[1+1(3)][1+1(1)] = 1+1(3)+1(1)+1(3) = 2(1)+2(3)$$

실제로, 각 공간에 속하는 원소를 10진법으로 나타내면

$$S_1 = \{0,1,2,3\}, \qquad S_2 = \{0,4\}$$

이고, 상태전이 다이어그램은 다음과 같다.

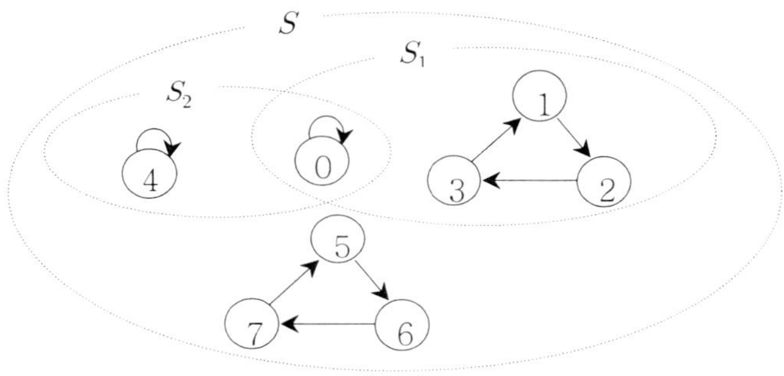

(ii) 상태전이행렬

$$T=\begin{pmatrix} 1\,1\,0\,0\,0 \\ 1\,0\,0\,0\,0 \\ 0\,0\,0\,1\,0 \\ 0\,0\,1\,1\,1 \\ 0\,0\,0\,1\,1 \end{pmatrix}$$

의 특성다항식은

$$\phi(x) = |T+xI| = (x^2+x+1)(x^3+x+1)$$

이다. 한편, $\phi_1(x) = x^2+x+1$의 주기는 3이고 $\phi_2(x) = x^3+x+1$의 주기는 7이므로, $\phi_1(x)$에 대응하는 부분공간 S_1의 사이클 구조는 $[1,1(3)]$이고 $\phi_2(x)$에 대응하는 S_2의 사이클 구조는 $[1,1(7)]$이다. 따라서 $\phi(x)$는 다음과 같은 사이클 구조를

갖는다.

$$[1+1(3)][1+1(7)] = 1+1(3)+1(7)+1(21)$$

실제로, 각 공간에 속하는 원소를 10진법으로 나타내면

$$S_1 = \{0, 8, 16, 24\}, \qquad S_2 = \{0, 1, 3, 4, 2, 6, 7, 5\}$$
$$S = S_1 \oplus S_2 = \{0, 1, 2, 3, 4, 5, \cdots, 30, 31\}$$

이고, 상태전이 다이어그램은 다음과 같다.

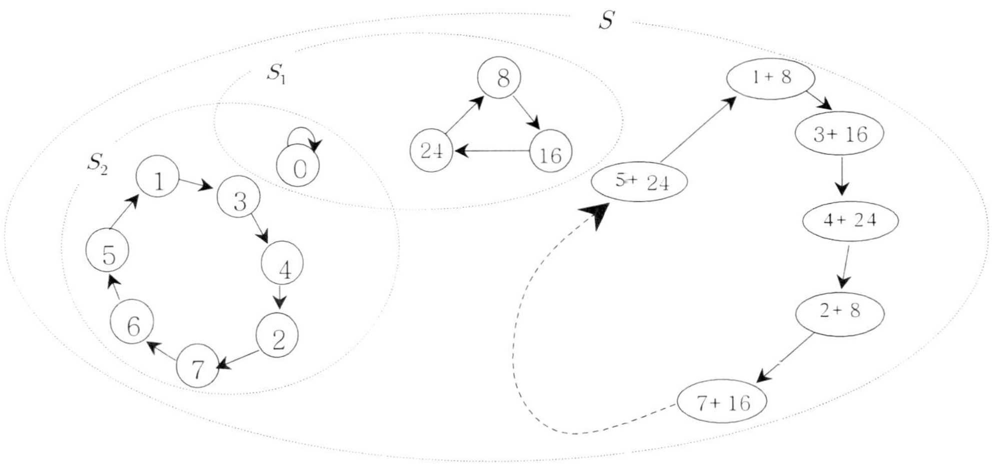

(iii) 상태전이 행렬 T의 특성다항식은

$$T = \begin{pmatrix} 0&1&0&0&0&0&0&0 \\ 1&0&1&0&0&0&0&0 \\ 0&1&1&1&0&0&0&0 \\ 0&0&1&0&0&0&0&0 \\ 0&0&0&0&0&1&0&0 \\ 0&0&0&0&1&1&1&0 \\ 0&0&0&0&0&1&0&1 \\ 0&0&0&0&0&0&1&1 \end{pmatrix}$$

$\phi(x) = (x^4+x^3+x^2+x+1)(x^4+x+1)$이다. 한편, $\phi_1(x) = x^4+x^3+x^2+x+1$와

$\phi_2(x) = x^4 + x + 1$의 주기는 각각 5, 15이므로, $\phi_1(x)$에 대응하는 부분공간 S_1의 사이클 구조는 [1,3(5)]이고 $\phi_2(x)$에 대응하는 S_2의 사이클 구조는 [1,1(15)]이다. 따라서 $\phi(x)$는 다음의 사이클 구조를 갖는다.

$$\begin{aligned}[1+3(5)][1+1(15)] &= 1+3(5)+1(15)+3\cdot 1\cdot \gcd(5,15)(lcm(5,15)) \\ &= 1+3(5)+1(15)+3\cdot 5(15) \\ &= 1+3(5)+16(15)\end{aligned}$$

(iv) 상태전이 행렬 T의 특성다항식은

$$T = \begin{pmatrix} 0&1&0&0&0&0 \\ 1&0&1&0&0&0 \\ 0&1&1&1&0&0 \\ 0&0&1&0&0&0 \\ 0&0&0&0&0&1 \\ 0&0&0&0&1&1 \end{pmatrix}$$

$\phi(x) = (x^4 + x^3 + x^2 + x + 1)(x^2 + x + 1)$이다. 한편, $\phi_1(x) = x^4 + x^3 + x^2 + x + 1$의 주기는 5이고 $\phi_2(x) = x^2 + x + 1$의 주기는 3이므로, $\phi_1(x)$에 대응하는 부분공간 S_1의 사이클 구조는 [1,3(5)]이고 $\phi_2(x)$에 대응하는 S_2의 사이클 구조는 [1,1(3)]이다 따라서 $\phi(x)$는 다음의 사이클 구조를 갖는다.

$$\begin{aligned}[1+3(5)][1+1(3)] &= 1+3(5)+1(3)+3\cdot 1\cdot \gcd(5,3)(lcm(5,3)) \\ &= 1+3(5)+1(3)+3(15)\end{aligned}$$

(2) 한 기약다항식의 거듭제곱으로 인수분해 되는 경우: $\phi(x) := (p(x))^e$ ($p(x)$는 기약다항식)이면, $\phi(T) = p(T)^e = 0$이다. 만약 $r < e$인 r에 대하여 $p(T)^r \neq 0$이면, T는 최소다항식으로 $\phi(x)$를 갖는다고 한다.

임의의 정수 $i = 0, 1, \cdots, r$에 대하여 행렬 $p(T)^i$의 영공간을 U_i라 두자. 즉, $U_i = \{X \mid p(T)^i X = 0\}$라 두면 다음 성질은 자명하게 성립한다.

$$U_0 = \{0\}, \quad U_e\text{는 전체공간}, \quad U_i \subset U_{i+1}$$

그리고 $T_j := T|_{U_j}$이면, T_j는 특성다항식 $(p(x))^j$를 갖는다. 만약 $p(x)$의 차수가 d 이면 $\dim U_j = j \cdot d$이므로, U_j 의 상태 수는 2^{jd}이다. 그러므로 다음과 같은 결과를 얻을 수 있다.

> T가 $n \times n$정방행렬, $\phi(x) = |T - xI| = [p(x)]^e (p(x)$: 기약다항식)
> $\deg p(x) = d$, $U_i := \{X | [p(T)]^i X = 0\}$이면
> (i) $\deg \phi(x) = d \cdot e$
> (ii) $\dim U_e = \dim V = n = d \cdot e$
> (iii) 임의의 j $(0 \le j \le e)$ 에 대하여 $\dim U_j = d \cdot j$ 이다.

① U_1은 길이가 1인 상태 0와 길이가 k인 $\mu_1 \equiv \dfrac{p^d - 1}{k}$ 개의 사이클로 이루어진다. (단, k는 기약다항식의 주기) 왜냐하면, $p(x)$가 T의 특성다항식으로 기약이기 때문이다.

② $X \in U_2 - U_1$ 이면, $p(T)^2(X) = 0$ 이지만 $p(T)(X) \neq 0$ 이다. 이러한 상태 X는 다항식 $p^2(x)$의 주기를 갖는 사이클에 속한다

③ 모든 상태 $X \in U_j - U_{j-1}$는 다항식 $p^j(x)$의 주기를 갖는 사이클에 속한다. 실제로, $U_j - U_{j-1}$에 속하는 모든 상태는 길이가 $k \cdot p^{r_j}$ 인 사이클에 속한다. 여기서 k는 다항식 $p(x)$의 주기이고 r_j는 $p^{r_j} \ge j$ 를 만족하는 가장 작은 정수이다. 또한, $U_j - U_{j-1}$에 속하는 상태 수는

$$p^{jd} - p^{(j-1)d} = p^{(j-1)d}(p^d - 1)$$

이므로, 사이클의 수 μ_j는 다음과 같다.

$$\mu_j = \frac{p^{(j-1)d}(p^d - 1)}{k \cdot p^{r_j}}$$

이 경우에는 U_0를 중심으로 출발하여 전체공간 U_e에 이르는 부분공간 $U_0, U_1, \cdots, U_e$들이 $U_0 \subset U_1 \subset \cdots \subset U_e$ 형태로 존재한다.

예제 7.3.3 상태전이행렬

$$T=\begin{pmatrix}1&1&1\\1&0&0\\0&1&0\end{pmatrix}$$

의 특성다항식은 $\phi(x) = |T+xI| = (x+1)^3$이다.

$U_0 = \{0\}$

$U_1 = \{X|(T+I)X=0\} = \{\alpha(1,1,1)^t|\alpha \in \{0,1\}\} = \{0,7\}$

$U_2 = \{X|(T+I)^2X=0\} = \{\alpha(1,0,1)^t + \beta(0,1,0)^t|\alpha,\beta \in \{0,1\}\} = \{0, 2, 5, 7\}$

$U_3 = \{X|(T+I)^3X=0\} = \{X|0X=0\} = \{0,1,2,3,4,5,6,7\}$

이고, 상태전이 다이어그램은 다음과 같다.

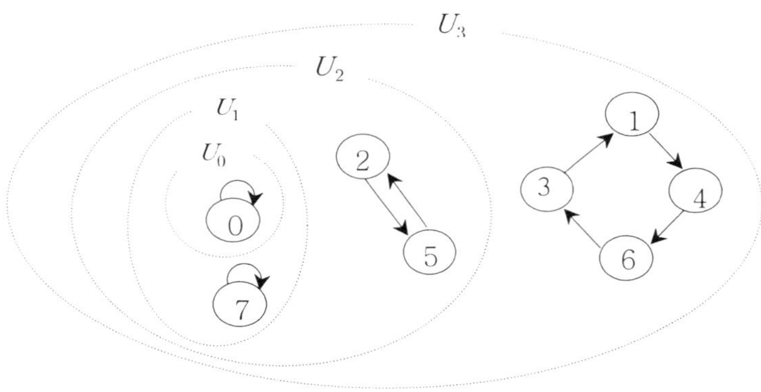

예제 7.3.4 상태전이행렬

$$T=\begin{pmatrix}1&1&0&0\\1&1&1&0\\0&1&1&1\\0&0&1&1\end{pmatrix}$$

의 특성다항식 및 최소다항식은 $\phi(x) = |T+xI| = (x^2+x+1)^2$이다.

$U_0 = \{0\}$

$$U_1 = \{X \mid (T^2 + T + I)X = 0\} = \{0, 6, 9, 15\}$$
$$U_2 = \{X \mid (T^2 + T + I)^2 X = 0\} = \{0, 1, 2, 3, \cdots, 15\}$$

여기서 $p(x) = x^2 + x + 1$이고 $p(x) \mid (x^3 + 1)$이다. 그러므로 $U_1 - U_0$에는 길이가 3인 사이클이 하나 존재한다. 그리고 $U_2 - U_1$에 속하는 상태의 수는

$$2^{2 \cdot 2} - 2^{1 \cdot 2} = 2^4 - 2^2 = 12$$

이고, 사이클의 길이가 6이므로 사이클은 2개이다. 따라서 전공간의 사이클 구조는 $[1, 1(3), 2(6)]$이다.

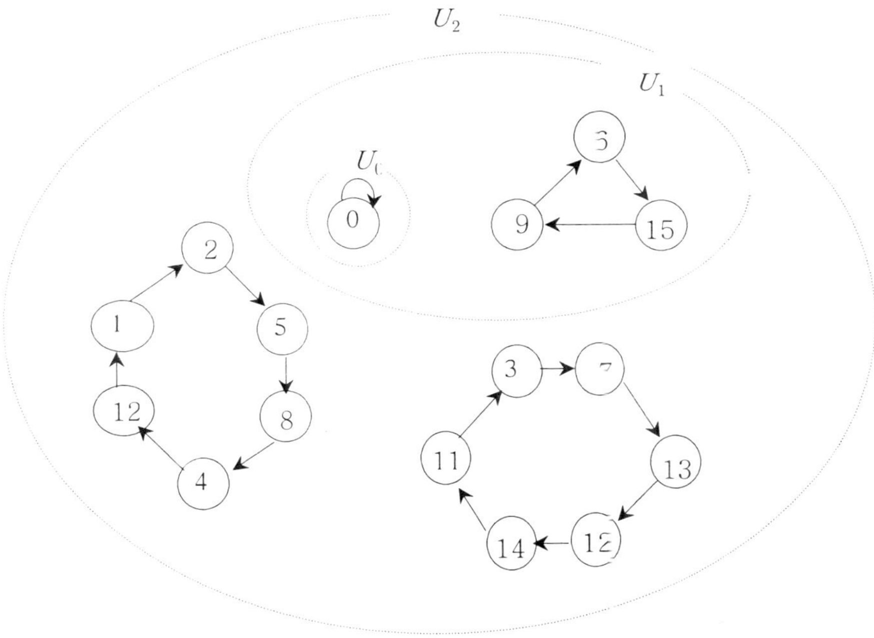

<T의 사이클 구조>

예제 7.3.5 다음 두 행렬을 생각해보자.

$$T_3 = \begin{pmatrix} 1 & \vdots & 0 & 0 & 0 \\ \cdots & \vdots & \cdots & \cdots & \cdots \\ 0 & \vdots & 0 & 0 & 1 \\ 0 & \vdots & 1 & 0 & 0 \\ 0 & \vdots & 0 & 1 & 0 \end{pmatrix}, \qquad T_6 = \begin{pmatrix} 0 & 1 & \vdots & 0 & 0 \\ 1 & 0 & \vdots & 0 & 0 \\ \cdots & \cdots & \cdots & \cdots & \cdots \\ 0 & 0 & \vdots & 1 & 1 \\ 0 & 0 & \vdots & 1 & 0 \end{pmatrix}$$

두 행렬은 점선으로 나타낸 작은 크기의 행렬들의 **직합**(direct sum)으로 표현되며, 동일한 특성다항식을 갖는다. 즉

$$\phi_3(x) = (x+1)(x^3+1) = x^4 + x^3 + x + 1$$
$$\phi_6(x) = (x+1)^2(x^2+x+1) = x^4 + x^3 + x + 1$$

이다. 그리고 ${T_3}^3 = I_4$와 ${T_6}^6 = I_4$이 성립한다. 또한 T_3의 최소다항식은 $m_3(x) = x^3 + 1$이고 T_6의 최소다항식은 $m_6(x) = x^4 + x^3 + x + 1$ 이다. 즉, 특성방정식에 대응하는 상태 다이어그램은 아주 다르다. 여기서

T_3의 사이클 구조 : $[4(1), 4(3)]$
T_6의 사이클 구조 : $[2(1), 1(2), 2(3), 1(6)]$

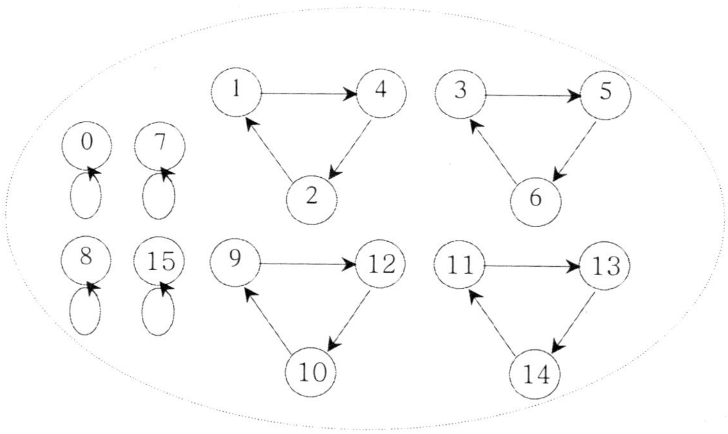

<T_3의 사이클 구조>

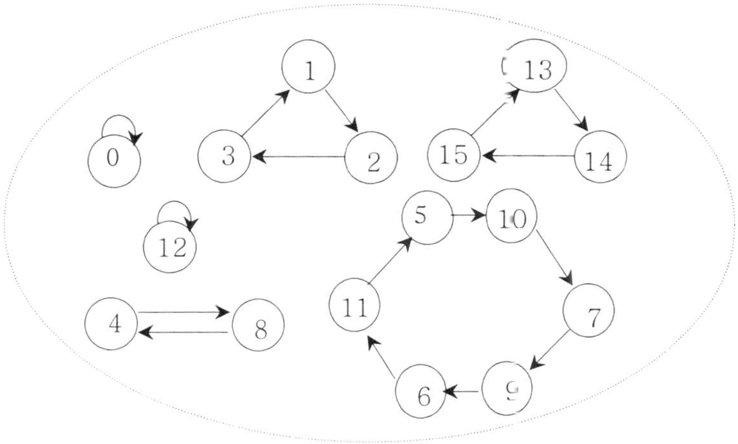

< T_6의 사이클 구조>

위의 예제로부터 특성다항식이 같은 네트워크도 사이클 구조가 다를 수 있다는 것을 알 수 있다.

예제 7.3.6 다음 행렬을 생각해 보자.

$$T = \begin{pmatrix} 0\,0\,0\,1 \\ 1\,0\,0\,0 \\ 0\,1\,0\,0 \\ 0\,0\,1\,0 \end{pmatrix}$$

그러면

$$U_0 = 0, \quad \mathrm{U}_1 = \left\{ \alpha \begin{pmatrix} 1 \\ 1 \\ 1 \\ 1 \end{pmatrix} \middle| \alpha \in \{0,1\} \right\} = \{0,15\},$$

$$U_2 = \left\{ \alpha \begin{pmatrix} 1 \\ 0 \\ 1 \\ 0 \end{pmatrix} + \beta \begin{pmatrix} 0 \\ 1 \\ 0 \\ 1 \end{pmatrix} \middle| \alpha, \beta \in \{0,1\} \right\} = \{0,15,5,10\},$$

$$U_3 = \left\{ \alpha \begin{pmatrix} 1 \\ 1 \\ 0 \\ 0 \end{pmatrix} + \beta \begin{pmatrix} 1 \\ 0 \\ 1 \\ 0 \end{pmatrix} + \gamma \begin{pmatrix} 1 \\ 0 \\ 0 \\ 1 \end{pmatrix} \middle| \alpha,\ \beta,\ \gamma \in \{0,1\} \right\} = \{0,15,5,10,6,3,12,9\},$$

$$U_4 = S = \{0,\ 1,\ \cdots,\ 15\}$$

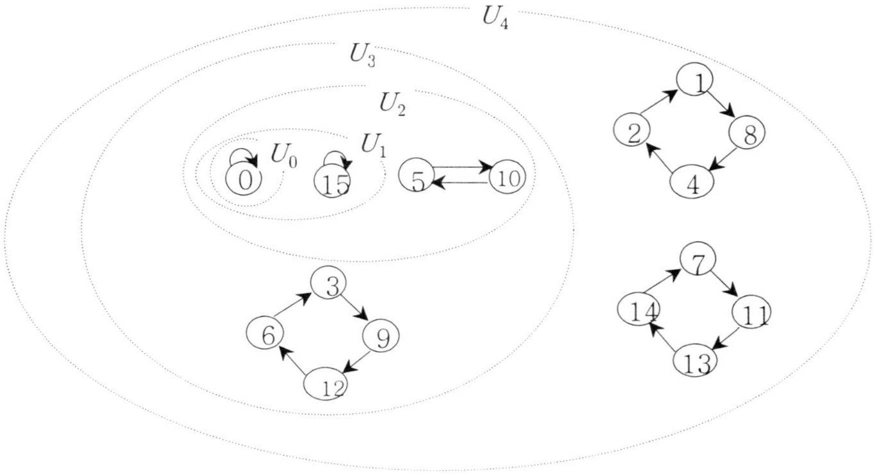

예제 7.3.7 다음 두 행렬을 생각해 보자.

$$T_a = \begin{pmatrix} \begin{matrix} 1 & 1 & 1 \\ 1 & 0 & 0 \\ 0 & 1 & 0 \end{matrix} & \vdots & O \\ \cdots & & \cdots \\ O & \vdots & \begin{matrix} 0 & 1 & \vdots & 0 \\ 1 & 0 & \vdots & 0 \\ \cdots & \cdots & \vdots & \cdots \\ 0 & 0 & \vdots & 1 \end{matrix} \end{pmatrix}, \quad T_b = \begin{pmatrix} \begin{matrix} 1 & 1 & 1 \\ 1 & 0 & 0 \\ 0 & 1 & 0 \end{matrix} & \vdots & O \\ \cdots & & \cdots \\ O & \vdots & \begin{matrix} 1 & 1 & 1 \\ 1 & 0 & 0 \\ 0 & 1 & 0 \end{matrix} \end{pmatrix}$$

이 두 행렬의 특성다항식과 최소다항식은 각각 $\phi(x) = (x+1)^6$과 $m(x) = (x+1)^3$이다. T_a의 사이클 집합은 $[8(1), 12(2), 8(4)]$이고 T_b의 사이클 집합은 $[4(1), 6(2), 12(4)]$이다. 이 예제는 특성다항식뿐만 아니라 최소다항식이 같은 경우에도 사이클 구조가 다를 수 있다는 것을 보여주는 예제이다. 그러나 Smith Normal Form(SNF) ([26] 참고)을 보면 사이클 구조가 같은지 다른지를 알 수 있다. T_a의 SNF는

$$\mathrm{SNF}_{T_a} = \begin{pmatrix} 1 & 0 & 0 & 0 & 0 & 0 \\ 0 & 1 & 0 & 0 & 0 & 0 \\ 0 & 0 & 1 & 0 & 0 & 0 \\ 0 & 0 & 0 & 1+x & 0 & 0 \\ 0 & 0 & 0 & 0 & (1+x)^2 & 0 \\ 0 & 0 & 0 & 0 & 0 & (1+x)^3 \end{pmatrix}$$

이고 T_b의 SNF는

$$\mathrm{SNF}_{T_b} = \begin{pmatrix} 1000 & 0 & 0 \\ 0100 & 0 & 0 \\ 0010 & 0 & 0 \\ 0001 & 0 & 0 \\ 0000 & (1+x)^3 & 0 \\ 0000 & 0 & (1+x)^3 \end{pmatrix}$$

이므로 사이클 구조가 다르다.

§7.4 합성(Synthesis)

상태전이행렬 T의 특성다항식과 최소다항식이 같다고 하자. 서로소인 $\phi(x)$들에 대응하는 FSR(Feedback Shift Register)들의 사이클 구조에 영향을 받지 않고 연결될 수 있는지는 분명하지 않다. 그래서 부분 행렬 T_1과 T_2에 대응하는 서로소인 특성다항식 $\phi_1(x)$와 $\phi_2(x)$를 생각해 보자. 연결되지 않은 쉬프트 레지스터들로 이루어진 네트워크에 대한 행렬 T는

$$T_s = \begin{pmatrix} T_1 & 0 \\ 0 & T_2 \end{pmatrix}$$

가 되고 연결 레지스터들로 이루어진 네트워크에 대한 행렬 T는

$$T_c = \begin{pmatrix} T_1 & 0 \\ A & T_2 \end{pmatrix}$$

이다. 여기서 부분행렬 A는 한 원소만 1이고 나머지 원소들은 0이다. 이제 $m(x)$가 다항식이라면

$$m(T_c) = \begin{pmatrix} m(T_1) & 0 \\ * & m(T_2) \end{pmatrix}$$

이다. 만일 $m(x)$가 T_c의 최소다항식이라면 $m(T_c)=0$이므로 $m(T_1)=m(T_2)=0$

이다. 그러나 $m(x)$가 $\phi_1(x)$와 $\phi_2(x)$의 배수이므로 그들의 최소공배수의 배수이다. 그러므로 $\phi_1(x) \cdot \phi_2(x)$의 배수이다. 그러므로 $\phi(x) \mid m(x)$이다.

$$|T_c - xI| = |T_1 - xI|\,|T_2 - xI| = \phi_1(x)\phi_2(x)$$

이므로 $\phi_1(x)\phi_2(x)$는 T_c의 특성다항식이다. 그러므로 $\phi(x)$는 T_s와 마찬가지로 T_c의 특성다항식이다. 그러므로 최소다항식 $m(x)$의 배수이다. 그러므로

$$m(x) = \phi(x) = \phi_1(x) \cdot \phi_2(x)$$

이다.

지금까지의 관찰에 의하여 선형순환 정칙인 네트워크의 사이클 구조는 특성다항식 $\phi(x)$가 그 네트워크의 최소다항식일 때 $\phi(x)$에 의하여 완전히 결정된다는 사실을 알았다. 그러므로 T_s와 T_c는 같은 사이클 집합을 가지고 대응하는 네트워크들은 사이클 구조의 관점에서 볼 때는 같다.

예제 7.4.1 (a) $T_s = \begin{pmatrix} 0&1&0&0 \\ 1&0&0&0 \\ 0&0&1&1 \\ 0&0&1&0 \end{pmatrix}$ 이면 $m(x) = (x+1)^2(x^2+x+1)$이다.

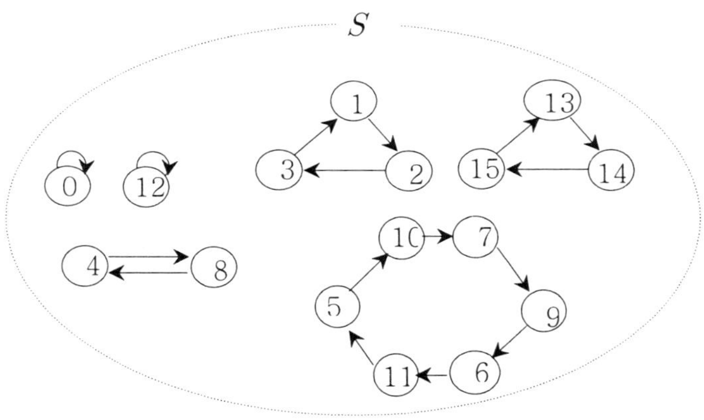

(b) $T_c = \begin{pmatrix} 0\,1\,0\,0 \\ 1\,0\,0\,0 \\ 0\,1\,1\,1 \\ 0\,0\,1\,0 \end{pmatrix}$ 이면 $m_c(x) = (x+1)^2(x^2+x+1)$

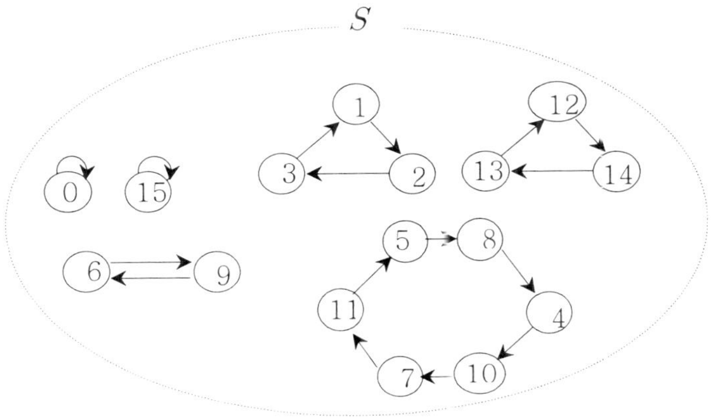

제8장

타원곡선

제 8 장 타원곡선

§8.1 실수 위에서의 타원곡선(Elliptic curve over Real numbers)

실수 위에서의 **타원곡선**(elliptic curve)은 a와 b가 고정된 실수일 경우에 방정식 $y^2 = x^3 + ax + b$ 을 만족하는 (x,y) 점들의 집합

$$\{(x,y) \in \mathbb{R}^2 \mid y^2 = x^3 + ax + b\}$$

을 의미한다.

참고 체 K 위에서의 방정식

$$E: y^2 + a_1xy + a_3y = x^3 + a_2x^2 + a_4x + a_6, \ a_i \in K \tag{8.1.1}$$

를 만족하는 모든 점 (x,y)들과 **무한원점**(point at infinity)이라 불리는 이상점(ideal point)의 집합을 K위에서의 **타원곡선**(elliptic curve)이라 한다.

정리 8.1.1 체 K의 표수를 char$K$라 할 때, 그 표수에 따라 타원곡선을 나타내는 방정식은 다음과 같이 표현된다.

(1) char$K$=2 : $y^2 + a_3y = x^3 + a_4{}'x + a_6{}'$ (8.1.2)

또는 $y^2 + xy = x^3 + a_2{}'x^2 + a_6{}'$ (8.1.3)

(2) char$K$=3 : $y^2 = x^3 + ax^2 + bx + c$ (8.1.4)

(3) char$K$>3 : $y^2 = x^3 + bx + c$ (8.1.5)

증명 (1) $a_1 = 0$일 때 식 (8.1.1)은 식

$$\begin{aligned} y^2 + a_3y &= x^3 + a_2x^2 + a_4x + a_6 \\ &= (x + a_2)^3 + (a_2^2 + a_4)x + a_2^3 + a_6 \end{aligned}$$

이므로

$$\text{변수변환}:(x,y)\to(x+a_2,y)$$

을 하고 $a_2^2+a_4=a_4{}'$과 $a_2a_4+a_6=a_6{}'$이라 놓으면, 식 (8.1.2)이 된다. 같은 방법으로

$$a_1\neq 0\text{일 때, 변수변환}:(x,y)\to\left(a_1^2x+\frac{a_3}{a_1},a_1^3y+\frac{a_1^3a_4+a_3^2}{a_1^3}\right)$$

에 의하여 식 (8.1.3)이 된다.

(2) 변수변환:$(x,y)\to\left(x,\ y-\dfrac{a_1}{2}x-\dfrac{a_3}{2}\right)$을 하면

$$y^2=x^3+\left(\frac{a_1^2}{4}+a_2\right)x^2+\left(\frac{a_1a_3}{2}+a_4\right)x+\left(\frac{a_3^2}{4}+a_6\right)$$

이므로 식 (8.1.4)를 얻는다.

(3) (2)에 의하여 변환된 식을 $y^2=x^3+b_2x^2+b_4x+b_6$라 할 때, 변수변환: $(x,y)\to\left(\dfrac{x-3b_2}{36},\dfrac{y}{316}\right)$에 의하여 식 (8.1.5)를 얻는다.

정의 8.1.2 이변수 함수

$$F(x,y)=x^3+a_2x^2+a_4x+a_6-(y^2+a_1xy+a_3y)$$

에서 $F(x,y)$위의 점 (a,b)에서의 형식적인 미분이

$$\frac{\partial F}{\partial x}(a,b)\neq 0\text{ 또는 }\frac{\partial F}{\partial y}(a,b)\neq 0$$

일 때 이 점을 **정상적**(nonsingular 또는 smooth)이라고 한다.

정리 8.1.3 타원곡선 위의 모든 점들이 정상적일 때, 식 (8.1.4)과 식 (8.1.5)의 우변은 중근을 갖지 않는다.

증명 (8.1.4)과 (8.1.5)의 우변이 중근을 가진다고 하면 ① $y^2=(x-\alpha)^2(x-\beta)$ 혹은 ②$y^2=(x-\gamma)^3$의 형태이다. ①의 경우 $\dfrac{\partial F}{\partial x}=2(x-\alpha)(x-\beta)+(x-\alpha)^2=(x-\alpha)(3x-\alpha-2\beta)$이고 $\dfrac{\partial F}{\partial y}=2y$이므로 $a=\alpha, b=0$ 혹은 $a=\dfrac{\alpha+2\beta}{3}, b=0$라 두면 $\dfrac{\partial F}{\partial x}(c,b)=0$이고 $\dfrac{\partial F}{\partial y}(a,b)=0$이 되어 정상적이 아니다. ②의 경우도 마찬가지 방법으로 정상적이 아님을 보일 수 있다.

예제 8.1.4 점 $(4,7)$은 실수 위에서 $y^2=x^3-5x+5$ 위의 점임을 보여라.

풀이 $y^2=7^2=49$, $x^3-5x+5=4^3-5\cdot4+5=64-20+5=49$ 이므로 점 $(4, 7)$은 곡선 $y^2=x^3-5x+5$ 위의 점이다.

a, b를 다르게 선택하면 다른 타원곡선을 얻는다.

예를 들어 $a=-1$, $b=0$일 경우에 타원곡선 위의 므든 점들의 집합은 아래 그림과 같다.

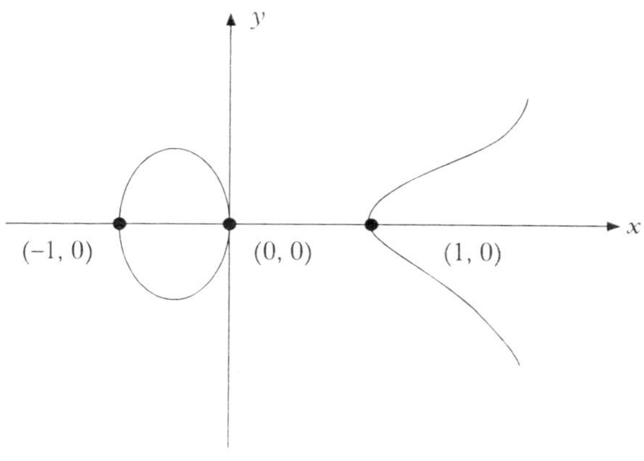

$y^2=x^3-x$

$a = -4$, $b = 0.67$일 경우에 타원곡선 위의 모든 점들의 집합은 아래 그림과 같다.

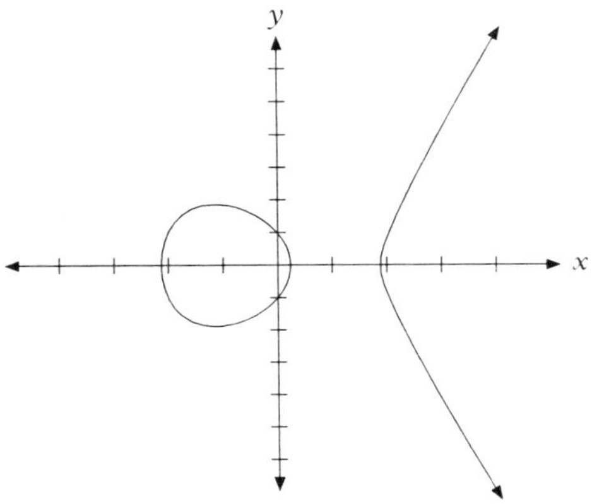

$y^2 = x^3 - 4x + 0.67$

참고 $x^3 + ax + b = 0$이 하나의 실근만 가지면 위의 그림과 같은 타원과 같은 모양은 갖지 않지만 타원곡선은 군이 된다. 그러나 $x^3 + ax + b = 0$가 중근을 갖는 경우는 타원곡선은 군이 되지 않는다. 따라서 타원곡선은 방정식 $x^3 + ax + b = 0$가 중근을 갖지 않을 때 정의됨을 알 수 있다. 참고로 실수체 위에서 방정식 $x^3 + ax + b = 0$이 서로 다른 세 실근을 가질 필요충분조건은 $4a^3 + 27b^2 < 0$이므로 실제로 실수체 위에서의 타원곡선을 정의할 때에 조건 $4a^3 + 27b^2 < 0$이 필요하다.

이를테면, 타원곡선 $y^2 = x^3 - 3x + 2$위의 점 $P(1,0), Q(2,2)$와 $Q(2,-2)$에 대하여 $P + Q = P + Q' = P$이므로 Q와 Q'은 점 P의 덧셈에 대한 항등원이 되고 군의 성질인 항등원의 유일성에 위배가 된다.

한편, 유한체 $\mathbb{F}_q$에서 정의된 타원곡선은 유한개의 원소들로 이루어지며, 두 원소의 연산에서 실수에서 정의된 타원곡선에서 근사값을 얻는 것과 달리, 계산 오류가 없이 정확한 값을 구할 수 있다는 장점이 있다.

예제 8.1.5 곡선 $y^2 = x^3 - 7x - 6$은

$$4(-7)^3 + 27(-6)^2 = -1372 + 972 = -400 < 0$$

이므로 실수 위에서 군을 정의한다.

예제 8.1.6 곡선 $y^2 = x^3 - 17x + 16$은

$$4(-17)^3 + 7(16)^2 = -12740 < 0$$

이므로 실수 위에서 군을 정의한다.

방정식 $y^2 = x^3 + ax + b$에서 $f(x) = x^3 + ax + b$라고 하면, 삼차방정식 $f(x) = 0$은 실수체 $\mathbb{R}$의 적당한 확대체 $\mathbb{C}$(복소수의 집합) 안에서 중복을 허락하여 세 근을 가진다. 이들 세 근을 α, β, γ 라고 할 때,

$$\Delta = \{(\alpha - \beta)(\alpha - \gamma)(\beta - \gamma)\}^2 = -(4a^3 + 27b^2)$$

를 방정식 $f(x) = 0$ 또는 타원곡선의 **판별식**(discriminant)이라고 한다.

이제 $\Delta \neq 0$ 이라고 가정하자. 이 경우에, 삼차방정식 $f(x) = 0$은 **중근**(repeated factors)을 가지지 않으며, 서로 다른 세 실근을 가지거나 또는 한 개의 실근과 서로 다른 두 허근을 가진다.

다음 그림은 이러한 두 가지 경우에 대한 $y = f(x)$와 $y^2 = f(x)$의 그래프를 나타낸 것이다.

(a) 방정식 $f(x) = 0$가 서로 다른 세 실근을 갖는 경우

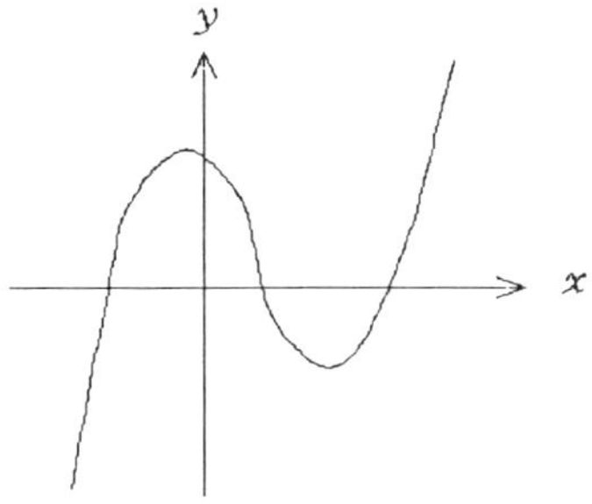

$y = f(x)$의 그래프

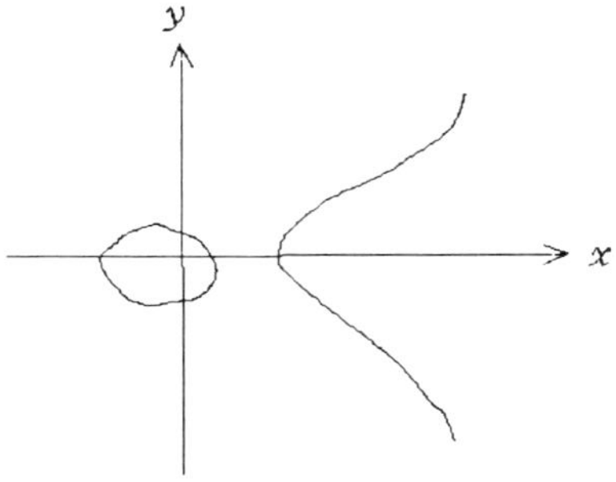

$y^2 = f(x)$의 그래프

(b) 방정식 $f(x) = 0$가 단 한 개의 실근을 갖는 경우

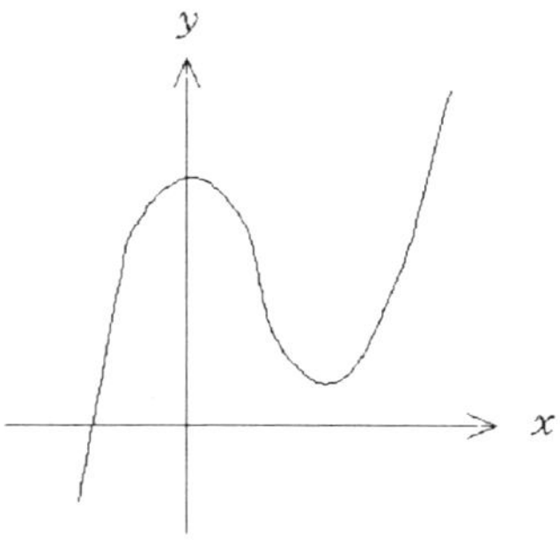

$y = f(x)$의 그래프

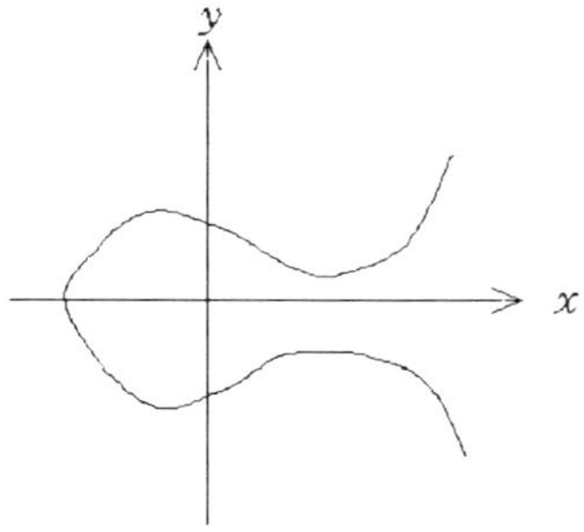

$y^2 = f(x)$의 그래프

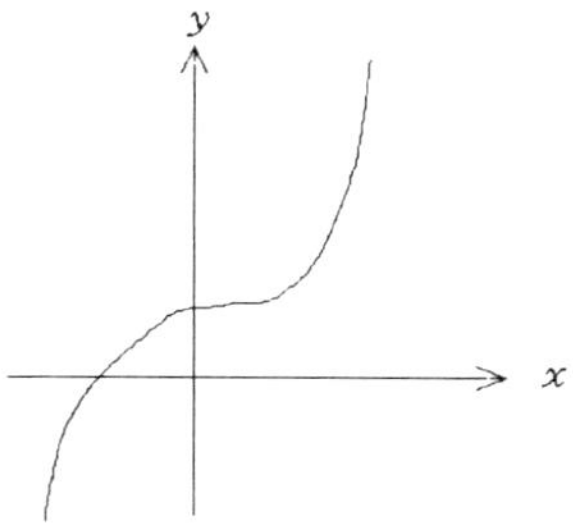

$y = f(x)$의 그래프

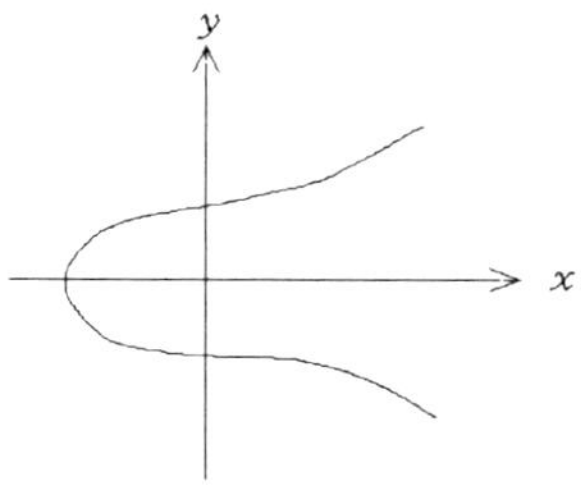

$y^2 = f(x)$의 그래프

예제 8.1.7 $y^2 = x^3 + ax + b$의 그래프는 x축에 관하여 대칭이며, $y = x^3 + ax + b$의 그래프로부터 $y = \sqrt{x^3 + ax + b}$ 의 그래프를 그린 다음 x축에

관하여 대칭인 그래프를 그리면 된다.

<타원곡선 위의 덧셈>

타원곡선 위의 서로 다른 두 점 P와 점 Q를 더하기 위해서 먼저 아래 그림과 같이 P와 Q를 잇는 선을 그으면 타원곡선 위의 다른 한 점 $-R$과 반드시 교차하게 된다. 만약 $P=Q$이면 타원곡선 위의 점 P에 대한 접선을 그으면 된다. 이때, 점 $-R$을 통과하는 수직선을 그어 타원곡선과 교차되는 또 다른 점 R(점 $-R$과 x축에 관하여 대칭인 점)가 $P+Q$로 정의된다.

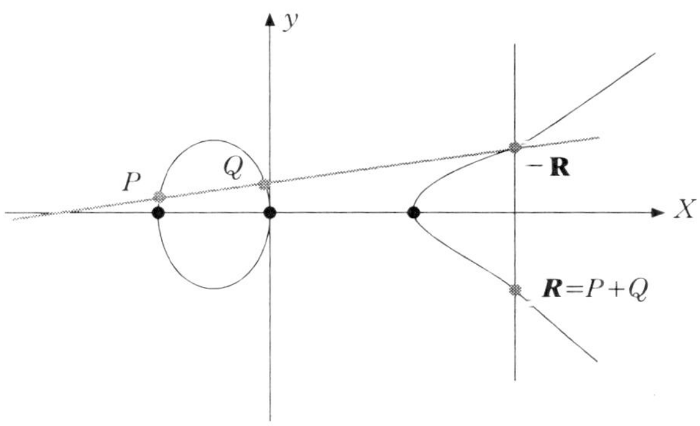

예제 8.1.8 타원곡선 $y^2 = x^3 - 9x - 1$ 위의 덧셈을 알아본다.

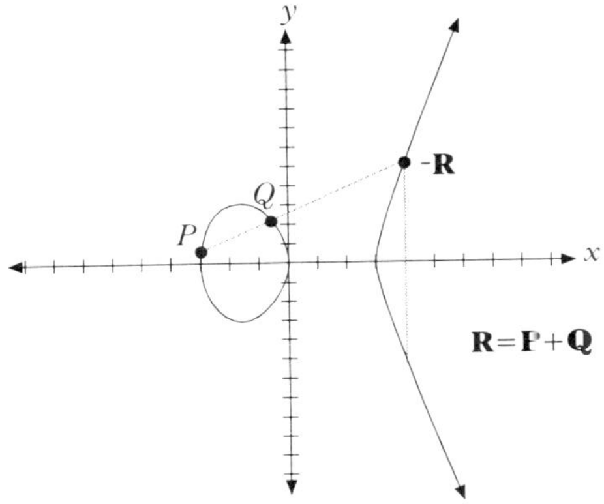

<타원곡선 $y^2 = x^3 - 9x - 1$ 위의 덧셈>

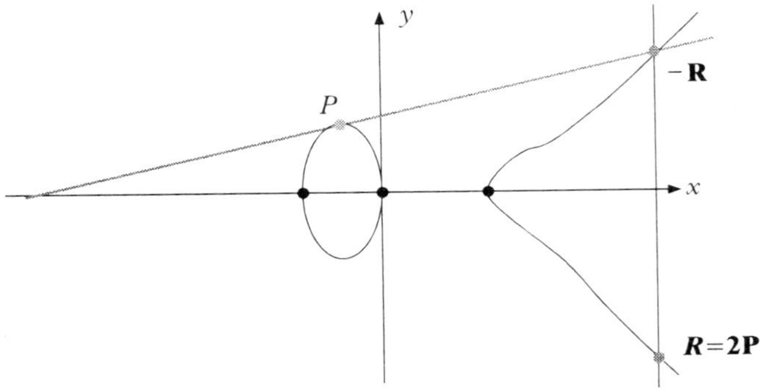

다음 그림과 같이 점 P와 $-P$를 잇는 직선은 y축과 평행인 직선으로서 타원곡선 위의 다른 점과 교차하지 않는다. 그러므로 위와 같은 방법으로 P와 $-P$를 더할 수 없다. 이런 이유로 무한원점 O를 도입한다. $P+(-P)=O$로 정의한다.

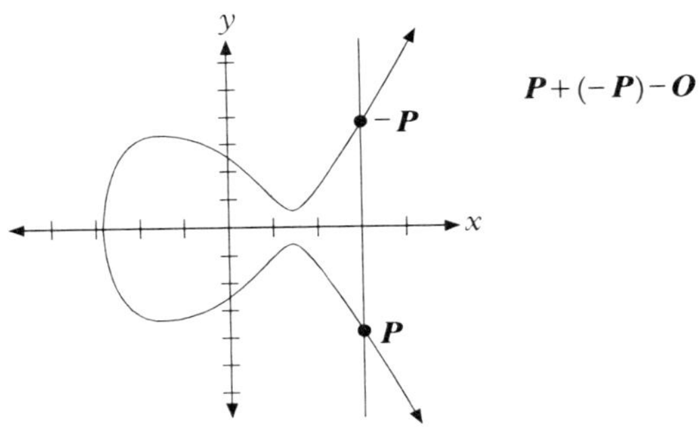

<타원곡선 $y^2=x^3-6x+6$>

타원곡선 군 위의 모든 점 P에 대하여 P와 O를 잇는 선을 그으면 타원곡선 위의 다른 한 점 $-P$과 교차하고, $-P$와 x축에 관하여 대칭인 점이 바로 P이므로 $P+O=P$가 성립한다.

따라서, 타원곡선 위의 모든 점은 덧셈에 대한 항등원을 가진다.

점 P의 y좌표가 0이면 P에서의 타원곡선의 접선은 y축과 평행한 수직선이고 타원곡선 위의 어떤 점과도 만나지 않는다. 이 경우 $P+P=2P=0$으로 정의한다.

이 경우에 $3P=P$, $4P=0$, $5P=P$, $\cdots$ 와 같은 결과를 얻는다.

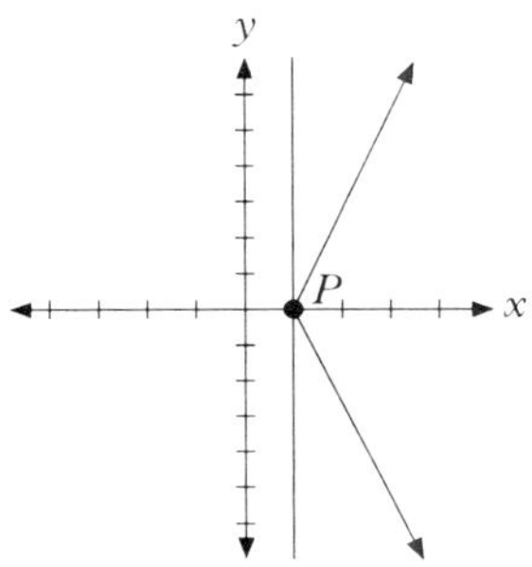

지금까지 타원곡선 군에서의 덧셈에 대한 성질을 정리하면 다음과 같다.

타원곡선 군에서의 덧셈은 다음과 같은 특성을 가지고 있다.

1. 무한원점 O은 타원곡선 위의 임의의 점 P에 대하서

$$P+O=P$$

가 성립한다. 즉 무한원점 O은 덧셈에 관하여 항등원이다.
2. 타원곡선 위의 임의의 점 P에 대해서 $P+Q=O$을 만족하는 점 Q가 존재하는데 $Q=-P$로 나타내며 뺄셈 $R-S$는 $R+(-S)$로 정의된다. 점 $-P$는 점 P의 x축에 대한 대칭점이 되기 때문에 점 P의 좌표가 $(x,\ y)$이면 점 $-P$의 좌표는 $(x,\ -y)$가 된다.
3. 타원곡선 위의 임의의 점 P, Q와 R에 대해서

$$P+(Q+R)=(P+Q)+R$$

성립한다.
4. 타원곡선 위의 임의의 점 P와 Q에 대해서

$$P+Q=Q+P$$

가 성립한다.

따라서 타원곡선 군은 가환군이 된다.

<타원곡선 덧셈: 대수적인 접근방법>

타원곡선 위에서의 기하학적 연산은 그대로 대수적인 연산으로도 설명할 수 있다.

(x_1, y_1), (x_2, y_2), (x_3, y_3)를 각각 점 P, Q, $R = P + Q$의 좌표라고 하자. 점 $R = P + Q$의 좌표 (x_3, y_3)를 x_1, y_1, x_2, y_2를 이용하여 표현해보자.

이때, $-R = (x_3,\ -y_3)$가 성립한다.

a) $P = (x_1, y_1)$, $Q = (x_2, y_2)$, $x_2 \neq x_1$에 대하여 생각해 보자.
직선 PQ의 기울기는

$$k = \frac{y_1 - y_2}{x_1 - x_2}$$

이므로, 이 직선의 방정식은 $y = k(x - x_1) + y_1$이고, 이 식을 타원곡선의 방정식 $y^2 = x^3 + ax + b$ 에 대입하면 $[k(x - x_1) + y_1]^2 = x^3 + ax + b$ 이고 이를 정리하면

$$x^3 - k^2x^2 + (2k^2x_1 - 2ky_1 + a)x + b - k^2x_1^2 + 2kx_1y_1 - y_1^2 = 0$$

이다. 3차방정식

$$x^3 - k^2x^2 + (2k^2x_1 - 2ky_1 + a)x + b - k^2x_1^2 + 2kx_1y_1 - y_1^2 = 0$$

의 각각의 근에 대하여 타원곡선 위의 한 개의 교차점이 존재하게 된다.
$(x_1, y_1), (x_2, y_2)$는 타원곡선 위의 두 점 P와 Q이기 때문에 x_1과 x_2는 3차방정식

$$x^3 - k^2x^2 + (2k^2x_1 - 2ky_1 + a)x + b - k^2x_1^2 + 2kx_1y_1 - y_1^2 = 0$$

의 근이다. 위의 3차방정식이 두 개의 실근 x_1과 x_2를 가지므로 남은 한 근도 실수이다. 이 3차방정식의 세 근을 x_1, x_2, x_3라 하면 $x_1 + x_2 + x_3 = k^2$이고 따라서 다음이 성립한다.

$$x_3 = k^2 - (x_1 + x_2),$$
$$-y_3 = k(x_3 - x_1) + y_1 = kx_3 + (y_1 - kx_1) = y_1 + k(x_3 - x_1)$$

이 된다. 따라서 점 $R = P + Q$의 좌표 (x_3, y_3)을 x_1, y_1, x_2, y_2를 이용하여 표현하면 다음과 같다.

$$x_3 = k^2 - (x_1 + x_2) = \left(\frac{y_1 - y_2}{x_1 - x_2}\right)^2 - (x_1 + x_2)$$
$$y_3 = -y_1 + k(x_1 - x_3) = -y_1 + \left(\frac{y_1 - y_2}{x_1 - x_2}\right)(x_1 - x_3)$$

b) $P = (x_1, y_1)$, $Q = (x_2, y_2)$, $x_1 = x_2$에 대하여 생각해 보자.

i) $y_1 = y_2 \neq 0$인 경우

$y^2 = x^3 + ax + b$ 을 음함수 미분을 하면 $2y\dfrac{dy}{dx} = 3x^2 + a$가 되고 점 $P = (x_1, y_1)$에서의 미분계수는

$$k = \left.\frac{dy}{dx}\right|_{(x_1,\, y_1)} = \left.\frac{3x^2 + a}{2y}\right|_{(x_1,\, y_1)} = \frac{3x_1^2 + a}{2y_1}$$

이므로 점 $R = P + Q$의 좌표 (x_3, y_3)을 x_1, y_1, x_2, y_2를 이용하여 표현하면 다음과 같다.

$$x_3 = \left(\frac{3x_1^2 + a}{2y_1}\right)^2 - 2x_1$$
$$y_3 = -y_1 + \left(\frac{3x_1^2 + a}{2y_1}\right)(x_1 - x_3)$$

ii) $y_1 = -y_2 \neq 0$인 경우

$P=-Q$ 일 때 정의로부터 $P+Q=O$이다.

iii) $y_1=y_2=0$인 경우

$$P+Q=O$$

예제 8.1.9 곡선 $y^2=x^3-36x$에서 점 $P=(x_1,y_1)$와 $Q=(x_2,y_2)$의 좌표를 $(-3,9)$와 $(-2,8)$이라 할 때 $P+Q$의 좌표를 구하라.

풀이 점 P와 Q를 지나는 직선은 $y=-x+6$이고, 직선 $y=-x+6$과 곡선 $y^2=x^3-36x$의 교점의 x좌표는 $(-x+6)^2=x^3-36x$의 근이다. 이 삼차방정식을 풀면, $x=-3,-2$ 또는 6이므로 $x_1=-3, y_1=9, x_2=-2, y_2=8$이다. $x_3=1-(-3)-(-2)=6$, $y_3=-9-(-3-6)=0$이므로 $P+Q$의 좌표는 $(6,0)$이다.

예제 8.1.10 곡선 $y^2=x^3-4x+4$ 에서 점 $P=(x_1,y_1)$와 $Q=(x_2,y_2)$의 좌표를 $(1,1)$와 $(2,2)$라 할 때 $P+Q$의 좌표를 구하라.

풀이 예제 8.1.9와 같은 방법으로 하면 $P+Q$의 좌표는 $(-2,2)$이다.

예제 8.1.11 곡선 $y^2=x^3-36x$ 에서 $P=(-3,9)$일 때 $2P$의 좌표를 구하라.

풀이 $P=(-3,9)$일 때 $2P$를 구하기 위하여 $y^2=x^3-36x$를 미분하여 기울기를 구하면, $2y\frac{dy}{dx}=3x^2-36$으로부터 $\frac{dy}{dx}|_{(-3,9)}=-\frac{1}{2}$이다. 따라서 직선의 식은 $y=-\frac{x}{2}+\frac{15}{2}$이다. 직선 $y=-\frac{x}{2}+\frac{15}{2}$과 곡선 $y^2=x^3-36x$의 교점의 x좌표는 $\left(\frac{-x+15}{2}\right)^2=x^3-36x$의 해이다. 이 방정식을 풀면, $x=-3$ 또는 $x=\frac{25}{4}$이다. 따라서 $2P$의 좌표는 $\left(\frac{25}{4},-\frac{35}{8}\right)$이다.

예제 8.1.12 곡선 $y^2 = x^3 - 4x + 4$ 에서 $P = (1,1)$일 때 $2P$의 좌표를 구하라.

풀이 예제 8.1.11과 같은 방법으로 하면 $2P$의 좌표는 $\left(-\frac{7}{4}, -\frac{19}{8}\right)$이다.

예제 8.1.13 타원곡선 위의 한점 P에 대하여 $NP = O$를 만족하는 최소의 양의 정수 N을 점 P의 **위수**(order)라 한다.

예제 8.1.14 타원곡선 $y^2 = x^3 + 1$위의 점 $P = (2,3)$의 위수를 구하라.

풀이 점 P에서의 접선의 방정식이 $y = 2x - 1$이므로, $2P = (0,1)$이다. 같은 방법으로 $4P = (0,-1)$이다. 그러므로 $4P = -2P$이다. 따라서 $6P = O$이다. P의 위수가 3이라면 $4P = P$가 되어 모순이 된다. 그러므로 P의 위수는 6이다.

예제 8.1.15 타원곡선 $y^2 = x^3 - 4x + 4$위의 점 $Q = (2,2)$의 위수를 구하라.

풀이 위수는 0이다.

연습문제 8.1장

1. 타원곡선 $y^2 = x^3 - 7x - 6$은 실수체 위에서 군을 정의하는가?

2. 정수의 덧셈에 관한 항등원은 무엇인가?

3. 점 $(4,7)$은 타원곡선 $y^2 = x^3 - 5x + 5$상에 있는가?

4. 점 $P=(-4,-6)$이라면 $-P$는 무엇인가?

5. 타원곡선 $y^2 = x^3 - 17x + 16$ 위의 두 점 $P=(0,-4)$와 $Q=(1,0)$에 대하여 $P+Q$를 구하라.

6. 타원곡선 $y^2 = x^3 - 17x + 16$ 위의 점 $P=(0,4)$에 대하여 $2P$를 구하라.

7. 타원곡선 $y^2 = x^3 + 1$ 위의 점 $Q=(2,-3)$의 위수를 구하라.

§8.2 유한체 위에서의 타원곡선(Elliptic curve over Finite Fields)

$\mathbb{F}_p$ 위에서의 타원곡선 군은 실수체 위에서 정의된 타원 곡선군과 여러 가지 중요한 차이점이 존재한다. $\mathbb{F}_p$ 위에서의 타원곡선 군은 유한개의 원소로 이루어져 있으며, 이는 암호학적 응용에는 바람직한 성질이다. 이 곡선은 유한개의 점으로 이루어져 있으므로 그래프가 곡선처럼 보이도록 "점들을 연결하는" 방법이 명확하지 않다. 그래프가 매끄러운 곡선이 아니므로 한 점의 두 배를 계산하는데 필요한 접선을 그리는 것이 불가능하다. 더욱이 서로 다른 두 점을 지나는 직선이 $\mathbb{F}_p$ 위에서의 타원곡선의 제 3의 점에서 교차하는 경우가 생기지 않는다. 그러므로 실수체 위에서의 타원곡선 군에서의 덧셈의 기하학적 설명이 $\mathbb{F}_p$에서의 타원곡선 군에는 사용될 수 없다. 하지만 실수체 위에서의 타원곡선의 대수적인 규칙들은 $\mathbb{F}_p$에서의 타원곡선에 효율적으로 채택할 수 있다. $\mathbb{F}_p$ 위에서의 타원곡선 군에서의 계산은 암호학적 응용에 필수적인 조건인 반올림에 따른 오차(round-off error)를 포함하지 않으므로 실수체 위에서 정의된 타원곡선에서와 달리 계산오류가 없이 정확한 값을 얻는 장점이 있다.

<$\mathbb{F}_p\,(p \geq 5)$ 위에서의 타원곡선 군>

$\mathbb{F}_p$ 위에서의 타원곡선 군은 다음 방정식을 만족시키는 $\mathbb{F}_p^2$의 원소 (x,y)와 실제로 곡선 위에는 존재하지 않지만 가상적으로 존재하는 무한원점 O의 집합이다.

$$E(\mathbb{F}_p) = \{(x,y) \in \mathbb{F}_p{}^2 \mid y^2 = x^3 + ax + b,\ a,b \in \mathbb{F}_p\} \cup \{O\}$$

예제 8.2.1 $P(2,0)$과 $Q(6,3)$은 $\mathbb{F}_{17}$ 위에서 타원곡선 $y^2 = x^3 + x + 7$ 위의 점이 아님을 보여라.

풀이 $\mathbb{F}_{17}$에서 $0^2 = 0$이고 $2^3 + 2 + 7 = 0 \pmod{17}$이므로 $P(2,0)$은 타원곡선 $y^2 = x^3 + x + 7$ 위의 점이다. 한편 $\mathbb{F}_{17}$에서 $3^2 = 9$이고 $6^3 + 6 + 7 = 229 \equiv 8$이므로 $Q(6,3)$은 타원곡선 $y^2 = x^3 + x + 7$ 위의 점이 아니다.

예제 8.2.2 $\mathbb{F}_{23}$ 위에서 타원곡선 $y^2 = x^3 + x + 1$은 무한대 점 O를 포함하여 28개의 점으로 구성된다.

$$E(\mathbb{F}_{23}) = \{(x,\ y) \in \mathbb{F}_{23}^2 \mid y^2 = x^3 + x + 1\} \cup \{\mathrm{O}\}$$

$$\begin{aligned} E(\mathbb{F}_{23}) = \{ & (0,1),(4,0),(7,12),(12,19),(18,20),(0,22),(5,4),(9,7),(13,7),(19,5), \\ & (1,7),(5,19),(9,16),(13,16),(19,18),(1,16),(6,4),(11,3),(17,3),(3,10), \\ & (6,19),(11,20),(17,20),(3,13),(7,11),(12,4),(18,3), O\} \end{aligned}$$

이 점들은 다음과 같이 그림으로 나타낼 수 있다.

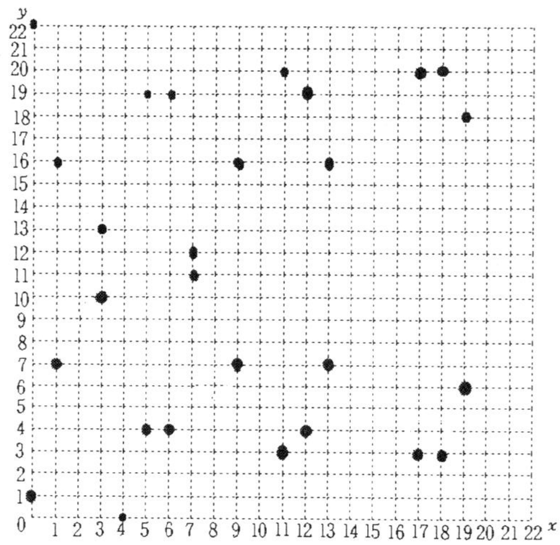

<$\mathbb{F}_{23}$ 위에서의 타원곡선 $y^2 = x^3 + x + 1$>

예제 8.2.3 곡선 $y^2 = x^3 + 10x + 5$은 $\mathbb{F}_{17}$ 위에서 군을 정의하는지를 알아보라.

풀이 $4(10)^3 + 27(5)^2 = 4675 \equiv 0 \pmod{17}$이므로 타원곡선

$$y^2 = x^3 + 10x + 5$$

은 $\mathbb{F}_{17}$위에서 군을 정의하지 않는다.

예제 8.2.4 곡선 $y^2 = x^3 - 17x + 16$은 $\mathbb{F}_{23}$ 위에서 군을 정의함을 보여라.

풀이 $4(-17)^3 + 27(16)^2 = -4913 + 6912 = 1999 \equiv 21 \not\equiv 0 \pmod{23}$이므로 타원곡선 $y^2 = x^3 - 17x + 16$은 $\mathbb{F}_{23}$ 위에서 군을 정의한다.

<$\mathbb{F}_p\ (p \ge 5)$ **위에서의 덧셈 연산 알고리즘**>

① 점 $P=(x_P, y_P)$에 대하여 P의 역원 $-P$는 $-P=(x_P, -y_P \bmod p)$이다.
② P와 Q가 $P \neq -Q$인 서로 다른 두 점이면 $R=P+Q=(x_R, y_R)$은 다음과 같다.

$$l=(y_P-y_Q)^*(x_P-x_Q)^{-1}(\bmod p)$$
$$x_R=(l^2-x_P-x_Q)(\bmod p)$$
$$y_R=-y_P+l^*(x_P-x_R)(\bmod p)$$

예제 8.2.5 $\mathbb{F}_{17}$ 위에서 다음 타원곡선 점들 $P(5,8)$, $Q(3,0)$, $R(0,6)$의 각각의 역원을 구하여라.

풀이 P의 역원 $-P$는 $-P=(x_P, -y_P \bmod p)=(5,-8 \bmod 17)=(5,9)$ 이다. 마찬가지로 $-Q=(3,0)$이고 $-R=(0,11)$이다.

예제 8.2.6 $\mathbb{F}_{23}$ 위에서 타원곡선 $y^2=x^3+x+1$ 위의 두 점 $P=(9,7)$와 $Q=(3,10)$에 대하여 $R=P+Q$를 구하여라.

풀이 $l=(y_P-y_Q)^*(x_P-x_Q)^{-1}(\bmod p)=11$

$$x_R=(l^2-x_P-x_Q)(\bmod p)=17=17,$$
$$y_R=-y_P+l^*(x_P-x_R)(\bmod p)=20$$

그러므로, $(9,7)+(3,10)=(17,20)$이다.

예제 8.2.7 $\mathbb{F}_{23}$ 위에서 타원곡선 $y^2=x^3+x+1$ 위의 두 점 $P=(0,1)$와 $Q=(3,10)$에 대하여 $R=P+Q$를 구하여라.

풀이 예제 8.2.6과 같은 방법으로 하면 $R=(6,4)$이다.

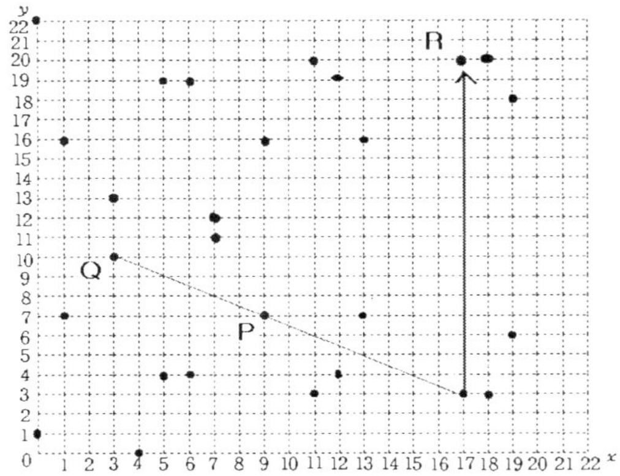

<$\mathbb{F}_{23}$ 위에서의 타원곡선 $y^2 = x^3 + x + 1$>

<$\mathbb{F}_p$ ($p \geq 5$) 위에서의 두배점 연산 알고리즘>

① 점 $P = (x_P, y_P)$에 대하여 $y_P = 0$일 때 $2P$는 정의에 의하여 무한원점 O이다.
② $y_P \neq 0$인 경우 $R = 2P = (x_R, y_R)$의 값은 다음과 같다.

$$l = (3x_P^2 + a) * (2y_P)^{-1} \pmod{p}$$
$$x_R = (l^2 - 2x_P) \pmod{p}$$
$$y_R = -y_P + l * (x_P - x_R) \pmod{p}$$

예제 8.2.8 $\mathbb{F}_{23}$ 위에서 타원곡선 $y^2 = x^3 + x + 1$ 위의 점 $P = (3,10)$에 대하여 $R = 2P = (x_R, y_R)$를 구하여라.

풀이 $l = (3x_P^2 + a) * (2y_P)^{-1} \pmod{p} = 6$, $x_R = (l^2 - 2x_P) \pmod{p} = 7$, $y_R = -y_P + l * (x_P - x_R) \pmod{p} = 12$. 그러므로 $2(3,10) = (7,12)$이다.

예제 8.2.9 $\mathbb{F}_{23}$ 위에서 타원곡선 $y^2 = x^3 + x + 1$ 위의 점 $P = (9, 7)$에 대하여 $R = 2P = (x_R, y_R)$를 구하여라.

풀이 예제 8.2.8과 같이하면 $l = 1$이고 $R = (6,19)$이다.

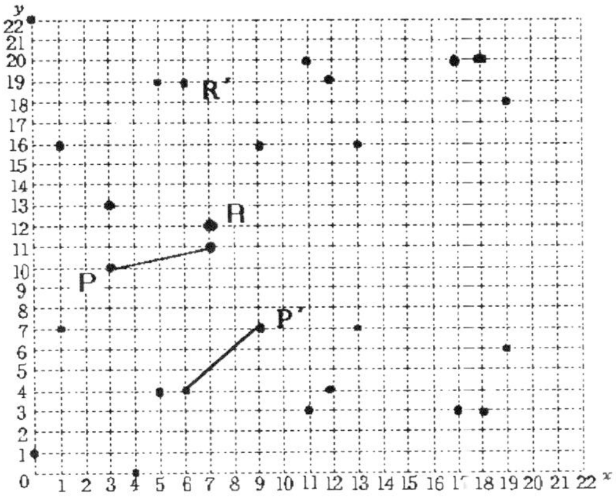

<$\mathbb{F}_{23}$ 위에서의 타원곡선 $y^2 = x^3 + x + 1$>

예제 8.2.10 $\mathbb{F}_{11}$ 위에서 타원곡선 $y^2 = x^3 + x + 6$ 위의 점 $P = (2,4)$의 위수를 구하라.

풀이 $2P = (5,9)$, $3P = (8,8), 6P = (7,2), 12P = (2,7)$이므로 $13P = O$이다. 따라서 P의 위수는 13이다.

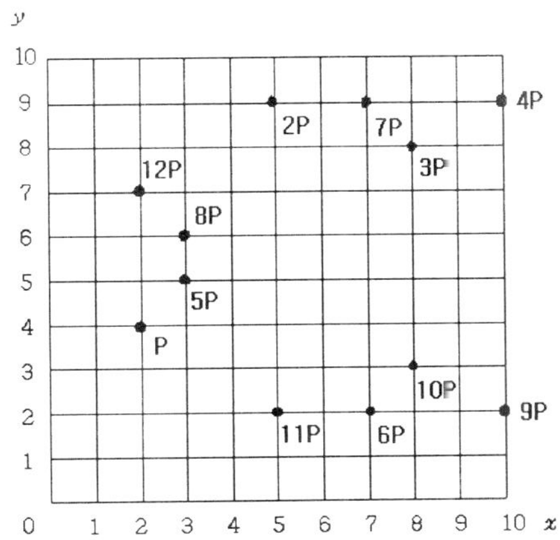

<$\mathbb{F}_{11}$ 위에서의 타원곡선 $y^2 = x^3 + x + 6$>

예제 8.2.11 $\mathbb{F}_5$ 위에서 타원곡선 $y^2 = x^3 + 1$ 위의 점 $P = (4,0)$의 위수를 구하라.

풀이 점 P의 위수는 6이다.

연습문제 8.2장

1. 곡선 $y^2 = x^3 - 36x$에서 다음 물음에 답하여라.
 (1) 곡선이 x축과 만나는 점의 좌표를 구하라.
 (2) 곡선의 그래프를 그려라.
 (3) $Q = (-2,8)$일 때, $2Q$를 구하라.
 (4) 타원곡선 위의 두 점 $(6,0)$과 $(-2,8)$의 합 $(6,0)+(-2,8)$을 구하라.

2. $\mathbb{F}_{11}$ 위에서 정의된 곡선 $y^2 = x^3 + x + 6$에 대하여 다음 물음에 답하여라.
 (1) $(2,7)+(3,5)$를 구하여라.
 (2) $2(2,7)$을 구하여라.
 (3) $(2,7)$의 위수를 구하여라.

3. $\mathbb{R}$ 위에서의 타원곡선 $y^2 = x^3 - x^2 - 4x + 8$의 세점

$$P = (1,2), Q = (-2,2), R = (2,2)$$

에 대하여 다음을 구하라.
 (1) $P + Q$ (2) $2R$

4. 실수체 $\mathbb{R}$에서의 타원곡선

$$y^2 = x^3 + x^2 + 4x + 4$$

 위의 점 $P = (4,10)$에 대하여 $2P, 3P, 4P$를 구하여라.

5. 실수체 $\mathbb{R}$에서의 타원곡선 $y^2 = x^3 + x^2 + 2x$ 위의 두 점 $P = (0,0)$, $Q = (1,2)$에 대하여 $2P, P + Q$를 구하여라.

6. 주어진 타원곡선 $E: y^2 \equiv x^3 + 2x + 3 \pmod{5}$에 대하여 $(1,4)+(3,1)$을 구하여라.

7. $\mathbb{F}_{11}$ 위에서의 타원곡선 $E: y^2 = x^3 + x + 6$에 대하여 다음을 구하여라.

(1) $G(E, F_{11})$

(2) $2(2,4), 3(2,4), 6(2,4)$

8. $E: y^2 \equiv x^3 + 4x + 4 \pmod{2773}$이고 $P = (1,3)$일 때 $2P$를 구하라.

9. $\mathbb{F}_7$ 위에서의 타원곡선 $y^2 = x^3 + 3$ 위의 점 $P = (1,2)$의 위수를 구하라.

10. $\mathbb{F}_{11}$ 위에서의 타원곡선 $E: y^2 = x^3 + x + 6$ 위의 점 $P = (2,4)$의 위수를 구하여라.

§8.3 $\mathbb{F}_{2^m}$ 위에서의 타원곡선 군(Elliptic curve over $\mathbb{F}_{2^m}$)

$\mathbb{F}_{2^m}$의 원소들은 m-비트열들이다. $\mathbb{F}_{2^m}$은 비트열들 위에서 작동하기 때문에 컴퓨터가 이러한 연산을 매우 효과적으로 수행한다.

$\mathbb{F}_{2^m}$은 표수가 2이므로 타원곡선 방정식은 위의 것들과는 다른 $y^2+a_3y=x^3+a_4x+a_6$의 형태이거나 $y^2+xy=x^3+ax^2+b$의 형태이다. 여기서 $a,b,a_4,a_6 \in \mathbb{F}_{2^m}$이다.

암호학적 응용에서 변수 m은 충분히 커야 한다. 실제적으로는 $m=155$가 적합하다.

간단한 예로서 기약다항식 $f(x)=x^4+x+1$에 의한 다항식 표현을 이용해서 정의된 $\mathbb{F}_{2^4}$을 생각해보자. $g=(0010)$이 $\mathbb{F}_{2^4}$의 하나의 생성자이다.

$g^0=(0001)$	$g^1=(0010)$	$g^2=(0100)$	$g^3=(1000)$
$g^4=(0011)$	$g^5=(0110)$	$g^6=(1100)$	$g^7=(1011)$
$g^8=(0101)$	$g^9=(1010)$	$g^{10}=(0111)$	$g^{11}=(1110)$
$g^{12}=(1111)$	$g^{13}=(1101)$	$g^{14}=(1001)$	$g^{15}=(0001)$

< g^i의 이진표현>

$1^2+1=(0000)$	$g^2+g=(0110)$	$g^4+g^2=(0111)$	$g^6+g^3=(0100)$
$g^8+g^4=(0110)$	$g^{10}+g^5=(0001)$	$g^{12}+g^6=(0011)$	$g^{14}+g^7=(0010)$
$g^{16}+g^8=(0111)$	$g^{18}+g^9=(0010)$	$g^{20}+g^{10}=(0001)$	$g^{22}+g^{11}=(0101)$
$g^{24}+g^{12}=(0101)$	$g^{26}+g^{13}=(0011)$	$g^{28}+g^{14}=(0100)$	$g^{30}+g^{15}=(0000)$

<y^2+y의 이진표현>

a) ① 타원곡선 $y^2+y=x^3+1$을 생각해 보자. 점$(g^5,1)$은 이 타원곡선위에 있는 점이다. 이 방정식을 만족하는 점들은

$$(0,g^5),(0,g^{10}),(1,0),(1,1),(g^5,0),\ (g^5,1),(g^{10},0),(g^{10},1)$$

이다.

② 타원곡선 $y^2+y=x^3+gx+1$을 생각해 보자. 점 (g^8,g^5)은 이 타원곡선위에 있는 점이다. 이 방정식을 만족하는 16개의 점들은 위의 두 표를 이용하

여 다음과 같이 구할 수 있다.

$$(1,g^7),(g^2,g^{11}),(g^6,g^7),(g^8,g^5),\ (g^{11},g),\ (g^{12},0),\ (g^{13},g^7),(0,g^5),$$
$$(1,g^9),(g^2,g^{12}),(g^6,g^9),(g^8,g^{10}),(g^{11},g^4),(g^{12},1),(g^{13},g^9),(0,g^{10})$$

b) 타원곡선 $y^2+xy=x^3+g^4x^2+1$을 생각해 노자. 점 (g^5,g^3)은 이 타원곡선위에 있는 점이다. 이 방정식을 만족하는 15개의 점들은 다음과 같다.

$$(1,g^{13}),(g^3,g^{13}),(g^5,g^{11}),(g^6,g^{14}),(g^9,g^{13}),(g^{10},g^8),(g^{12},g^{12}),$$
$$(1,g^6),(g^3,g^8),(g^5,g^3),(g^6,g^8),(g^9,g^{10}),(g^{10},g),(g^{12},0),(0,1)$$

참고 i) $Ay^2+By+C\equiv 0 \pmod{f(x)}$가 해를 가질 필요충분조건은 $Tr\left(\dfrac{AC}{B^2}\right)=0$이다.

ii) $\mathbb{F}_{2^m}$ 위에서의 타원곡선군의 원소을 개수는 2^m+1을 넘지 못한다.

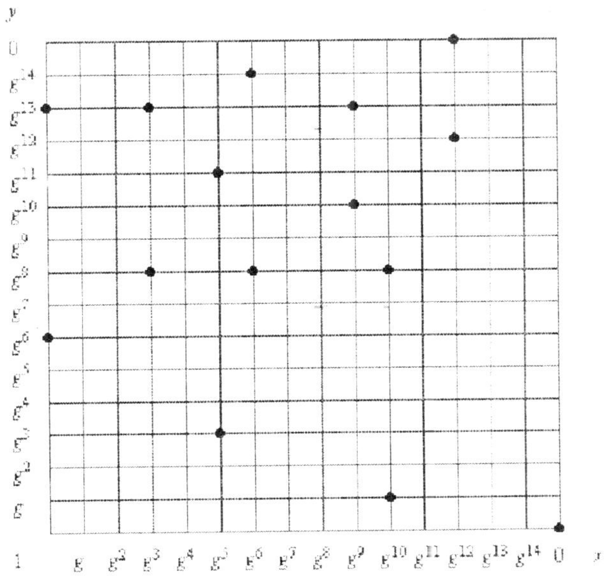

<$\mathbb{F}_{2^4}$ 위에서의 타원곡선 $y^2+xy=x^3+g^4x^2+1$>

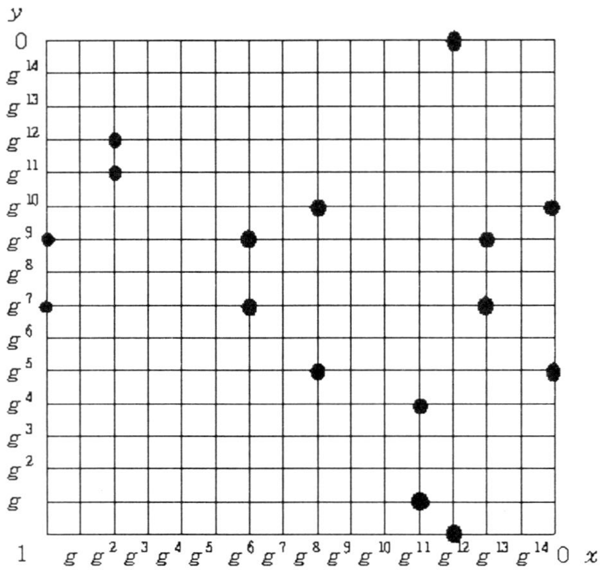

<$\mathbb{F}_{2^4}$ 위에서의 타원곡선 $y^2+y=x^3+gx+1$>

<$\mathbb{F}_{2^m}$ 위에서의 덧셈 연산 알고리즘>

A. $y^2+xy=x^3+ax^2+b$인 경우

① 점 $P=(x_P,y_P)$에 대하여 P의 역원 $-P$는 $-P=(x_P,x_P+y_P)$이다. 왜냐하면 $y^2+x_Py=x_P^3+ax_P^2+b=y_P^2+x_Py_P$이고 따라서 $(y+y_P)(y+x_P+y_P)=0$이므로 $y=y_P$ 또는 $y=x_P+y_P$이다. 그러므로 직선 $x=x_P$이 타원곡선과 만나는 점은 $P=(x_P,y_P), P=(x_P,x_P+y_P)$ 뿐이다. 따라서 $y^2+xy=x^3+ax^2+b$에서는 점 $P=(x_P,y_P)$에 대하여 $-P=(x_P,x_P+y_P)$이다.
② P와 $Q(Q\neq -P)$가 서로 다른 두 점이면 $R=P+Q=(x_R,y_R)$은 다음과 같다.

$$l=(y_P+y_Q)*(x_P+x_Q)^{-1}(\bmod p)$$
$$x_R=l^2+l+x_P+x_Q+a(\bmod p)$$
$$y_R=l*(x_P+x_R)+x_R+y_P(\bmod p)$$

증명 x^2의 계수가 l^2+l+a이므로 $x_R = l^2+l+a+x_P+x_Q \pmod{p}$이다. 또한 $x_R+y_R = l^*(x_R+x_P)+y_P$ 이므로 $y_R = l^*(x_P+x_R)+x_R+y_P \pmod{p}$이다.

실수체 위에서의 타원곡선군과 마찬가지로 $P+(-P)=O$이다. 더욱이 모든 점 P에 대하여 $P+O=P$이다.

예제 8.3.1 $\mathbb{F}_{2^4}$ 위에서의 타원곡선 $y^2+xy=x^3+g^4x^2+1$에 대하여 두 점 $P=(g^3,g^{13})$과 $Q=(g^6,g^8)$의 합 $P+Q=R$을 구하라.

풀이 점 P와 Q를 잇는 직선의 기울기는 $l=(y_P+y_Q)\cdot(x_P+x_Q)^{-1}=g$이다. 또한$x_R=l^2+l+x_P+x_Q+a=1$이고 $y_R=1+g^6=g^{13}$이므로

$$(g^3,g^{13})+(g^6,g^8)=(1,g^{13})$$

이다.

예제 8.3.2 $\mathbb{F}_{2^4}$ 위에서의 타원곡선 $y^2+xy=x^3+g^4x^2+1$에 대하여 두 점 $P=(g^6,g^{14})$과 $Q=(g^{10},g^8)$의 합 $P+Q=R$을 구하여라.

풀이 점 P와 Q를 잇는 직선의 기울기는 $l=(y_P+y_Q)\cdot(x_P+x_Q)^{-1}=g^{14}$이다. 또한 $x_R=l^2+l+x_P+x_Q+a=g^6$이고 $y_R=g^6+g^{14}=g^8$이므로

$$(g^6,g^{14})+(g^{10},g^8)=(g^6,g^8)$$

이다.

예제 8.3.3 $\mathbb{F}_{2^4}$ 위에서의 타원곡선 $y^2+xy=x^3+gx^2+1$에 대하여 두 점 $P=(g^2,g^8)$과 $Q=(g^9,g^2)$의 합 $P+Q=R$을 구하여라.

풀이 점 P와 Q를 잇는 직선의 기울기는 $l=(y_P+y_Q)\cdot(x_P+x_Q)^{-1}=g^4$이다. 또한$x_R=l^2+l+x_P+x_Q+a=g^9$이고 $y_I=l\cdot(x_P+x_R)+x_R+y_p=g^{11}$

$(=g^9+g^2)$ 이므로 $(g^2,g^8)+(g^9,g^2)=(g^9,g^{11})$이다.

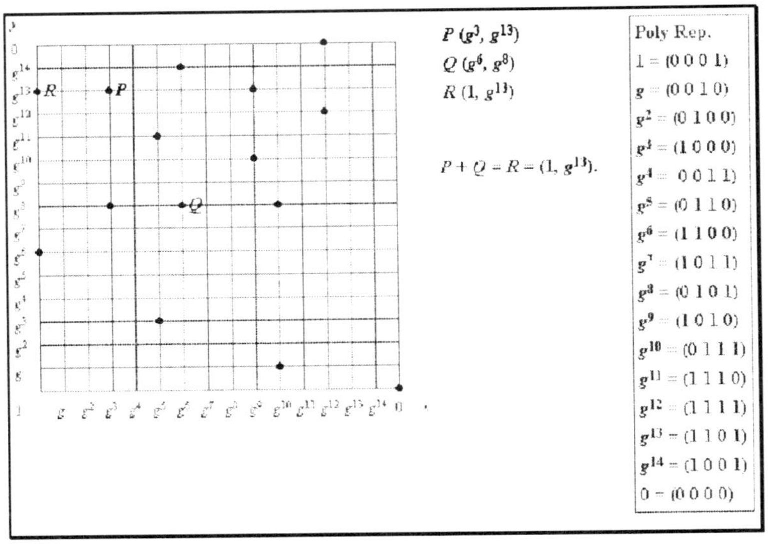

<$\mathbb{F}_{2^4}$ 위에서의 타원곡선 $y^2+xy=x^3+g^4x^2+1$>

B. $y^2+ey=x^3+bx+c$인 경우

① 점 $P=(x_P,y_P)$에 대하여 P의 역원 $-P$는 $-P=(x_P,e+y_P)$이다.
왜냐하면 점 $P=(x_P,y_P)$에 대하여 $x=x_P$을 $y^2+ey=x^3+bx+c$에 대입하면 $y^2+ey=y_P^2+ey_P$이므로 $y^2+y_P^2=e(y+y_P)$즉 $(y+y_P)^2=e(y+y_P)$이므로 $y=y_P$ 또는 $y=e+y_P$이다. 따라서 직선 $x=x_P$이 타원곡선과 만나는 점은 $P=(x_P,y_P)$, $P'=(x_P,e+y_P)$ 뿐이다. 따라서 점 $P=(x_P,y_P)$에 대하여 $-P=(x_P,e+y_P)$이다.

② P와 $Q(Q\neq -P)$가 서로 다른 두 점이면 $R=P+Q=(x_R,y_R)$은 다음과 같다.

$$k=(y_P+y_Q)*(x_P+x_Q)^{-1}(\mod p)$$
$$x_R=k^2+(x_P+x_Q)(\mod p)$$
$$y_R=k*(x_P+x_R)+y_P+e(\mod p)$$

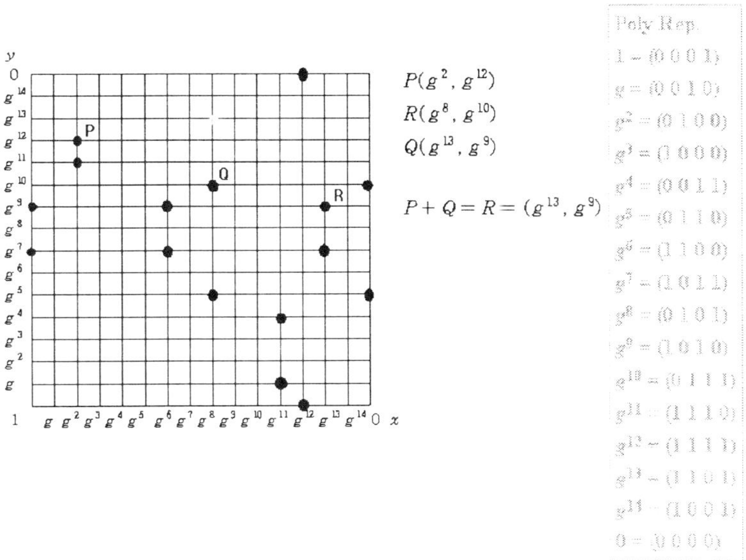

<$\mathbb{F}_{2^4}$ 위에서의 타원곡선 $y^2+y=x^3+gx+1$>

예제 8.3.4 $\mathbb{F}_{2^4}$ 위에서의 타원곡선 $y^2+y=x^3+gx+1$에 대하여 두 점 $P=(g^8,g^5)$과 $Q=(g^6,g^9)$의 합 $P+Q=R$을 구하라.

풀이 P와 Q를 잇는 직선의 기울기는 $k=(y_P+y_Q)\cdot(x_P+x_Q)^{-1}=g^7$이다. 또한 $x_R=k^2+(x_P+x_Q)=0$이고 $y_R=k*(x_P+x_R)+y_P+e=g^6$이므로 $(g^8,g^5)+(g^6,g^9)=(0,g^6)$이다.

예제 8.3.5 $\mathbb{F}_{2^4}$ 위에서의 타원곡선 $y^2+y=x^3+gx+1$에 대하여 두 점 $P=(g^2,g^{12})$과 $Q=(g^8,g^{10})$의 합 $P+Q=R$을 구하라.

풀이 P와 Q를 잇는 직선의 기울기는 $k=(y_P+y_Q)\cdot(x_P+x_Q)^{-1}=g^3$이다. 또한 $x_R=k^2+(x_P+x_Q)=g^{13}$이고 $y_R=k*(x_P+x_R)+y_P+e=g^9$이므로 $(g^2,g^{12})+(g^8,g^{10})=(g^{13},g^9)$이다.

<$\mathbb{F}_{2^m}$ 위에서의 두배점 연산 알고리즘>

A. $y^2+xy=x^3+ax^2+b$인 경우

① $x_P=0$이면 $2P=O$이다.

② $x_P \neq 0$이면 $R=2P=(x_R, y_R)$은 다음과 같다.

$$l = x_P + y_P * x_P^{-1}$$
$$x_R = l^2 + l + a, \quad y_R = x_P^2 + (l+1) * x_R$$

증명 $y^2+xy=x^3+ax^2+b$의 양변을 미분하여 정리하면 $xy'=x^2+y$이다. 따라서 $l=x_P+y_P*x_P^{-1}$이다. $x_R=l^2+l+a$이고 $-Q=(x_R, x_R+y_R)$이므로 $x_R+y_R+y_P=l*(x_R+x_P)$이다. 그러므로 $y_R=x_P^2+(l+1)*x_R$이다.

예제 8.3.6 $\mathbb{F}_{2^4}$ 위에서의 타원곡선 $y^2+xy=x^3+g^4x^2+1$의 점 $P=(g^6, g^8)$에 대하여 $2P=R$을 구하여라.

풀이 점 P에서의 접선의 기울기는 $l=x_P+y_P \cdot x_P^{-1}=g^3$이다. 또한 $x_R=l^2+l+a=g^{10}$이고 $y_R=x_P^2+(l+1)*x_R=g^8$이므로 $2(g^6, g^8)=(g^{10}, g^8)$이다.

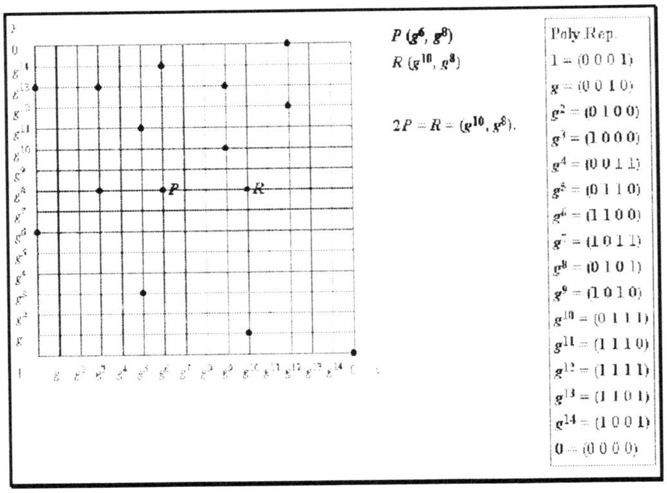

<$\mathbb{F}_{2^4}$ 위에서의 타원곡선 $y^2+xy=x^3+g^4x^2+1$>

예제 8.3.7 $\mathbb{F}_{2^4}$ 위에서의 타원곡선 $y^2 + xy = x^3 + gx^2 + 1$의 점 $P = (g^3, g^3)$에 대하여 $2P = R$을 구하여라.

풀이 예제 8.3.6과 같이하면 $l = g^{14}$, $x_R = g^5$, $y_R = g^{14}$이다. 그러므로 $2(g^3, g^3) = (g^5, g^{14})$이다.

B. $y^2 + ey = x^3 + bx + c$인 경우

① $x_P = 0$이면 $2P = O$이다.

② $x_P \neq 0$이면 $R = 2P = (x_R, y_R)$은 다음과 같다.

$$k = \frac{x_P^2 + b}{e}, \quad x_R = k^2, y_R = k(x_P + x_P) + y_P + e$$

증명 $2yy' + ey' = 3x^2 + b$이므로 $y' = \frac{x^2 + b}{e}$이므로 $k = \frac{x_P^2 + b}{e}$이다. $x_R + 2x_P = k^2$이므로 $x_R = k^2$이다. 또한 $e + y_R = y_P = k(x_R - x_P)$이므로 $y_R = k(x_P + x_R) + y_P + e$이다.

예제 8.3.8 $\mathbb{F}_{2^4}$ 위에서의 타원곡선 $y^2 + y = x^3 + gx + 1$의 점 $P = (g^2, g^{12})$에 대하여 $2P = R$을 구하여라.

풀이 점 P에서의 접선의 기울기는 $k = \frac{x_P^2 + b}{e} = 1$이다. 또한 $x_R = k^2 = 1$ 이고$y_R = k*(x_P + x_R) + y_P + e = g^7$이므로 $2(g^2, g^{12}) = (1, g^7)$이다.

예제 8.3.9 $\mathbb{F}_{2^4}$ 위에서의 타원곡선 $y^2 + y = x^3 + gx + 1$의 점 $P = (g^8, g^{10})$에 대하여 $2P = R$을 구하라.

풀이 점 P에서의 접선의 기울기는 $k = \frac{x_P^2 + b}{e} = 0$이다. 또한 $x_R = k^2 = 0$ 이고$y_R = k*(x_P + x_R) + y_P + e = g^5$이므로 $2(g^8, g^{10}) = (0, g^5)$이다.

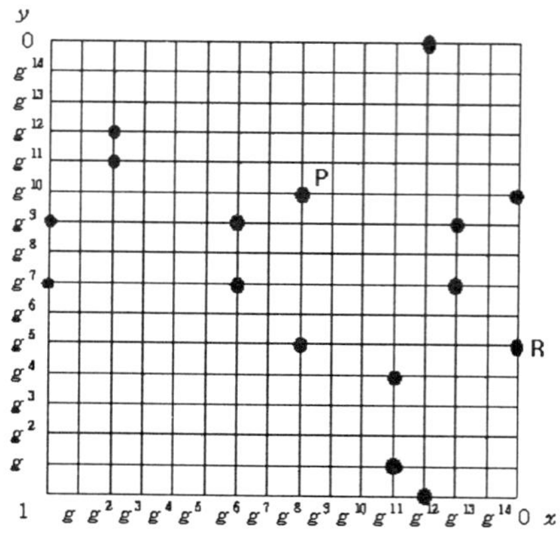

$P(g^8, g^{10})$
$R(0, g^5)$

$2P = R = (0, g^5)$

Poly Rep.
1 = (0 0 0 1)
g = (0 0 1 0)
g^2 = (0 1 0 0)
g^3 = (1 0 0 0)
g^4 = (0 0 1 1)
g^5 = (0 1 1 0)
g^6 = (1 1 0 0)
g^7 = (1 0 1 1)
g^8 = (0 1 0 1)
g^9 = (1 0 1 0)
g^{10} = (0 1 1 1)
g^{11} = (1 1 1 0)
g^{12} = (1 1 1 1)
g^{13} = (1 1 0 1)
g^{14} = (1 0 0 1)
0 = (0 0 0 0)

<$\mathbb{F}_{2^4}$ 위에서의 타원곡선 $y^2 + y = x^3 + gx + 1$>

연습문제 8.3장

기약다항식 x^2+x+1, x^3+x+1와 x^4+x+1에 의해서 각각 생성된 $\mathbb{F}_{2^2}, \mathbb{F}_{2^3}$와 $\mathbb{F}_{2^4}$에 대하여 다음 물음에 답하라.

1. 타원곡선 $y^2+xy=x^3+g^5x^2$은 $\mathbb{F}_{2^3}$ 위에서 군을 정의하는가?

2. 두 점 $P=(g^3, g^6)$과 $Q=(g^5, g^2)$은 $\mathbb{F}_{2^3}$ 위에서의 타원곡선

$$y^2+xy=x^3+g^2x^2+g^6$$

위에 있는가?

3. $\mathbb{F}_{2^3}$ 위에서의 타원곡선 $y^2+xy=x^3+g^2x^2+g^6$ 위의 다음 점들의 역원은 무엇인가?
   ① $P=(g^3, g^6)$ ② $Q=(g, 0)$ ③ $R=(0, g^3)$

4. 가) $\mathbb{F}_{2^3}$ 위에서의 타원곡선 $y^2+xy=x^3+g^2x^2-g^6$에 의해서 정의된 군에서 두 점 $P=(g^2, g^6)$과 $Q=(g^5, g^5)$의 합 $P+Q$를 구하여라.
   나) $\mathbb{F}_{2^4}$ 위에서의 타원곡선 $y^2+xy=x^3+gx^2+1$에 의해서 정의된 군에서 두 점 $P=(g^3, 0)$과 $Q=(g^9, g^{11})$의 합 $P+Q$를 구하여라.

5. 가) $\mathbb{F}_{2^3}$ 위에서의 타원곡선 $y^2+xy=x^3+g^2x^2-g^6$에 의해서 정의된 군에서 $P=(g^2, g^6)$일 때, $2P$를 구하여라.
   나) $\mathbb{F}_{2^4}$ 위에서의 타원곡선 $y^2+xy=x^3+gx^2+1$에 의해서 정의된 군에서 $P=(g^9, g^{11})$일 때, $2P$를 구하라.

6. $\mathbb{F}_{2^2}$ 위에서 타원곡선 $E: y^2+xy=x^3+\omega$ $(\omega\in\mathbb{F}_{2^2})$에 대하여 다음을 구하라.
   (1) $E(\mathbb{F}_{2^2})$ (2) $(0, \omega^2)+(\omega, \omega^2)$

참고문헌

1. E. Bach and J. Shallit, Algorithmic Number Theory 1, MIT Press, 1997.
2. T.L. Booth, Sequential Machines and Automata Theory, John Wiley & Sons, 1967.
3. P.P. Chaudhuri, D.R. Chowdhury, S. Nandi and S. Chattopadhyay, Additive Cellular Automata Theory and Applications, 1, IEEE Computer Society, 1997.
4. S.J. Cho, U.S. Choi, H.D. Kim, Y.H. Hwang, J.G. Kim and S.H. Heo, New synthesis of one-dimensional 90/150 Linear Hybrid Group Cellular Automata, IEEE Transactions on Computer-Aided Design of Integrated Circuits and Systems (Accepted).
5. S.J. Cho, U.S. Choi, Y.H. Hwang, Y.S. Pyo, H.D. Kim and S.H. Heo, Computing Phase Shifts of Maximum-Length 90/150 Cellular Automata Sequences, Lecture Notes in Computer Science, 3305, pp. 31-39, 2004.
6. S.J. Cho, U.S. Choi and H.D. KIM, Analysis of Complemented CA Derived from a Linear TPMACA, Computers and Mathematics with Applications, 45, pp. 689-698, 2003.
7. S.J. Cho, U.S. Choi and H.D. Kim, Behavior of Complemented CA Whose Complement Vector is Acyclic in a Linear TPMACA, Mathematical and Computer Modelling, 36, pp. 979-986, 2002.
8. B. Elspas, The Theory of Autonomous Linear Sequential Networks, TRE Trans. on Circuit, CT-6, pp. 45-60, 1959.
9. H. Eves, Elementary Matrix Theory, Dover, Boston, 1980.
10. F.R. Gantmacher, The Theory of Matrices Vol. 1, Chelsea Publishing Company, 1960.
11. G.H. Golub and C.F. van Loan, Matrix Computations 3rd ed., The Johns Hopkins University Press, 1996.
12. R.A. Horn and C.R Johnson, Matrix analysis, Cambridge University Press, 1999.
13. D.E. Knuth, The Art of Computer Programming Vol. 1 & 2, Addison Wesley Longman, 1997.
14. N. Koblitz, A Course in Number Theory and Cryptography 2nd ed. Springer-Verlag, New-York, 1994.
15. S.J. Leon, Linear Algebra 6th ed., Prentice-Hall, Inc., 2002.

16. R. Lidl and H. Niederreiter, Introduction to Finite Fields and Their Applications, Cambridge University Press, 1994.
17. R. Lidl and H. Niederreiter, Finite Fields, Cambridge University Press, 1997
18. R.J. McElice, Finite Fields for Computer Scientists and Engineers, Kluwer Academic Pub., 1987.
19. A.J. Menezes, P.C. van Osrschot and S.A. Vanstone, Handbook of Applied Cryptography, CRC Press, Inc., 1997.
20. K.H. Rosen, Elementary Number Theory and Its Applications 4th ed., Addison-Wesley, 1999.
21. 박승안, 암호학과 부호이론, 경문사, 2003.
22. 조성진, 김한두, 표용수, 알기 쉬운 유한체론, 경문사, 2005.
23. 조성진, 김한두, 최언숙, 알기 쉬운 부호론, 경문사, 2005.
24. 조성진, 김한두, 최언숙, 첨단공학을 위한 정보수학, 교우사, 2006.
26. 조성진, 김한두, 최언숙, 컴퓨터과학을 위한 행렬론 및 그 응용, 부경대학교 출판부, 2007.

부 록

1. 유한체(Finite Field)
2. $\mathbb{F}_2$ 위에서 $(x^n - 1)$의 인수분해
3. $\mathbb{F}_2$ 위에서의 원분다항식
4. 십진수의 이진표현(1–128)
5. $\mathbb{F}_2$ 위에서의 n차 기약다항식
6. $\mathbb{F}_2$ 위에서의 n차 원시다항식
7. $\mathbb{F}_3$ 위에서의 n차 기약다항식

1. 유한체(Finite Field)

A1) $K = \mathbb{F}_{2^3}$, $F = \mathbb{F}_2$ 위에서
다항식이 $f(x) = x^3 + x + 1$인 경우

i	α^i	α^i의 최소다항식	$Tr(\alpha^i)$
0	001	$x+1$	1
1	010	x^3+x+1	0
2	100	x^3+x+1	0
3	011	x^3+x^2+1	1
4	110	x^3+x+1	0
5	111	x^3+x^2+1	1
6	101	x^3+x^2+1	1

A2) $K = \mathbb{F}_{2^3}$, $F = \mathbb{F}_2$ 위에서
다항식이 $f(x) = x^3 + x^2 + 1$인 경우

i	α	α^i의 최소다항식	$Tr(\alpha^i)$
0	001	$x+1$	1
1	010	x^3+x^2+1	1
2	100	x^3+x^2+1	1
3	101	x^3+x+1	0
4	111	x^3+x^2+1	1
5	011	x^3+x+1	0
6	110	x^3+x+1	0

B1) $K = \mathbb{F}_{2^4}$, $F = \mathbb{F}_2$ 위에서 다항식이 $f(x) = x^4 + x + 1$인 경우

i	α^i	$\mathrm{ord}(\alpha^i)$	α^i의 최소다항식	$Tr(\alpha^i)$
0	0001	1	$x+1$	0
1	0010	15	x^4+x+1	0
2	0100	15	x^4+x+1	0
3	1000	5	$x^4+x^3+x^2+x+1$	1
4	0011	15	x^4+x+1	0
5	0110	3	x^2+x+1	0
6	1100	5	$x^4+x^3+x^2+x+1$	1
7	1011	15	x^4+x^3+1	1
8	0101	15	x^4+x+1	0
9	1010	5	$x^4+x^3+x^2+x+1$	1
10	0111	3	x^2+x+1	0
11	1110	15	x^4+x^3+1	1
12	1111	5	$x^4+x^3+x^2+x+1$	1
13	1101	15	x^4+x^3+1	1
14	1001	15	x^4+x^3+1	1

B2) $K=\mathbb{F}_{2^4}$, $F=\mathbb{F}_2$ 위에서 다항식이 $f(x)=x^4+x^3+1$인 경우

i	α^i	$\mathrm{ord}(\alpha^i)$	α^i의 최소다항식	$Tr(\alpha^i)$
0	0001	1	$x+1$	0
1	0010	15	x^4+x^3+1	1
2	0100	15	x^4+x^3+1	1
3	1000	5	$x^4+x^3+x^2+x+1$	1
4	1001	15	x^4+x^3+1	1
5	1011	3	x^2+x+1	0
6	1111	5	$x^4+x^3+x^2+x+1$	1
7	0111	15	x^4+x+1	0
8	1110	15	x^4+x^3+1	1
9	0101	5	$x^4+x^3+x^2+x+1$	1
10	1010	3	x^2+x+1	0
11	1101	15	x^4+x+1	0
12	0011	5	$x^4+x^3+x^2+x+1$	1
13	0110	15	x^4+x+1	0
14	1100	15	x^4+x+1	0

C1) $K=\mathbb{F}_{2^5}$, $F=\mathbb{F}_2$ 위에서 다항식이 $f(x)=x^5+x^2-1$인 경우

i	α^i	$Tr(\alpha^i)$	i	α^i	$Tr(\alpha^i)$
0	00001	1	16	11011	0
1	00010	0	17	10011	1
2	00100	0	18	00011	1
3	01000	1	19	00110	0
4	10000	0	20	01100	1
5	00101	1	21	11000	1
6	01010	1	22	10101	1
7	10100	0	23	01111	0
8	01101	0	24	11110	1
9	11010	1	25	11001	0
10	10001	1	26	10111	1
11	00111	1	27	01011	0
12	01110	1	28	10110	0
13	11100	1	29	01001	0
14	11101	0	30	10010	0
15	11111	0			

C2) $K=\mathbb{F}_{2^5}$, $F=\mathbb{F}_2$ 위에서 다항식이 $f(x)=x^5+x^3-1$인 경우

i	α^i	$Tr(\alpha^i)$	i	α^i	$Tr(\alpha^i)$
0	00001	1	16	01100	0
1	00010	0	17	11000	0
2	00100	0	18	11001	1
3	01000	0	19	11011	1
4	10000	0	20	11111	1
5	01001	1	21	10111	1
6	10010	0	22	00111	1
7	01101	1	23	01110	0
8	11010	0	24	11100	0
9	11101	1	25	10001	1
10	10011	1	26	01011	1
11	01111	1	27	10110	0
12	11110	0	28	00101	1
13	10101	1	29	01010	0
14	00011	1	30	10100	0
15	00110	0			

C3) $K=\mathbb{F}_{2^5}$, $F=\mathbb{F}_2$ 위에서 다항식이 $f(x)=x^5+x^3+x^2+x+1$인 경우

i	α^i	$Tr(\alpha^i)$	i	α^i	$Tr(\alpha^i)$
0	00001	1	16	11111	0
1	00010	0	17	10001	1
2	00100	0	18	01101	0
3	01000	1	19	11010	1
4	10000	0	20	11011	0
5	01111	0	21	11001	0
6	11110	1	22	11101	0
7	10011	1	23	10101	1
8	01001	0	24	00101	1
9	10010	0	25	01010	1
10	01011	0	26	10100	0
11	10110	0	27	00111	1
12	00011	1	28	01110	1
13	00110	0	29	11100	1
14	01100	1	30	10111	1
15	11000	1			

C4) $K=\mathbb{F}_{2^5}$, $F=\mathbb{F}_2$ 위에서 다항식이 $f(x)=x^5+x^4+x^3+x^2+1$인 경우

i	α^i	$Tr(\alpha^i)$	i	α^i	$Tr(\alpha^i)$
0	00001	1	16	01011	1
1	00010	1	17	10110	1
2	00100	1	18	10001	0
3	01000	1	19	11111	1
4	10000	1	20	00011	0
5	11101	0	21	00110	0
6	00111	1	22	01100	0
7	01110	1	23	11000	0
8	11100	1	24	01101	1
9	00101	0	25	11010	1
10	01010	0	26	01001	0
11	10100	0	27	10010	0
12	10101	1	28	11001	1
13	10111	0	29	01111	0
14	10011	1	30	11110	0
15	11011	0			

C5) $K=\mathbb{F}_{2^5}$, $F=\mathbb{F}_2$ 위에서 다항식이 $f(x)=x^5+x^4+x^3+x+1$인 경우

i	α^i	$Tr(\alpha^i)$	i	α^i	$Tr(\alpha^i)$
0	00001	1	16	11000	1
1	00010	1	17	01011	0
2	00100	1	18	10110	1
3	01000	0	19	10111	0
4	10000	1	20	10101	1
5	11011	1	21	10001	0
6	01101	0	22	11001	0
7	11010	0	23	01001	1
8	01111	1	24	10010	0
9	11110	1	25	11111	0
10	00111	1	26	00101	0
11	01110	0	27	01010	1
12	11100	0	28	10100	0
13	00011	0	29	10011	1
14	00110	0	30	11101	1
15	01100	1			

C6) $K=\mathbb{F}_{2^5}$, $F=\mathbb{F}_2$위에서 다항식이 $f(x)=x^5+x^4+x^2+x+1$인 경우

i	α^i	$Tr(\alpha^i)$	i	α^i	$Tr(\alpha^i)$
0	00001	1	16	11101	1
1	00010	1	17	01101	0
2	00100	1	18	11010	0
3	01000	0	19	00011	0
4	10000	1	20	00110	0
5	10111	0	21	01100	1
6	11001	0	22	11000	1
7	00101	0	23	00111	1
8	01010	1	24	01110	0
9	10100	0	25	11100	0
10	11111	0	26	01111	1
11	01001	1	27	11110	1
12	10010	0	28	01011	0
13	10011	1	29	10110	1
14	10001	0	30	11011	1
15	10101	1			

α^i	520	530	53210	54320	54310	54210
α	520	530	53210	54320	54310	54210
α^3	54320	53210	54310	54210	520	530
α^5	54210	54310	520	530	54320	53210
α^7	53210	54320	54210	54310	530	520
α^{11}	54310	54210	530	520	53210	54320
α^{15}	530	520	54320	53210	54210	54310

D₁) $K=\mathbb{F}_{2^6}$, $F=\mathbb{F}_2$ 위에서 다항식이 $f(x)=x^6+x+1$인 경우

i	α^i	$Tr(\alpha^i)$	i	α^i	$Tr(\alpha^i)$	i	α^i	$Tr(\alpha^i)$
0	000001	0	21	111011	1	42	111010	1
1	000010	0	22	110101	1	43	110111	1
2	000100	0	23	101001	1	44	101101	1
3	001000	0	24	010001	0	45	011001	0
4	010000	0	25	100010	1	46	110010	1
5	100000	1	26	000111	0	47	100111	1
6	000011	0	27	001110	0	48	001101	0
7	000110	0	28	011100	0	49	011010	0
8	001100	0	29	111000	1	50	110100	1
9	011000	0	30	110011	1	51	101011	1
10	110000	1	31	100101	1	52	010101	0
11	100011	1	32	001001	0	53	101010	1
12	000101	0	33	010010	0	54	010111	0
13	001010	0	34	100100	1	55	101110	1
14	010100	0	35	001011	0	56	011111	0
15	101000	1	36	010110	0	57	111110	1
16	010011	0	37	101100	1	58	111111	1
17	100110	1	38	011011	0	59	111101	1
18	001111	0	39	110110	1	60	111001	1
19	011110	0	40	101111	1	61	110001	1
20	111100	1	41	011101	0	62	100001	1

D₂) $K=\mathbb{F}_{2^6}$, $F=\mathbb{F}_2$ 위에서 다항식이 $f(x)=x^6+x^5+1$인 경우

i	α^i	$Tr(\alpha^i)$	i	α^i	$Tr(\alpha^i)$	i	α^i	$Tr(\alpha^i)$
0	000001	0	21	111001	1	42	111000	1
1	000010	1	22	010011	0	43	010001	1
2	000100	1	23	100110	1	44	100010	0
3	001000	1	24	101101	1	45	100101	0
4	010000	1	25	111011	0	46	101011	1
5	100000	1	26	010111	1	47	110111	0
6	100001	1	27	101110	0	48	001111	1
7	100011	0	28	111101	0	49	011110	0
8	100111	1	29	011011	1	50	111100	0
9	101111	0	30	110110	0	51	011001	0
10	111111	1	31	001101	0	52	110010	1
11	011111	0	32	011010	1	53	000101	1
12	111110	1	33	110100	1	54	001010	0
13	011101	1	34	001001	1	55	010100	0
14	111010	0	35	010010	0	56	101000	0
15	010101	0	36	100100	0	57	110001	0
16	101010	1	37	101001	0	58	000011	1
17	110101	1	38	110011	1	59	000110	0
18	001011	0	39	000111	0	60	001100	0
19	010110	1	40	001110	1	61	011000	0
20	101100	1	41	011100	1	62	110000	0

D3) $K=\mathbb{F}_{2^6}$, $F=\mathbb{F}_2$ 위에서 다항식이 $f(x)=x^6+x^5+x^4+x+1$인 경우

i	α^i	$Tr(\alpha^i)$	i	α^i	$Tr(\alpha^i)$	i	α^i	$Tr(\alpha^i)$
0	000001	0	21	011001	1	42	011000	1
1	000010	1	22	110010	0	43	110000	1
2	000100	1	23	010111	1	44	010011	0
3	001000	0	24	101110	0	45	100110	0
4	010000	1	25	101111	0	46	111111	1
5	100000	0	26	101101	1	47	001101	1
6	110011	0	27	101001	0	48	011010	0
7	010101	0	28	100001	0	49	110100	0
8	101010	1	29	110001	1	50	011011	0
9	100111	0	30	010001	1	51	110110	1
10	111101	0	31	100010	1	52	011111	1
11	001001	0	32	110111	1	53	111110	1
12	010010	0	33	011101	0	54	001111	0
13	100100	1	34	111010	0	55	011110	1
14	111011	0	35	000111	0	56	111100	0
15	000101	1	36	001110	0	57	001011	1
16	001010	1	37	011100	0	58	010110	1
17	010100	0	38	111000	1	59	101100	1
18	101000	0	39	000011	1	60	101011	1
19	100011	1	40	000110	0	61	100101	1
20	110101	0	41	001100	1	62	111001	1

D_4) $K=\mathbb{F}_{2^6}$, $F=\mathbb{F}_2$ 위에서 다항식이 $f(x)=x^6+x^5+x^2+x+1$인 경우

i	α^i	$Tr(\alpha^i)$	i	α^i	$Tr(\alpha^i)$	i	α^i	$Tr(\alpha^i)$
0	000001	0	21	101100	1	42	101101	1
1	000010	1	22	111111	1	43	111101	0
2	000100	1	23	011001	0	44	011101	1
3	001000	1	24	110010	1	45	111010	0
4	010000	1	25	000011	1	46	010011	0
5	100000	1	26	000110	0	47	100110	1
6	100111	1	27	001100	0	48	101011	1
7	101001	0	28	011000	0	49	110001	0
8	110101	1	29	110000	0	50	000101	1
9	001101	0	30	000111	0	51	001010	0
10	011010	1	31	001110	1	52	010100	0
11	110100	1	32	011100	1	53	101000	0
12	001111	1	33	111000	1	54	110111	0
13	011110	0	34	010111	1	55	001001	1
14	111100	0	35	101110	0	56	010010	0
15	011111	0	36	111011	0	57	100100	0
16	111110	1	37	010001	1	58	101111	0
17	011011	1	38	100010	0	59	111001	1
18	110110	0	39	100011	0	60	010101	0
19	001011	0	40	100001	1	61	101010	1
20	010110	1	41	100101	0	62	110011	1

D5) $K=\mathbb{F}_{2^6}$, $F=\mathbb{F}_2$ 위에서 다항식이 $f(x)=x^6+x^5+x^3+x^2+1$인 경우

i	α^i	$Tr(\alpha^i)$	i	α^i	$Tr(\alpha^i)$	i	α^i	$Tr(\alpha^i)$
0	000001	0	21	010111	1	42	010110	1
1	000010	1	22	101110	1	43	101100	0
2	000100	1	23	110001	0	44	110101	1
3	001000	0	24	001111	0	45	000111	0
4	010000	1	25	011110	1	46	001110	0
5	100000	1	26	111100	1	47	011100	0
6	101101	0	27	010101	0	48	111000	0
7	110111	0	28	101010	0	49	011101	0
8	000011	1	29	111001	0	50	111010	1
9	000110	0	30	011111	1	51	011001	1
10	001100	1	31	111110	0	52	110010	1
11	011000	1	32	010001	1	53	001001	0
12	110000	0	33	100010	0	54	010010	0
13	001101	1	34	101001	1	55	100100	0
14	011010	0	35	111111	0	56	100101	0
15	110100	1	36	010011	0	57	100111	1
16	000101	1	37	100110	1	58	100011	0
17	001010	1	38	100001	1	59	101011	0
18	010100	0	39	101111	1	60	111011	1
19	101000	1	40	110011	1	61	011011	0
20	111101	1	41	001011	1	62	110110	0

D6) $K=\mathbb{F}_{2^6}$, $F=\mathbb{F}_2$ 위에서 다항식이 $f(x)=x^6+x^4+x^3+x+1$인 경우

i	α^i	$Tr(\alpha^i)$	i	α^i	$Tr(\alpha^i)$	i	α^i	$Tr(\alpha^i)$
0	000001	0	21	001110	1	42	001111	1
1	000010	0	22	011100	1	43	011110	1
2	000100	0	23	111000	1	44	111100	1
3	001000	1	24	101011	1	45	100011	0
4	010000	0	25	001101	1	46	011101	1
5	100000	0	26	011010	1	47	111010	1
6	011011	1	27	110100	0	48	101111	1
7	110110	0	28	110011	0	49	000101	0
8	110111	0	29	111101	1	50	001010	1
9	110101	0	30	100001	0	51	010100	0
10	110001	0	31	011001	1	52	101000	1
11	111001	1	32	110010	0	53	001011	1
12	101001	1	33	111111	1	54	010110	0
13	001001	1	34	100101	0	55	101100	1
14	010010	0	35	010001	0	56	000011	0
15	100100	0	36	100010	0	57	000110	0
16	010011	0	37	011111	1	58	001100	1
17	100110	0	38	111110	1	59	011000	1
18	010111	0	39	100111	0	60	110000	0
19	101110	1	40	010101	0	61	111011	1
20	000111	0	41	101010	1	62	101101	1

α^i \ $f(x)$	610	650	65410	65210	65320	64310
α	610	650	65410	65210	65320	64310
α^3	64210	65420	64210	65420	64210	65420
α^5	65210	65410	64310	65320	650	610
α^7	630	630	630	630	630	630
α^{11}	65320	64310	610	650	65410	65210
α^{13}	64310	65320	650	610	65210	65410
α^{15}	65420	64210	65420	64210	65420	64210
α^{23}	65410	65210	65320	64310	610	650
α^{31}	650	610	65210	65410	64310	65320

2. $\mathbb{F}_2$ 위에서 (x^n-1)의 인수분해(Factorization of (x^n-1) over $\mathbb{F}_2$)

$$x^2-1=(x-1)(x+1)=(x+1)^2$$

$$x^{2^2-1}-1=(x-1)(x^2+x+1)$$

$$x^4-1=(x-1)(x+1)(x^2+1)=(x+1)^4$$

$$x^5-1=(x-1)(x^4+x^3+x^2+x+1)$$

$$x^6-1=(x-1)(x+1)(x^2+x+1)(x^2-x+1)=(x+1)^2(x^2+x+1)^2$$

$$x^{2^3-1}-1=(x-1)(x^6+x^5+x^4+x^3+x^2+x+1)=(x+1)(x^3+x+1)(x^3+x^2+1)$$

$$x^8-1=(x-1)(x+1)(x^2+1)(x^4+1)=(x+1)^8$$

$$x^9-1=(x-1)(x^2+x+1)(x^6+x^3+1)$$

$$x^{10}-1=(x-1)(x+1)(x^4+x^3+x^2+x+1)(x^4-x^3+x^2-x+1)$$

$$=(x+1)^2(x^4+x^3+x^2+x+1)^2$$

$$x^{11}-1=(x-1)(x^{10}+x^9+x^8+x^7+x^6+x^5+x^4+x^3+x^2+x+1)$$

$$x^{12}-1=(x-1)(x+1)(x^2+x+1)(x^2-x+1)(x^2+1)(x^4-x^2+1)$$

$$=(x+1)^4(x^2+x+1)^4$$

$$x^{13}-1=(x-1)(x^{12}+x^{11}+x^{10}+x^9+x^8+x^7+x^6+x^5+x^4+x^3+x^2+x+1)$$

$$x^{14}-1=(x-1)(x^6+x^5+x^4+x^3+x^2+x+1)(x+1)(x^6-x^5+x^4-x^3+x^2-x+1)$$

$$=(x+1)^2(x^3+x+1)^2(x^3+x^2+1)^2$$

$$x^{2^4-1}-1=(x-1)(x^4+x^3+x^2+x+1)(x^2+x+1)(x^8-x^7+x^5-x^4+x^3-x+1)$$

$$=(x+1)(x^2+x+1)(x^4+x+1)(x^4+x^3+1)(x^4+x^3+x^2+x+1)$$

$$x^{16}-1=(x-1)(x+1)(x^2+1)(x^4+1)(x^8+1)=(x+1)^{16}$$

$$x^{17}-1=(x-1)(x^{16}+x^{15}+x^{14}+x^{13}+\cdots+x^3+x^2+x+1)$$

$$=(x+1)(x^8+x^5+x^4+x^3+1)(x^8+x^7+x^6+x^4+x^2+x+1)$$

$$x^{18}-1=(x-1)(x^2+x+1)(x^6+x^3+1)(x+1)(x^2-x+1)(x^6-x^3+1)$$

$$=(x+1)^2(x^2+x+1)^2(x^6+x^3+1)^2$$

$$x^{19}-1=(x-1)(x^{18}+x^{17}+x^{16}+x^{15}+\cdots+x^4+x^3-x^2+x+1)$$

$$x^{20}-1=(x-1)(x^4+x^3+x^2+x+1)(x+1)(1-x+x^2-x^3+x^4)$$
$$\times(1+x^2)(x^8-x^6+x^4-x^2+1)$$
$$=(x+1)^4(x^4+x^3+x^2+x+1)^4$$
$$x^{21}-1=(x-1)(x^6+x^5+x^4+x^3+x^2+x+1)(x^2+x+1)$$
$$\times(1-x+x^3-x^4+x^6-x^8+x^9-x^{11}+x^{12})$$
$$=(x+1)(x^3+x+1)(x^3+x^2+1)(x^2+x+1)$$
$$\times(1+x+x^3+x^4+x^6+x^8+x^9+x^{11}+x^{12})$$
$$x^{22}-1=(x-1)(x^{10}+x^9+\cdots+x^2+x+1)(x+1)$$
$$\times(x^{10}-x^9+x^8-x^7+x^6-x^5+x^4-x^3+x^2-x+1)$$
$$=(x+1)^2(x^{10}+x^9+x^8+x^7+\cdots+x^3+x^2+x+1)^2$$
$$x^{23}-1=(x-1)(x^{22}+x^{21}+x^{20}+x^{19}+\cdots+x^4+x^3+x^2+x+1)$$
$$x^{24}-1=(x-1)(x^2+x+1)(x+1)(x^2-x+1)(1+x^2)(x^4-x^2+1)$$
$$\times(1+x^4)(x^8-x^4+1)$$
$$=(x+1)^8(x^2+x+1)^8$$
$$x^{25}-1=(x-1)(x^4+x^3+x^2+x+1)(x^{20}+x^{15}+x^{10}+x^5+1)$$
$$=(x+1)(x^4+x^3+x^2+x+1)(x^{20}+x^{15}+x^{10}+x^5+1)$$
$$x^{2^5-1}-1=(x+1)(x^5+x^2+1)(x^5+x^3+1)(x^5+x^4+x^3+x^2+1)$$
$$\times(x^5+x^4+x^3+x+1)(x^5+x^4+x^2+x+1)(x^5+x^3+x^2+x+1)$$
$$x^{2^6-1}-1=(x+1)(x^2+x+1)(x^3+x+1)(x^3+x^2+1)(x^6+x+1)$$
$$\times(x^6+x^5+1)(x^6+x^3+1)(x^6+x^5+x^4+x^2+1)$$
$$\times(x^6+x^5+x^4+x+1)(x^6+x^5+x^3+x^2+1)$$
$$\times(x^6+x^5+x^2+x+1)(x^6+x^4+x^3+x+1)(x^6+x^4+x^2+x+1)$$

3. $\mathbb{F}_2$ 위에서의 원분다항식

$\Phi_1(x) = x + 1$

$\Phi_3(x) = x^2 + x + 1$

$\Phi_5(x) = x^4 + x^3 + x^2 + x + 1$

$\Phi_7(x) = (x^3 + x^2 + 1)(x^3 + x + 1))$

$\Phi_9(x) = x^6 + x^3 + 1$

$\Phi_{11}(x) = x^{10} + x^9 + x^8 + x^7 + x^6 + x^5 + x^4 + x^3 + x^2 + x + 1$

$\Phi_{13}(x) = x^{12} + x^{11} + x^{10} + x^9 + x^8 + x^7 + x^6 + x^5 - x^4 + x^3 + x^2 + x + 1$

$\Phi_{15}(x) = (x^4 + x^3 + 1)(x^4 + x + 1)$

$\Phi_{17}(x) = (x^8 + x^7 + x^6 + x^4 + x^2 + x + 1)(x^8 + x^5 + x^4 + x^3 + 1)$

$\Phi_{19}(x) = x^{18} + x^{17} + x^{16} + x^{15} + x^{14} + x^{13} + x^{12} + x^{11} + x^{10}$
$+ x^9 + x^8 + x^7 + x^6 + x^5 + x^4 + x^3 + x^2 - x + 1$

$\Phi_{21}(x) = (x^6 + x^5 + x^4 + x^2 + 1)(x^6 + x^4 + x^2 + x + 1)$

$\Phi_{23}(x) = (x^{11} + x^9 + x^7 + x^6 + x^5 + x + 1)(x^{11} + x^{10} + x^6 + x^5 + x^4 + x^2 + 1)$

$\Phi_{25}(x) = x^{20} + x^{15} + x^{10} + x^5 + 1$

$\Phi_{27}(x) = x^{18} + x^9 + 1$

$\Phi_{29}(x) = x^{28} + x^{27} + \cdots + x^2 + x + 1$

$\Phi_{31}(x) = (x^5 + x^4 + x^3 + x^2 + 1)(x^5 + x^4 + x^3 + x + 1)(x^5 + x^4 + x^2 + x + 1)$
$(x^5 + x^3 + x^2 + x + 1)(x^5 + x^2 + 1)(x^5 + x^3 + 1)$

$\Phi_{63}(x) = (x^6 + x + 1)(x^6 + x^5 + 1)(x^6 + x^5 + x^3 + x^2 + 1)$
$(x^6 + x^4 + x^3 + x + 1)(x^6 + x^5 + x^2 + x + 1)(x^6 + x^5 + x^4 + x + 1)$

4. 십진수의 이진표현(1-128)(Binary representation of decimal numbers)

십진수	이진수	십진수	이진수	십진수	이진수	십진수	이진수
1	0000001	33	0100001	65	1000001	97	1100001
2	0000010	34	0100010	66	1000010	98	1100010
3	0000011	35	0100011	67	1000011	99	1100011
4	0000100	36	0100100	68	1000100	100	1100100
5	0000101	37	0100101	69	1000101	101	1100101
6	0000110	38	0100110	70	1000110	102	1100110
7	0000111	39	0100111	71	1000111	103	1100111
8	0001000	40	0101000	72	1001000	104	1101000
9	0001001	41	0101001	73	1001001	105	1101001
10	0001010	42	0101010	74	1001010	106	1101010
11	0001011	43	0101011	75	1001011	107	1101011
12	0001100	44	0101100	76	1001100	108	1101100
13	0001101	45	0101101	77	1001101	109	1101101
14	0001110	46	0101110	78	1001110	110	1101110
15	0001111	47	0101111	79	1001111	111	1101111
16	0010000	48	0110000	80	1010000	112	1110000
17	0010001	49	0110001	81	1010001	113	1110001
18	0010010	50	0110010	82	1010010	114	1110010
19	0010011	51	0110011	83	1010011	115	1110011
20	0010100	52	0110100	84	1010100	116	1110100
21	0010101	53	0110101	85	1010101	117	1110101
22	0010110	54	0110110	86	1010110	118	1110110
23	0010111	55	0110111	87	1010111	119	1110111
24	0011000	56	0111000	88	1011000	120	1111000
25	0011001	57	0111001	89	1011001	121	1111001
26	0011010	58	0111010	90	1011010	122	1111010
27	0011011	59	0111011	91	1011011	123	1111011
28	0011100	60	0111100	92	1011100	124	1111100
29	0011101	61	0111101	93	1011101	125	1111101
30	0011110	62	0111110	94	1011110	126	1111110
31	0011111	63	0111111	95	1011111	127	1111111
32	0100000	64	1000000	96	1100000	128	10000000

5. $\mathbb{F}_2$ 위에서의 n차 기약다항식(The nth irreducible polynomials over $\mathbb{F}_2$)

차수	기약다항식	주기	차수	기약다항식	주기	차수	기약다항식	주기
1	10	1	7	11000001	127	8	111001111	255
	11	1		11001011	127		111010111	17
2	111	3		11010011	127		111011101	85
3	1011	7		11010101	127		111100111	255
	1101	7		11100101	127		111110011	51
4	10011	15		11101111	127		111110101	255
	11001	15		11110001	127		111111001	85
	11111	5		11110111	127	9	1000000011	73
5	100101	31		11111101	127		1000010001	511
	101001	31	8	100011011	51		1000010111	73
	101111	31		100011101	255		1000011011	511
	110111	31		100101011	255		1000100001	511
	111011	31		100101101	255		1000101101	511
	111101	31		100111001	17		1000110011	511
6	1000011	63		100111111	85		1001001011	73
	1001001	9		101001101	255		1001011001	511
	1010111	21		101011111	255		1001011111	511
	1011011	63		101100011	255		1001100101	73
	1100001	63		101100101	255		1001101001	511
	1100111	63		101101001	255		1001101111	511
	1101101	63		101110001	255		1001110111	511
	1110011	63		101110111	85		1001111101	511
	1110101	21		101111011	85		1010000111	511
7	10000011	127		110000111	255		1010010101	511
	10001001	127		110001011	85		1010011001	73
	10001111	127		110001101	255		1010100011	511
	10010001	127		110011111	51		1010100101	511
	10011101	127		110100011	85		1010101111	511
	10100111	127		110101001	255		1010110111	511
	10101011	127		110110001	51		1010111101	511
	10111001	127		110111101	85		1011001111	511
	10111111	127		111000011	255		1011010001	511

* 기약다항식에서 이진수는 차수의 계수를 나타낸다. 즉, 5차에서 100101은 x^5+x^2+1을 의미한다.

차수	기약다항식	주기	차수	기약다항식	주기	차수	기약다항식	주기
9	1011011011	511	10	10001100011	341	10	11000010101	1023
	1011110101	511		10001100101	1023		11000100011	33
	1011111001	511		10001101111	1023		11000100101	1023
	1100000001	73		10010000001	1023		11000110001	341
	1100010011	511		10010001011	1023		11000110111	1023
	1100010101	511		10010011001	341		11001000011	1023
	1100011111	511		10010101001	33		11001001111	1023
	1100100011	511		10010101111	341		11001010001	341
	1100110001	511		10011000101	1023		11001011011	1023
	1100111011	511		10011001001	341		11001111001	1023
	1101001001	73		10011010111	1023		11001111111	1023
	1101001111	511		10011100111	1023		11010000101	93
	1101011011	511		10011101101	341		11010001001	1023
	1101100001	511		10011110011	1023		11010100111	93
	1101101011	511		10011111111	1023		11010101101	341
	1101101101	511		10100001011	93		11010110101	1023
	1101110011	511		10100001101	1023		11010111111	341
	1101111111	511		10100011001	1023		11011000001	1023
	1110000101	511		10100011111	341		11011001101	341
	1110001111	511		10100100011	1023		11011010011	1023
	1110100001	73		10100110001	1023		11011011111	1023
	1110110101	511		10100111101	1023		11011110111	341
	1110111001	511		10101000011	1023		11011111101	1023
	1111000111	511		10101010111	1023		11100001111	341
	1111001011	511		10101100001	93		11100010001	341
	1111001101	511		10101100111	341		11100010111	1023
	1111010101	511		10101101011	1023		11100011101	1023
	1111011001	511		10110000101	1023		11100100001	1023
	1111100011	511		10110001111	1023		11100101011	93
	1111101001	511		10110010111	1023		11100110101	341
	1111111011	511		10110011011	341		11100111001	1023
10	10000001001	1023		10110100001	1023		11101000111	1023
	10000001111	341		10110101011	341		11101001101	1023
	10000011011	1023		10110111001	341		11101010101	1023
	10000011101	341		10111000001	341		11101011001	1023
	10000100111	1023		10111000111	1023		11101100011	1023
	10000101101	1023		10111100101	1023		11101111011	341
	10000110101	93		10111110111	1023		11101111101	1023
	10001000111	341		10111111011	1023		11110000001	341
	10001010011	341		11000010011	1023		11110000111	341

차수	기약다항식	주기	차수	기약다항식	주기	차수	기약다항식	주기
10	11110001101	1023	11	100101011011	2047	11	101100110011	2047
	11110010011	1023		100101110011	2047		101100111111	2047
	11110101001	341		100101110101	2047		101101000001	2047
	11110110001	1023		100101111111	2047		101101001011	2047
	11111000101	341		100110000011	2047		101101011001	2047
	11111011011	1023		100110001111	2047		101101011111	2047
	11111101011	341		100110101011	2047		101101100101	2047
	11111110011	1023		100110101101	2047		101101101111	2047
	11111111001	1023		100110111001	2047		101101111101	2047
	11111111111	11		100111000111	2047		101110000111	2047
11	100000000101	2047		100111011001	2047		101110001011	2047
	100000010111	2047		100111100101	2047		101110010011	2047
	100000101011	2047		100111101111	89		101110010101	2047
	100000101101	2047		100111110111	2047		101110101111	2047
	100001000111	2047		101000000001	2047		101110110111	2047
	100001100011	2047		101000000111	2047		101110111101	2047
	100001100101	2047		101000010011	2047		101111001001	2047
	100001110001	2047		101000010101	2047		101111011011	2047
	100001111011	2047		101000101001	2047		101111011101	2047
	100010001101	2047		101001001001	2047		101111100111	2047
	100010010101	2047		101001100001	2047		101111101101	2047
	100010011111	2047		101001101101	2047		110000001011	2047
	100010101001	2047		101001111001	2047		110000001101	2047
	100010110001	2047		101001111111	2047		110000011001	2047
	100011000011	89		101010000101	2047		110000011111	2047
	100011001111	2047		101010010001	2047		110000110001	89
	100011010001	2047		101010011101	2047		110001010111	2047
	100011100001	2047		101010100111	2047		110001100001	2047
	100011100111	2047		101010101011	2047		110001101011	2047
	100011101011	2047		101010110011	2047		110001110011	2047
	100011110101	2047		101010110101	2047		110001110101	23
	100100001101	2047		101011010101	2047		110010000101	2047
	100100010011	2047		101011011111	2047		110010001001	2047
	100100100101	2047		101011100011	23		110010010111	2047
	100100101001	2047		101011101001	2047		110010011011	2047
	100100110111	89		101011101111	2047		110010011101	2047
	100100111011	2047		101011110001	2047		110010110011	2047
	100100111101	2047		101011111011	2047		110010111111	2047
	100101000101	2047		101100000011	2047		110011000111	2047
	100101001001	2047		101100001001	2047		110011001101	2047
	100101010001	2047		101100010001	2047		110011010011	2047

차수	기약다항식	주기	차수	기약다항식	주기	차수	기약다항식	주기
11	110011010101	2047	11	110111100111	2047	11	111011110011	2047
	110011100011	2047		110111110101	2047		111011111001	2047
	110011101001	2047		110111111111	89		111100001011	2047
	110011110111	2047		111000000101	2047		111100011001	2047
	110100000011	2047		111000011101	2047		111100110001	2047
	110100001111	2047		111000100001	2047		111100110111	2047
	110100011101	2047		111000100111	2047		111101011101	2047
	110100100111	2047		111000101011	2047		111101101011	2047
	110100101101	2047		111000110011	2047		111101101101	2047
	110101000001	2047		111000111001	2047		111101110101	2047
	110101000111	2047		111001000111	2047		111101111001	89
	110101010101	2047		111001001011	2047		111110000011	2047
	110101011001	2047		111001010101	2047		111110010001	2047
	110101100011	2047		111001011111	2047		111110010111	2047
	110101101111	2047		111001110001	2047		111110011011	2047
	110101110001	2047		111001111011	2047		111110100111	2047
	110110010011	2047		111001111101	2047		111110101101	2047
	110110011111	2047		111010000001	2047		111110110101	2047
	110110101001	2047		111010010011	2047		111111001101	2047
	110110111011	2047		111010011111	2047		111111010011	2047
	110110111101	2047		111010100011	2047		111111100101	2047
	110111001001	2047		111010111011	2047		111111101001	2047
	110111010111	2047		111011001001	89		111111111011	89
	110111011011	2047		111011001111	2047			
	110111100001	2047		111011011101	2047			

6. $\mathbb{F}_2$ 위에서의 n차 원시다항식(The nth primitive polynomials over $\mathbb{F}_2$)

n \ k	3	5			7				
2	1								
3	1								
4	1								
5	2	1	2	3					
6	1	1	4	5					
7	1	2	3	4	1	2	3	4	5
8		1	2	7	2	4	5	6	7
9	4	3	5	6	2	3	6	7	8
10	3	2	3	8	1	2	5	6	7
11	2	1	8	10	1	2	5	7	9
12		1	2	10	2	6	8	9	10
13		3	5	8	1	2	5	10	12
14		1	11	12	1	3	4	5	11
15	1	3	4	12	5	6	7	8	13
16		10	12	15	2	9	12	13	14
17	3	4	12	16	2	5	6	8	13
18	7	4	11	16	1	4	7	8	10
19		3	9	10	6	12	13	16	18
20	3	2	7	13	1	10	14	16	18
21	2	3	4	9	6	8	14	18	19
22	1	3	7	12	2	4	9	14	21
23	5	4	8	15	5	11	12	13	17
24		2	5	11	3	6	[illegible]	16	23
25	3	7	12	13	7	10	13	15	23
26		13	15	23	1	6	15	17	24
27		17	22	23	6	11	17	18	19
28	3	5	8	24	5	11	2[illegible]	24	27
29	2	2	6	16	3	11	15	16	22
30		9	10	27	11	12	24	28	29
31	3	8	23	25	1	8	10	14	16
32		2	7	16	1	3	12	17	30
33	13	11	16	26	1	8	17	19	32
34		8	12	17	4	7	14	20	31
35	2	9	17	27	2	21	23	31	32
36	11	7	12	33	6	17	25	26	28
37		2	14	22	3	21	30	31	33
38		5	6	27	6	9	11	20	36
39	4	16	23	35	2	13	15	36	38
40		23	27	29	6	7	18	28	36
41	3	27	31	32	11	12	20	32	40
42		30	31	34	1	8	14	24	27
43		5	22	27	8	25	30	32	35
44		18	35	39	5	16	25	40	43
45		4	28	39	14	15	23	27	33
46		18	31	40	21	23	24	40	44
47	5	11	24	32	5	17	19	32	42
48		1	9	19	5	12	27	29	43
49	9	16	18	24	8	39	41	42	45
50		17	31	34	5	6	16	21	36
51		15	24	46	12	15	22	24	25

$n=7$일 때 $k=3$의 1은 x^7+x+1을 의미한다.

n \ k	3	5			7				
52	3	17	18	22	1	2	16	25	50
53		20	41	50	4	18	29	37	51
54		29	49	53	9	10	23	24	34
55	24	19	38	50	16	23	44	45	51
56		29	39	41	5	20	28	38	45
57	7	1	16	42	4	5	31	40	50
58	19	4	37	52	23	32	37	54	55
59		26	46	54	21	22	34	45	53
60	1	27	28	34	12	13	19	31	48
61		15	19	44	33	38	47	52	59
62		3	26	57	2	9	16	18	48
63	1	20	44	54	5	8	18	22	60
64		9	34	61	23	28	31	56	61
65	18	10	18	38	8	10	15	43	60
66		39	48	55	4	7	8	23	50
67		3	33	61	25	26	28	44	64
68	9	29	47	62	14	29	39	41	63
69		20	27	63	21	22	39	44	50
70		3	57	69	30	34	43	58	63
71	6	48	53	59	21	30	34	45	49
72		2	14	23	6	10	11	14	22
73	25	11	50	58	2	12	35	48	66
74		7	43	68	4	17	23	28	69
75		14	18	33	2	21	29	60	72
76		14	29	52	1	17	27	28	34
77		2	36	52	13	25	62	68	74
78		16	20	47	5	29	40	53	73
79	9	24	28	44	28	33	39	56	57
80		17	27	75	10	37	50	51	70
81	4	9	34	43	1	27	28	48	63
82		27	41	68	43	44	53	66	79
83		16	33	55	25	27	42	47	67
84	13	45	51	59	15	30	49	62	82
85		11	36	50	17	22	27	44	78
86		7	10	80	32	47	56	65	78
87	13	21	53	56	24	52	65	68	85
88		15	53	86	33	46	51	54	86
89	38	34	67	77	18	21	31	68	81
90		10	58	71	45	62	64	74	82
91		29	31	50	1	44	58	78	83
92		13	24	32	42	47	65	74	76
93	2	67	77	88	12	66	73	80	83
94	21	18	29	80	2	14	18	28	43
95	11	11	77	83	5	17	40	90	92
96		15	17	81	4	10	11	14	57
97	6	17	44	93	5	6	28	53	82
98	11	26	85	87	5	34	35	41	75
99		11	38	68	4	9	28	43	84
100	37	36	60	81	16	22	34	77	83
101		26	74	83	33	45	57	86	92

n \ k	3	5			7				
102		15	19	27	38	50	52	65	88
103	9	60	80	83	22	35	43	67	69
104		6	49	89	33	43	80	81	102
105	16	70	87	96	7	15	21	40	101
106	15	19	86	96	12	17	34	78	86
107		39	54	59	23	29	40	84	89
108	31	3	24	59	36	43	46	62	68
109		25	58	102	3	69	74	95	100
110		21	55	97	7	17	30	70	72
111	10	5	67	77	19	54	71	101	102
112		2	19	68	63	71	87	109	111
113	9	25	80	96	13	38	48	92	109
114		54	72	103	2	38	62	74	79
115		8	20	30	17	21	47	58	98
116		24	27	95	4	11	12	43	105
117		64	73	74	4	53	70	74	104
118	33	50	106	117	29	37	45	59	109
119	8	36	52	82	20	43	92	111	116
120		9	46	88	70	71	77	82	87
121	18	33	42	43	8	25	105	115	116
122		35	39	54	93	98	100	109	119
123	2	23	51	113	4	14	18	21	121
124	37	15	31	43	48	60	72	74	107
125		65	90	103	9	24	39	57	108
126		10	70	117	51	64	70	78	81
127	1	13	45	54	31	38	67	68	97
128		11	35	77	36	38	45	57	95
129	5	2	5	10	41	43	100	110	114
130	3	19	70	97	20	46	84	110	123
131		17	28	85	32	85	87	89	104
132	29	22	43	70	5	9	83	91	93
133		28	44	50	14	21	69	101	120
134	57	34	40	71	12	18	25	69	74
135	11	10	93	109	13	17	80	88	134
136		109	114	134	9	18	39	67	106
137	21	42	56	98	1	24	44	51	99
138		26	47	103	19	24	105	109	117
139		23	60	85	35	77	91	112	118
140	29	63	97	112	3	6	39	42	69
141		7	67	125	57	64	63	81	115
142	21	67	96	137	80	85	90	104	118
143		110	118	142	10	13	17	112	136
144		54	65	129	51	53	55	66	71
145	52	23	133	138	19	55	111	124	139
146		78	101	115	22	38	45	105	116
147		43	89	110	50	118	122	141	142
148	27	27	57	124	55	98	121	129	145
149		27	60	132	33	34	53	71	148
150	53	17	62	136	69	83	87	89	94
151	3	25	27	117	7	11	33	53	64

n \ k	3	5			7				
152		35	120	145	36	89	90	101	143
153	1	12	72	137	8	40	54	74	91
154		119	128	151	35	51	96	102	122
155		77	129	152	19	29	42	116	151
156		10	50	143	46	52	63	65	116
157		42	47	110	27	69	79	84	85
158		19	35	151	48	52	75	107	108
159	31	7	20	100	87	92	98	107	137
160		30	56	101	28	58	87	88	136
161	18	25	109	134	33	35	52	67	69
162		123	127	150	2	14	116	133	155
163		64	115	133	4	40	59	88	153
164		8	111	140	8	48	72	75	117
165		12	75	137	32	55	70	110	152
166		26	77	157	8	18	32	93	118
167	6	4	9	103	51	72	84	102	125
168		29	32	127	13	21	102	104	106
169	34	29	100	131	21	65	93	103	129
170	23	92	105	145	29	44	54	98	121
171		70	106	114	25	105	109	142	150
172	7	22	27	95	80	97	103	136	156
173		10	13	123	32	44	102	151	169
174	13	41	56	78	12	30	46	67	90
175	6	37	146	173	57	85	90	135	143
176		57	119	129	35	103	105	128	137
177	8	122	151	170	14	24	50	72	170
178	87	34	159	160	84	87	88	117	165
179		39	129	152	26	53	123	154	157
180		14	98	149	68	73	148	155	178
181		63	133	164	9	22	38	47	58
182		59	111	155	26	48	115	120	175
183	56	11	73	148	19	24	96	113	181
184		11	148	174	1	81	109	152	182
185	24	9	33	120	14	39	121	130	134
186		62	63	146	47	52	65	124	128
187		17	65	88	56	100	105	160	178
188		81	87	170	67	69	113	141	142
189		86	120	171	36	45	65	147	180
190		109	145	187	32	58	125	159	163
191	9	3	78	188	30	66	99	119	166
192		17	103	142	59	94	113	143	181
193	15	19	39	61	22	65	113	159	173
194	87	51	56	182	20	21	47	64	161
195		28	41	68	84	105	106	108	154
196		69	152	191	28	65	72	133	148
197		11	44	114	17	26	77	79	124
198	65	97	144	154	82	103	107	108	143
199	34	48	84	106	27	38	44	104	184
200		69	134	135	13	17	57	106	132
201	14	133	164	200	64	119	125	147	156

n \ k	3	5			7				
202	55	22	63	83	90	105	117	189	195
203		121	123	167	59	85	124	133	142
204		59	95	108	97	121	140	143	162
205		147	169	197	12	103	124	174	190
206		125	129	155	3	4	88	104	199
207	43	114	126	206	28	65	129	136	167
208		63	77	97	58	64	124	159	201
209	6	78	143	204	50	63	66	98	155
210		38	47	155	13	51	62	110	190
211		52	153	155	51	63	89	114	136
212	105	29	36	176	83	92	127	158	181
213		55	84	112	15	26	64	134	135
214		88	100	133	103	176	189	191	207
215	23	41	96	124	46	74	106	125	141
216		98	103	109	31	96	133	190	207
217	45	31	51	144	12	25	81	87	144
218	11	11	95	128	27	163	165	180	212
219		55	58	143	3	37	134	190	201
220		23	121	168	39	100	134	160	190
221		142	156	211	32	69	114	154	202
222		45	46	106	44	140	157	171	180
223	33	30	64	72	44	57	85	124	169
224		2	39	116	9	132	135	203	217
225	32	57	103	205	72	93	147	178	180
226		107	128	162	65	81	96	108	137
227		11	43	142	65	100	104	189	224
228		20	100	125	44	74	127	181	220
229		4	66	189	17	55	62	112	157
230		195	212	222	24	49	96	170	201
231	26	99	137	224	13	21	118	138	174
232		35	71	169	80	150	155	180	222
233	74	41	149	189	58	65	148	185	230
234	31	37	80	113	19	113	124	146	155
235		22	37	124	20	122	160	189	234
236	5	110	117	224	73	78	86	127	141
237		54	64	211	26	31	89	144	186
238		7	44	155	72	84	93	140	178
239	36	10	56	66	12	61	207	216	226
240		226	235	238	25	31	138	150	160
241	70	28	32	170	26	100	214	217	219
242		83	91	216	29	46	66	143	170
243		97	181	191	51	94	199	203	236
244		157	190	220	18	75	119	127	210
245		193	206	243	17	107	126	137	197
246		25	147	231	55	109	184	214	226
247	82	40	96	214	12	107	151	193	220
248		53	189	199	102	107	152	178	221
249	86	40	116	146	9	65	82	113	163
250	103	28	107	180	127	139	170	175	216
251		61	75	178	110	124	199	235	249

k / n	3	5			7				
252	67	58	67	167	11	48	145	169	236
253		19	50	222	5	27	82	100	158
254		16	131	189	14	41	133	164	186
255	52	4	107	184	50	82	116	153	166
256		121	178	241	12	48	115	133	213
257	12	61	181	195	59	110	151	199	227
258	83	115	119	170	28	46	58	146	167
259		17	40	221	66	134	190	191	223
260		63	211	218	69	86	91	163	179
261		6	37	150	23	61	191	203	223
262		22	117	247	81	123	171	172	182
263	93	30	34	181	110	122	137	145	154
264		76	175	217	59	159	168	206	241
265	42	43	148	243	18	36	89	129	239
266	47	44	133	198	21	24	36	136	146
267		100	150	165	75	80	90	154	250
268	25	23	109	207	17	24	39	69	187
269		116	133	166	49	114	149	164	259
270	53	10	196	205	41	142	198	215	235
271	58	9	161	187	97	109	111	136	231
272		150	197	221	88	115	137	141	150
273	23	96	187	220	9	65	105	130	193
274	67	40	201	237	16	52	149	199	267
275		1	234	250	6	42	106	148	188
276		15	37	61	18	130	145	149	195
277		108	207	216	12	56	89	130	139
278	5	71	153	242	90	163	217	236	247
279	5	90	220	265	150	160	187	228	238
280		175	234	238	19	49	163	246	274
281	93	104	129	134	51	103	105	264	280
282	35	16	80	199	40	122	138	161	270
283		2	82	255	60	130	161	186	234
284	119	114	211	247	29	71	147	230	265
285		73	127	146	129	188	222	255	269
286	69	99	141	189	3	115	152	165	171
287	71	121	155	157	36	70	108	222	259
288		74	101	159	13	127	166	175	285
289	21	176	228	250	14	72	169	197	279
290		69	149	266	11	20	81	146	195
291		218	253	287	48	54	116	228	270
292	97	156	195	255	35	87	143	147	160
293		93	106	205	74	114	205	231	268
294	61	139	159	187	84	186	191	241	244
295	48	98	122	283	65	102	150	182	210
296		10	198	235	31	76	80	195	222
297	5	43	160	292	4	14	19	134	260
298		114	196	251	74	100	167	168	255
299		80	113	149	35	69	133	254	280
300	7	89	122	220	49	107	158	163	295
301		181	209	215	33	196	210	222	277

n \ k	3	5			7				
302	41	186	189	281	61	114	182	206	277
303		43	217	274	17	77	119	215	244
304		114	145	198	56	59	74	228	235
305	102	33	63	209	140	161	230	245	300
306		119	133	244	20	52	71	86	254
307		229	237	273	33	62	81	119	306
308		51	163	229	65	126	237	282	286
309		241	286	289	6	22	146	220	300
310		84	171	211	7	113	147	251	262
312		181	238	265	171	186	195	225	283
313	79	103	133	180	66	86	119	187	262
314	15	48	64	251	39	60	116	169	207
315		21	166	259	64	113	145	185	263
316	135	42	232	267	18	20	86	174	265
317		60	227	232	76	139	166	174	227
318		35	98	201	44	101	188	303	315
319	36	44	50	144	36	135	152	233	283
320		169	293	319	9	57	233	280	295
321	31	27	70	198	78	126	149	246	299
322	67	31	234	309	48	213	233	251	321
323		7	32	106	101	202	234	247	313
324		58	169	279	56	155	158	281	321
325		20	178	245	56	71	75	239	322
326		66	107	289	88	225	258	260	301
327	34	100	154	208	9	33	243	244	301
328		10	214	289	119	134	166	213	270
329	50	219	232	301	66	151	173	175	293
330		92	247	292	52	63	195	258	267
331		50	219	298	3	25	76	130	292
332	123	227	258	281	103	120	185	205	263
333	2	40	43	110	13	21	154	255	257
334		287	325	332	132	232	269	296	331
335		193	266	307	130	166	177	213	231
336		193	235	330	2	4	19	149	274
337	55	54	137	229	21	102	112	118	258
338		203	250	303	44	97	120	126	171
339		212	237	246	69	125	219	234	236
340		222	290	317	94	183	194	267	338
341		22	49	179	103	109	234	299	333
342	125	148	152	253	240	273	281	310	316
343	75	28	68	303	29	32	228	305	340
344		29	153	211	57	92	131	145	160
345	22	241	252	279	113	129	161	230	333
346		7	40	274	27	76	138	247	325
347		37	267	334	31	64	162	209	236
348		12	122	161	72	109	123	169	298
350	53	13	238	248	103	184	237	265	278
351	34	100	147	183	49	159	221	283	308
352		134	153	313	152	168	241	285	326
354		156	183	188	11	142	222	231	308

k / n	3	5			7				
355		58	59	80	34	143	185	212	248
356		71	144	303	125	144	215	230	311
357		197	302	354	14	79	181	247	262
358		115	120	283	20	77	80	235	299
359	68	66	201	249	91	99	155	226	296
360		38	171	290	35	61	76	125	197
362	63	9	37	290	41	191	288	324	353
363		183	255	262	44	188	201	219	335
364	67	148	241	349	28	181	233	247	255
365		111	220	253	24	93	138	283	313
366	29	8	183	299	32	188	270	349	357
368		121	293	355	103	124	162	187	247
369	91	41	218	344	33	59	71	204	340
370	139	12	350	359	16	52	173	174	263
371		287	310	343	30	161	293	322	338
372		126	141	248	41	211	212	227	359
373		7	106	147	33	160	201	233	318
374		105	181	266	40	49	96	194	253
375	16	122	200	304	1	29	77	185	242
376		23	24	85	19	99	254	309	365
377	41	7	159	209	53	66	108	155	312
378	43	36	63	352	25	123	149	243	323
379		10	186	303	99	132	173	249	323
380	47	37	70	80	103	151	281	282	376
381		190	259	327	10	71	161	190	351
382	81	88	193	375	6	79	110	192	194
384		23	51	381	4	18	222	274	375
385	6	215	218	352	144	175	222	238	379
386	83	79	175	299	119	128	232	288	346
387		13	106	156	115	190	203	303	365
388		92	97	278	66	138	261	293	314
389		250	326	381	6	12	33	211	284
390	89	5	176	291	150	164	171	247	269
392		207	222	365	44	61	82	144	373
393	7	68	204	254	88	201	251	309	373
394	135	18	142	219	76	129	151	174	234
395		106	154	237	29	83	109	148	177
396	25	83	147	348	105	142	237	277	345
398		90	305	331	15	134	221	264	308
399	86	337	357	375	46	196	226	345	364
400		8	293	295	13	88	118	156	233
402		87	320	336	77	150	217	243	383
403		12	75	298	28	252	301	306	346
404	189	110	114	315	16	116	160	330	337
405		124	272	307	9	15	181	246	369
406	157	25	255	397	84	130	229	292	366
408		127	174	345	129	176	206	235	243
409	87	127	157	207	80	99	148	247	401
410		166	227	372	67	70	107	165	244
411		3	202	228	31	60	190	195	245

n \ k	3	5			7				
412	147	183	360	387	130	248	325	394	404
414		106	254	281	111	117	204	261	328
415	102	90	207	351	224	295	352	394	413
416		77	196	399	94	237	282	310	365
417	107	339	404	408	82	130	235	370	378
418		120	239	259	35	181	338	348	361
420		165	278	354	66	142	239	279	341
421		296	310	329	92	138	252	280	306
422	149	94	164	253	55	101	326	404	415
424		173	211	290	133	143	292	320	360
425	12	3	109	299	66	195	223	264	269
426		107	384	407	159	186	254	351	368
427		259	264	381	18	239	323	329	364
428	105	104	178	373	162	172	180	217	410
429		282	362	383	87	96	160	220	385
430		155	187	287	26	43	69	145	416
431	120	39	47	392	11	168	179	230	247
432		111	358	430	110	120	160	170	195
433	33	125	129	263	37	82	389	392	400
434		87	257	393	75	162	177	185	377
435		78	255	307	170	175	240	369	418
436	165	90	231	249	32	125	140	172	188
437		29	130	276	157	218	252	256	398
438	65	310	324	393	81	103	184	197	231
439	49	93	162	328	1	141	392	406	427
440		193	219	292	63	75	93	215	310
441	31	49	196	404	172	195	209	225	259
442		30	199	320	120	178	182	276	423
443		34	398	420	145	147	313	366	414
444		168	313	318	119	280	339	374	376
446	105	53	59	131	62	108	204	271	400
447	73	193	299	308	21	122	259	291	293
448		49	137	143	55	73	94	202	364
450	79	320	327	435	13	50	70	128	167
451		106	215	377	69	81	207	295	364
452		101	148	237	22	118	167	396	448
453		130	152	302	213	335	370	422	451
454		12	132	429	177	281	326	355	441
455	38	54	389	433	35	108	375	402	403
456		208	209	355	123	204	231	319	370
457	16	34	124	256	3	168	193	201	303
458	203	11	223	292	12	23	47	157	161
459		2	110	281	338	341	378	387	424
460	61	128	291	404	92	184	338	364	381
461		135	257	352	67	142	314	329	332
462	73	43	92	173	28	186	214	259	393
464		10	190	285	83	234	337	426	438
465	59	13	215	370	155	327	402	442	443
466		16	76	187	48	93	126	185	460
468		173	188	440	57	66	152	246	348

k / n	3	5			7				
469		95	118	288	4	5	31	64	438
470	149	38	178	217	68	180	326	433	457
471	1	122	186	470	13	124	191	331	409
472		81	275	308	30	75	113	199	459
474	191	107	242	326	159	213	299	325	364
476	15	22	189	260	90	193	321	371	466
477		14	264	428	55	102	117	149	316
478	121	72	389	403	150	155	262	295	457
480		275	398	406	23	123	135	330	336
482		281	423	453	30	172	220	384	465
483		319	445	470	101	135	280	327	412
484	105	281	421	440	22	77	98	235	420
486		203	278	333	40	43	255	434	479
487	94	54	67	131	102	350	363	404	468
488		2	57	143	111	155	188	234	279
489	83	75	417	469	117	156	174	444	487
490	219	63	109	319	305	381	388	430	476
492		171	246	374	74	132	373	416	445
493		266	333	422	39	58	192	285	446
494	137	111	133	296	170	283	339	453	475
495	76	7	178	183	84	237	465	468	469
496		83	237	463	96	118	131	394	484
497	78	99	275	339	6	39	206	256	472
498		204	248	299	38	236	305	344	449
500		357	396	431	13	16	133	149	427
502		94	329	371	34	132	180	193	240
503	3	301	425	427	66	79	266	301	501
504		45	159	451	31	79	115	261	403
505	156	43	225	308	176	246	393	411	479
506	95	111	242	279	259	280	294	301	355
507		197	254	437	8	109	283	384	503
508	109	74	408	457	67	254	275	279	365
509		143	214	358	62	71	136	207	389
510		53	165	477	83	173	260	410	455
512		125	321	419	121	149	224	267	374
513	85	228	230	491	4	97	284	408	446
514		137	144	221	53	154	170	338	429
516		243	379	469	3	70	100	369	444
518	33	95	122	311	150	306	359	385	513
519	79	136	163	356	27	358	413	446	510
520		10	165	512	117	124	224	232	287
521	32	350	437	455	66	248	293	351	473
522		9	433	474	13	152	184	289	515
524	167	329	449	462	24	127	410	418	474
525		174	216	301	149	167	478	509	520
526		209	283	285	13	31	63	151	201
528		169	283	401	126	400	413	442	518
530		143	222	374	188	263	274	345	377
531		224	402	521	270	292	319	439	454
532	1	173	248	348	6	110	200	221	431

n \ k	3	5			7				
533		181	410	457	286	307	361	492	512
534		302	326	377	22	29	411	462	503
536		119	279	302	108	140	175	474	484
537	94	82	153	222	34	51	201	224	403
538		91	168	246	305	343	384	428	461
540	179	3	431	495	72	73	152	337	429
542		222	275	487	107	193	282	302	332
544		164	175	437	75	85	173	358	394
546		35	384	486	203	256	432	446	528
547		209	422	481	152	204	244	383	413
548		354	380	445	12	76	276	300	337
549		51	222	512	38	270	369	489	539
550	193	152	186	509	3	77	101	329	521
551	135	262	326	454	27	28	84	197	388
552		5	51	305	227	232	243	280	398
553	39	88	420	506	5	144	256	296	427
554		90	203	259	25	197	316	321	497
555		7	442	553	1	25	48	413	416
556	153	47	136	446	100	124	467	488	543
558		213	256	463	56	169	365	439	499
560		357	455	465	28	52	158	432	477
561	71	182	306	479	87	260	341	381	406
562		142	196	219	10	69	73	89	317
564	163	288	337	354	10	12	127	483	545
566	153	96	257	316	14	162	173	336	557
567	143	155	255	365	113	164	204	225	498
568		35	279	430	74	238	267	388	404
570	67	81	174	347	66	188	247	341	451
572		3	71	337	61	158	337	360	562
573		130	449	496	444	449	458	467	554
574	13	185	268	557	32	145	197	512	564
575	146	13	101	466	32	153	210	376	435
576		263	330	473	354	366	391	505	529
577	25	1	57	152	162	197	289	437	495
578		171	218	282	33	68	72	217	294
579		174	212	482	25	107	154	265	338
580		36	155	239	96	130	186	283	522
582	85	57	58	313	148	221	383	388	562
583	130	79	523	567	26	92	226	420	452
584		103	155	433	39	89	99	223	445
585	121	307	432	568	252	293	295	348	523
586		80	157	377	40	143	221	285	460
588	151	302	476	513	292	306	374	408	505
590	93	75	211	313	148	294	336	437	532
591		31	109	491	242	369	405	426	554
592		1	159	499	98	355	424	513	532
594	19	212	335	506	2	125	261	469	574
595		140	413	526	107	302	418	436	493
596		142	485	568	73	293	394	480	482
597		256	452	551	29	188	214	317	569

k \ n	3	5			7				
598		135	261	283	73	209	316	334	530
600		8	130	521	82	160	163	443	580
602		371	409	550	36	154	466	503	530
604		315	442	523	74	190	230	316	495
605		258	374	495	56	85	105	120	306
606		288	397	418	72	227	330	427	536
607	105	344	521	525	113	195	237	253	537
608		18	195	329	17	33	194	217	605
610	127	85	156	487	149	222	275	429	603
612		131	208	293	73	79	368	460	535
614		159	538	575	25	68	111	259	285
615	211	104	500	605	47	79	104	143	199
616		97	345	402	66	82	109	198	405
618		36	83	143	8	108	132	447	515
620		14	259	477	60	61	82	410	472
621		392	587	595	289	466	507	539	600
624		119	410	573	149	158	274	383	551
626		141	491	571	238	248	259	348	430
628	223	9	538	578	254	356	374	415	501
630		422	457	593	184	308	380	432	489
632		7	23	310	54	100	233	463	537
634	315	164	566	603	21	26	226	435	489
636		234	235	274	111	136	195	282	436
638		53	350	557	1	184	350	427	529
640		123	457	540	7	73	401	575	630
642	119	95	296	622	171	235	516	517	578
644		78	309	560	100	291	454	561	567
646	249	240	291	577	105	261	274	389	552
648		157	179	200	102	122	270	442	647
650	3	175	488	508	135	170	235	422	637
652	93	6	365	454	115	166	193	426	580
654		168	435	652	175	183	260	374	606
656		161	598	648	210	273	407	545	642
657	38	388	584	623	112	201	203	493	558
658	55	56	481	555	141	341	475	555	615
660		50	125	251	7	45	118	124	462
662	297	290	494	593	35	238	276	559	569
665	33	141	407	437	118	134	431	654	662
666		128	559	646	24	185	326	658	663
668		447	526	532	28	290	348	400	541
670	153	5	107	625	60	68	252	370	449
672		112	285	595	88	114	136	329	341
674		84	537	672	71	164	184	444	517
676	241	164	193	315	99	203	236	340	352
678		9	643	667	93	139	214	335	624
680		143	281	357	289	378	473	505	559
682		216	395	476	34	201	395	416	680
684		100	583	593	54	205	264	506	611
686	197	278	470	645	216	259	293	315	681
688		18	122	311	163	380	593	617	644

n \ k	3	5			7				
690		205	211	253	106	236	483	572	663
692	299	54	263	409	8	224	239	473	557
693		2	237	327	21	297	323	398	515
694		442	477	568	163	188	460	610	645
696		271	373	498	116	191	471	526	577
697	267	238	365	677	62	240	408	503	546
700		342	458	535	68	78	405	416	663
701		58	505	693	134	152	202	289	408
702	37	401	423	446	77	171	188	381	620
704		87	143	522	39	106	303	405	440
708	287	16	335	368	58	74	79	200	232
709		407	600	637	339	407	415	638	700
710		50	257	615	3	169	348	513	643
712		139	195	490	58	280	493	548	563
714	23	257	413	440	85	508	539	663	678
715		105	242	440	183	248	292	350	554
716	183	144	465	471	323	330	402	508	534
718		264	589	625	105	271	280	338	565
720		362	531	537	250	326	403	445	493
721	9	229	700	714	109	151	451	513	659
724		91	230	317	218	387	479	507	634
726	5	469	579	619	11	345	410	444	590
728		215	693	698	18	367	422	494	608
730	147	239	349	356	164	453	492	533	702
732		425	452	688	51	88	131	281	675
735	44	119	409	629	71	250	397	454	577
738	347	62	116	573	151	326	343	405	512
740	153	16	45	563	223	279	348	393	617
742		152	371	499	19	89	181	399	635
744		93	537	635	296	312	377	720	723
745	258	10	29	368	118	159	196	198	339
747		91	425	556	295	313	395	410	468
748		309	595	683	48	55	104	287	444
750		246	321	566	43	54	157	399	648
752		15	192	749	122	217	289	432	681
753	158	47	117	296	54	131	466	550	743
754	19	176	370	395	6	171	294	354	394
755		125	535	669	90	140	409	489	567
756	349	367	474	682	31	196	205	525	573
759	98	4	246	493	147	213	465	597	608
762	83	386	503	755	14	26	309	432	587
764		48	263	670	14	172	562	693	753
768		59	504	693	61	106	494	723	758
770		179	249	550	87	179	202	505	682
771		42	597	730	34	323	649	662	702
772	7	179	639	737	111	116	165	318	634
774	185	164	254	269	8	99	117	213	534
775	367	33	697	759	2	82	410	480	529
776		166	209	447	45	246	293	457	649
778	375	206	323	601	82	307	393	514	734

k / n	3	5			7				
780		91	261	472	104	308	596	654	687
784		16	627	721	175	179	393	463	725
786		529	677	719	43	267	315	691	701
788		319	746	756	364	487	527	629	683
790		94	546	653	144	365	700	727	739
792		14	292	751	317	382	438	519	610
795		41	404	788	88	233	278	359	724
796		60	271	423	75	209	434	618	667
798		427	547	550	11	213	302	405	497
800		46	308	777	132	579	651	686	697
804	295	188	730	799	194	195	413	470	624
806	141	50	595	621	51	182	357	622	696
807	7	107	278	769	28	206	267	510	763
810	299	395	578	702	250	294	477	595	629
812	167	142	767	807	16	85	146	480	526
816		142	605	625	76	633	702	722	745
820		174	381	729	106	120	593	676	698
822		303	585	724	21	132	175	623	757
824		369	463	821	87	391	426	644	817
828	205	405	467	611	20	34	178	623	689
830		753	761	814	328	338	389	625	719
831	49	322	499	769	333	497	509	517	579
832		311	482	769	80	367	490	541	621
834		261	770	771	19	250	258	391	688
836		150	249	351	78	180	271	659	732
837		36	240	286	149	210	410	530	701
840		66	293	671	23	150	301	328	756
842	47	203	247	598	216	266	403	690	808
843		49	119	578	185	498	543	827	833
844		95	236	570	6	9	605	639	835
848		104	313	747	151	217	281	388	826
850	111	7	432	759	199	252	281	447	599
852		496	521	565	3	300	533	648	764
858		435	672	698	121	390	578	644	751
860		342	373	410	394	556	560	572	627
862	349	495	602	731	195	355	370	639	700
864		10	551	593	86	99	146	439	456
865	1	68	179	751	62	280	316	595	683
866	75	246	763	856	55	398	459	646	809
867		146	233	777	230	354	548	682	825
868	145	16	113	539	89	147	330	772	822
870		178	363	649	93	141	514	788	808
873		133	555	783	30	174	657	716	779
876		578	820	869	149	300	642	672	678
881	78	306	794	796	26	264	742	770	784
882		231	322	450	2	483	651	843	864
884	173	446	524	581	77	279	516	713	825
888		10	516	619	415	537	568	767	770
889	169	204	232	684	99	377	566	745	871
892	31	199	710	836	198	386	610	641	745

n \ k	3	5			7				
894	173	17	94	623	183	241	276	386	685
896		417	726	767	109	145	338	705	884
897	113	11	425	798	50	383	546	684	792
900	1	111	771	856	156	268	348	439	739
902		27	647	874	187	255	443	542	725
903	160	489	737	809	339	393	430	659	806
904		351	431	637	62	171	242	251	754
906	187	60	421	705	32	152	626	759	887
908	143	287	384	667	22	198	575	606	867
909		110	563	654	57	439	459	554	575
910		69	489	859	96	295	304	676	799
912		277	721	731	199	330	729	779	809
916		129	508	853	17	409	525	891	900
918	77	25	481	881	280	357	378	561	790
924		63	158	753	118	154	416	463	896
930		49	52	869	275	467	664	678	823
931		325	480	921	298	547	688	830	843
932	275	119	302	864	7	162	713	802	884
936		391	639	910	16	64	134	299	627
940		83	481	654	176	255	403	453	807
942		152	842	873	255	467	609	648	876
948		269	487	569	114	174	408	625	799
952		10	275	776	283	364	510	763	765
954		26	363	888	280	303	554	586	864
956	305	342	501	582	199	337	456	639	749
960		11	221	534	103	130	136	340	802
964	103	60	697	901	268	342	413	756	800
968	0	377	610	762	160	161	330	430	879
972	115	90	252	443	345	556	641	760	957
978		679	746	808	135	381	638	671	896
979		569	713	736	129	230	346	605	832
980		171	353	732	286	579	694	712	907
984		75	686	789	260	326	425	655	950
988	121	258	351	372	536	555	616	781	850
990		283	315	610	32	170	269	298	767
996		343	478	581	36	47	336	444	639
1000		157	302	395	189	270	652	912	957
1004		678	741	923	106	384	707	930	957
1008		209	530	807	134	292	501	581	730
1010		23	272	626	181	194	537	635	725
1011		446	761	934	312	569	817	895	998
1012		37	256	996	216	260	573	938	1009
1014	385	93	484	555	308	320	550	628	877
1015	186	172	561	817	29	217	314	655	766
1020	461	146	605	900	237	304	405	485	503
1024		73	135	333	24	421	476	545	923
1026	35	401	916	929	148	331	501	705	713
1028	203	136	784	1001	130	586	735	899	924
1032		451	721	832	27	159	465	496	775
1036	411	705	769	856	1	255	707	762	831

n \ k	3	5			7				
1044	41	184	735	738	289	477	540	799	882
1049	141	349	530	670	83	631	739	898	972
1050		579	685	735	259	626	722	1015	1035
1052	291	47	333	431	125	142	590	623	885
1056		793	854	955	286	429	433	865	994
1060		570	607	803	179	208	291	351	692
1063	168	153	314	862	23	84	248	1035	1051
1064		43	226	311	50	178	383	441	695
1066		865	954	981	43	470	673	762	1042
1068		93	932	992	30	163	357	476	623
1075		247	650	813	373	396	439	575	1049
1076		104	286	423	108	179	336	714	741
1077		56	82	935	306	577	812	991	1065
1080		43	557	1030	161	879	912	965	970
1084	189	12	940	1063	147	714	732	754	808
1085		123	522	573	77	174	321	789	938
1088		62	190	1029	34	104	178	379	982
1092	23	150	518	843	317	448	463	744	809
1098	83	115	331	371	150	468	598	723	991
1100		95	826	930	153	448	626	905	1048
1102	117	186	760	901	50	77	387	865	1037
1104		123	127	1018	166	330	436	633	929
1106	195	368	431	605	75	159	236	366	1002
1108	327	600	633	1068	635	676	738	788	1003
1110		801	813	1088	17	595	651	839	909
1116	479	522	607	996	718	728	785	997	1026
1119	283	220	605	650	144	238	378	583	591
1121	62	310	534	683	25	88	543	548	654
1122		289	758	884	53	213	249	383	505
1124		31	121	479	80	84	203	263	356
1132		226	801	1114	114	214	483	499	907
1134		262	425	662	31	74	264	441	637
1140	539	180	337	1032	234	365	520	1065	1085
1146	131	95	345	740	186	380	494	796	879
1148	23	290	516	767	42	84	387	644	826
1152		174	783	1093	121	201	422	881	1047
1155		368	605	612	131	300	315	702	864
1156	307	13	766	777	9	32	192	616	771
1158	245	819	930	1147	281	583	644	700	1075
1160		699	1013	1015	455	790	833	858	1024
1164	19	189	221	438	187	908	1083	1084	1155
1169	114	107	361	576	73	126	556	936	1076
1170		271	988	1088	61	295	752	777	875
1172		59	1050	1075	361	434	671	1037	1137
1180		237	445	764	212	364	861	1048	1091
1188	413	385	778	1152	385	660	865	894	1068
1192		331	440	545	16	194	581	1005	1104
1196	519	367	436	674	174	374	381	646	912
1200		153	319	663	48	603	782	821	952
1204		248	381	808	42	309	545	736	972

n \ k	3	5			7				
1208		329	474	1011	11	109	627	834	918
1212	203	249	397	600	133	292	438	711	851
1220	413	820	1003	1136	15	281	587	629	1059
1224		287	290	1099	253	728	783	830	1069
1228	27	36	950	959	167	208	526	749	1185
1230		195	469	973	305	448	535	866	933
1232		193	426	725	67	322	416	857	1151
1236	151	938	989	1144	26	894	902	1159	1188
1242	395	337	449	1106	39	63	638	770	1093
1248		385	511	1031	161	310	407	700	973
1252		299	397	456	420	775	966	977	1239
1260		7	283	692	518	884	1075	1104	1251
1268		50	77	480	307	517	553	588	1148
1272		161	669	1202	35	275	591	682	847
1276	427	291	414	988	360	438	532	591	1154
1279	216	552	1080	1242	9	1013	1101	1170	1252
1284	223	125	853	1096	203	212	643	781	1246
1292		411	879	896	149	367	577	991	1171
1300	217	212	502	1031	47	332	441	679	1027
1304		255	345	578	35	108	195	531	998
1308		238	925	1184	480	536	549	1085	1268
1316		708	972	1235	381	558	948	1195	1237
1320		83	523	865	1	352	523	817	1011
1324	337	48	488	1241	97	354	702	751	1228
1332	95	939	982	1008	12	61	898	1200	1215
1340	189	84	484	1039	69	596	709	922	1176
1352		573	1199	1223	182	322	555	1063	1231
1356	275	32	571	670	420	503	916	986	1098
1364		394	609	734	123	213	253	316	659
1372	181	672	957	1144	114	178	874	1038	1371
1380		673	936	943	636	668	946	1327	1356
1384		623	642	1343	188	350	377	509	904
1386		69	881	999	125	370	657	736	1128
1400		182	515	1109	347	555	821	852	1139
1402	127	23	50	1371	64	548	868	931	1112
1404	661	149	513	1169	255	344	536	1112	1340
1420		469	725	965	567	635	872	876	1063
1428	557	79	415	439	30	55	408	683	1387
1436		201	440	711	241	347	353	834	848
1452		306	816	1345	307	858	1138	1323	1409
1456		170	362	447	138	624	827	1010	1317
1460		371	939	1303	543	943	966	1160	1200
1464		301	575	620	827	911	1138	1234	1378
1470	569	129	458	1421	123	168	505	972	1351
1476	265	44	836	1001	96	270	280	575	838
1480		367	390	845	475	842	949	965	1273
1484		417	914	1385	338	992	1144	1415	1432
1500		301	841	1291	76	169	242	347	1105
1506		75	668	1157	175	375	383	983	1011
1508	599	897	1322	1409	207	364	562	653	1326

n \ k	3	5			7				
1510		174	587	1351	207	305	856	884	909
1512		415	1100	1417	419	494	615	927	1503
1524	293	185	1143	1247	250	315	707	862	972
1540		251	583	1412	104	157	215	346	1344
1548	505	19	1052	1102	94	480	811	864	926
1556		403	434	1270	50	923	1110	1230	1365
1572		434	586	1321	815	916	969	972	1334
1584		369	931	1101	539	692	748	1106	1241
1590	169	258	481	1552	40	361	508	750	859
1596	697	363	618	1490	39	355	527	1069	1073
1600		347	725	1345	73	281	545	1133	1578
1612	771	402	524	1157	106	214	811	1215	1425
1620	227	335	1279	1331	517	738	1161	1309	1599
1644		540	772	1587	806	1318	1406	1407	1450
1656		1464	1511	1617	170	1038	1131	1408	1465
1668		227	575	1062	206	501	1136	1192	1653
1680		146	427	1349	405	922	930	1513	1579
*1688		101	406	1119	109	216	942	1159	1328
1700	311	100	891	1597	157	204	276	644	741
1716		523	571	894	145	259	479	582	1499
1732		731	1274	1716	186	196	1028	1304	1327
1734		131	365	837	226	423	514	1147	1281
1740		87	288	374	229	794	933	995	1369
1764		162	1170	1751	352	793	832	1129	1425
1784		3	25	335	10	395	838	1387	1740
1812		116	482	1059	350	507	583	1086	1507
1820	359	63	470	965	631	739	1023	1026	1694
1836		1443	1570	1827	76	1316	1348	1613	1779
1848		290	1821	1833	125	443	906	1012	1522
1860	761	23	103	950	434	726	736	1509	1520
1884		119	942	1362	13	119	761	828	1056
1896		101	875	1798	585	634	1219	1473	1524
1904		283	1108	1845	224	635	943	1108	1542
1908		1008	1112	1773	763	946	1256	1567	1769
1920		49	371	1636	47	719	757	1079	1384
1980		89	885	1152	7	214	689	1167	1521
2008		118	1333	1797	630	793	813	1695	1794
2100	1009	328	1106	1921	488	1712	1763	1964	2014
2203		370	1241	1865	89	217	781	903	1961
2212	423	530	1590	1955	660	712	1308	1701	1904
2220		1278	1479	2104	23	132	1334	1532	1691
*2232		549	1006	1957	362	419	655	908	1241
2244	415	624	1270	1611	47	522	1674	1751	2023
2268	895	337	340	1110	38	183	938	1688	2070
2281	715	605	1358	2274	851	1420	1802	1902	2151
2340		113	419	2082	227	611	740	1913	2323
2460	1169	462	555	1513	188	1233	1677	2200	2419
3217	67	1608	2097	2674	568	578	2074	2366	2880
4253		1906	2737	3392	71	1891	2023	3375	3519
4423	271	313	1506	1998	2286	2493	2877	3116	4267
9689					84	471	1836	2444	4187

7. $\mathbb{F}_3$ 위에서의 n차 기약다항식(The nth irreducible polynomials over $\mathbb{F}_3$)

차수	기약다항식	주기	차수	기약다항식	주기	차수	기약다항식	주기
1	10	1	5	100021	242	5	120001	242
	11	2		100022	121		120011	242
	12	1		100112	121		120022	121
2	101	4		100211	242		120202	121
	112	8		101011	242		120212	121
	122	8		101012	121		120221	242
3	1021	26		101102	121		121012	121
	1022	13		101122	121		121111	242
	1102	13		101201	242		121112	121
	1112	13		101221	242		121222	121
	1121	26		102101	242		122002	121
	1201	26		102112	121		122021	242
	1211	26		102122	11		122101	242
	1222	13		102202	121		122102	121
4	10012	80		102211	242		122201	22
	10022	80		102221	22		122212	121
	10102	16		110002	121	6	1000012	728
	10111	40		110012	121		1000022	728
	10121	40		110021	242		1000111	364
	10202	16		110101	242		1000121	364
	11002	80		110111	242		1000201	52
	11021	20		110122	121		1001012	728
	11101	40		111011	242		1001021	364
	11111	5		111121	242		1001101	91
	11122	80		111211	242		1001122	104
	11222	80		111212	121		1001221	182
	12002	80		112001	242		1002011	364
	12011	20		112022	121		1002022	728
	12101	40		112102	11		1002101	182
	12112	80		112111	242		1002112	104
	12121	10		112201	242		1002211	91
	12212	80		112202	121		1010201	52

* 기약다항식에서 삼진수는 차수의 계수를 나타낸다. 즉, 3차에서 1121은 x^3+x^2+2x+1을 의미한다.

차수	기약다항식	주기	차수	기약다항식	주기	차수	기약다항식	주기
6	1010212	728	6	1111012	728	6	1211201	91
	1010222	728		1111021	182		1211212	728
	1011001	91		1111111	7		1212011	91
	1011011	364		1111112	728		1212022	728
	1011022	728		1111222	728		1212121	14
	1011122	728		1112011	91		1212122	728
	1012001	182		1112201	182		1212212	728
	1012012	728		1112222	728		1220102	728
	1012021	364		1120102	728		1220111	182
	1012112	728		1120121	91		1220212	728
	1020001	52		1120222	728		1221001	182
	1020101	52		1121012	728		1221002	104
	1020112	728		1121102	728		1221112	104
	1020122	728		1121122	104		1221202	729
	1021021	364		1121212	728		1221211	364
	1021102	56		1121221	364		1222022	728
	1021112	728		1122001	91		1222102	728
	1021121	91		1122002	104		1222112	104
	1022011	364		1122122	104		1222211	364
	1022102	56		1122202	728		1222222	728
	1022111	182		1122221	364	7	10000102	1093
	1022122	728		1200002	728		10000121	2186
	1100002	728		1200022	56		10000201	2186
	1100012	56		1200121	364		10000222	1093
	1100111	364		1201001	364		10001011	2186
	1101002	728		1201111	182		10001012	1093
	1101011	28		1201121	182		10001102	1093
	1101101	364		1201201	364		10001111	2186
	1101112	728		1201202	728		10001201	2186
	1101212	728		1202002	728		10001212	1093
	1102001	364		1202021	28		10002112	1093
	1102111	91		1202101	364		10002122	1093
	1102121	91		1202122	728		10002211	2186
	1102201	364		1202222	728		10002221	2186
	1102202	728		1210001	364		10010122	1093
	1110001	364		1210021	364		10010222	1093
	1110011	364		1210112	728		10011002	1093
	1110122	728		1210202	728		10011101	2186
	1110202	728		1210211	91		10011211	2186
	1110221	182		1211021	182		10012001	2186

차수	기약다항식	주기	차수	기약다항식	주기	차수	기약다항식	주기
7	10012022	1093	7	10121102	1093	7	10222021	2186
	10012111	2186		10121201	2186		10222111	2186
	10012202	1093		10121222	1093		10222202	1093
	10020121	2186		10122001	2186		10222211	2186
	10020221	2186		10122011	2186		11000101	2186
	10021001	2186		10122022	1093		11000222	1093
	10021112	1093		10122212	1093		11001022	1093
	10021202	1093		10122221	2186		11001112	1093
	10022002	1093		10200001	2186		11001211	2186
	10022021	2186		10200002	1093		11002012	1093
	10022101	2186		10200101	2186		11002022	1093
	10022212	1093		10200112	1093		11002121	2186
	10100011	2186		10200202	1093		11002202	1093
	10100012	1093		10200211	2186		11010001	2186
	10100102	1093		10201021	2186		11010022	1093
	10100122	1093		10201022	1093		11010121	2186
	10100201	2186		10201121	2186		11010221	2186
	10100221	2186		10201222	1093		11011111	2186
	10101101	2186		10202011	2186		11011202	1093
	10101112	1093		10202012	1093		11012002	1093
	10101202	1093		10210001	2186		11012102	1093
	10101211	2186		10210121	2186		11012212	1093
	10102102	1093		10210202	1093		11020021	2186
	10102201	2186		10211101	2186		11020022	1093
	10110022	1093		10211111	2186		11020102	1093
	10110101	2186		10211122	1093		11020112	1093
	10110211	2186		10211221	2186		11020201	2186
	10111001	2186		10212011	2186		11020222	1093
	10111102	1093		10212022	1093		11021111	2186
	10111121	2186		10212101	2186		11021122	1093
	10111201	2186		10212112	1093		11021201	2186
	10112002	1093		10212212	1093		11021212	1093
	10112012	1093		10220002	1093		11022101	2186
	10112021	2186		10220101	2186		11022122	1093
	10112111	2186		10220222	1093		11022211	2186
	10112122	1093		10221122	1093		11022221	2186
	10120021	2186		10221202	1093		11100002	1093
	10120112	1093		10221212	1093		11100022	1093
	10120202	1093		10221221	2186		11100121	2186
	10121002	1093		10222012	1093		11100212	1093

차수	기약다항식	주기	차수	기약다항식	주기	차수	기약다항식	주기
7	11101012	1093	7	11202002	1093	7	12010121	2186
	11101022	1093		11202121	2186		12010201	2186
	11101102	1093		11202211	2186		12010211	2186
	11101111	2186		11202212	1093		12011102	1093
	11101121	2186		11210002	1093		12011111	2186
	11102002	1093		11210011	2186		12011212	1093
	11102111	2186		11210021	2186		12011221	2186
	11102222	1093		11210101	2186		12012112	1093
	11110001	2186		11211001	2186		12012122	1093
	11110012	1093		11211022	1093		12012202	1093
	11110111	2086		11211122	1093		12012221	2186
	11110112	1093		11211212	1093		12020002	1093
	11110211	2186		11211221	2186		12020021	2186
	11110222	1093		11212012	1093		12020122	1093
	11111011	2186		11212112	1093		12020222	1093
	11111021	2186		11212202	1093		12021101	2186
	11111201	2186		11220001	2186		12021212	1093
	11111222	1093		11220112	1093		12022001	2186
	11112011	2186		11220211	2186		12022111	2186
	11112221	2186		11221022	1093		12022201	2186
	11120102	1093		11221102	1093		12100001	2186
	11120111	2186		11221112	1093		12100021	2186
	11120122	1093		11221121	2186		12100111	2186
	11120212	1093		11222011	2186		12100222	1093
	11120221	2186		11222102	1093		12101011	2186
	11121001	2186		11222122	1093		12101021	2186
	11121101	2186		11222201	2186		12101201	2186
	11121202	1093		11222221	2186		12101212	1093
	11122021	2186		12000121	2186		12101222	1093
	11122112	1093		12000202	1093		12102001	2186
	11122201	2186		12001021	2186		12102121	2186
	11122222	1093		12001112	1093		12102212	1093
	11200201	2186		12001211	2186		12110111	2186
	11200202	1093		12002011	2186		12110122	1093
	11201012	1093		12002021	2186		12110201	2186
	11201021	2186		12002101	2186		12110212	1093
	11201101	2186		12002222	1093		12110221	2186
	11201111	2186		12010021	2186		12111002	1093
	11201221	2186		12010022	1093		12111101	2186
	11201222	1093		12010102	1093		12111202	1093

차수	기약다항식	주기	차수	기약다항식	주기	차수	기약다항식	주기
7	12112022	1093	7	12201011	2186	7	12212102	1093
	12112102	1093		12201022	1093		12212122	1093
	12112121	2186		12201121	2186		12212201	2186
	12112211	2186		12201122	1093		12212221	2186
	12120002	1093		12201202	1093		12220001	2186
	12120011	2186		12201212	1093		12220012	1093
	12120112	1093		12202001	2186		12220022	1093
	12120121	2186		12202111	2186		12220202	1093
	12120211	2186		12202112	1093		12221002	1093
	12120212	1093		12202222	1093		12221021	2186
	12121012	1093		12210002	1093		12221111	2186
	12121022	1093		12210112	1093		12221122	1093
	12121102	1093		12210211	2186		12221221	2186
	12121121	2186		12211021	2186		12222011	2186
	12122012	1093		12211201	2186		12222101	2186
	12122122	1093		12211211	2186		12222211	2186
	12200101	2186		12211222	1093			
	12200102	1093		12212012	1093			

연습문제 풀이

연습문제 1

1. $a^m = e$이면 위수의 정의로부터 $k \mid m$이다. 역으로, $k \mid m$이견 $m = km'$인 m'가 존재한다. 그러므로 $a^m = (a^k)^{m'} = e$이다.

2. $\phi(490) = \phi(2 \cdot 5 \cdot 7^2) = \phi(2)\phi(5)\phi(7^2) = 1 \cdot 4 \cdot (7^2 - 7) = 168$

3. 수학적 귀납법으로 증명할 수 있다.

4. $\binom{p-1}{1} = p - 1 \equiv -1 \equiv (-1)^1 \pmod{p}$이다. $\binom{p-1}{j} \equiv (-1)^j \pmod{p}$라 하면

$$\binom{p-1}{j+1} = \frac{(p-1)(p-2)\cdots(p-j)}{j!} \cdot \frac{p-1-j}{j+1} \equiv (-1)^j(-1) \equiv (-1)^{j+1} \pmod{p}$$

이므로 모든 $j(0 \le j \le p-1)$에 대하여 $\binom{p-1}{j} \equiv (-1)^j \pmod{p}$이다.

5. (a) 2, (b) 3, (c) $x^3 + x + 1$

6.
$$\begin{aligned} F_{n+1} &= 1 \cdot F_n + F_{n-1} \\ F_n &= 1 \cdot F_{n-1} + F_{n-2} \\ &\vdots \\ F_4 &= 1 \cdot F_3 + F_2 \\ F_3 &= 2 \cdot F_2 + 0 \end{aligned}$$

이므로 $\gcd(F_{n+1}, F_n) = F_2 = 1$이다.

7. (a) $x + 1$, (b) 1

8. $\gcd(f_1, f_2, \cdots, f_k) = A$이고 $\gcd(\gcd(f_1, f_2, \cdots, f_{k-1}), f_k) = B$라 하면

$$A \mid \gcd(f_1, f_2, \cdots, f_{k-1})$$

이고 $A \mid f_k$이므로 $A \mid B$이다. $\gcd(f_1, f_2, \cdots, f_{k-1}) = C$라면

$$f_1 = Ca_1,\ f_2 = Ca_2, \cdots, f_{k-1} = Ca_{k-1}$$

이 되는 $a_1, a_2, \cdots, a_{k-1}$가 존재한다. 또한 $C = Bd$, $f_k = Ba_k$이며 $\gcd(d, a_k) = 1$인 d, a_k가 존재한다. 그러므로

$$f_1 = Bda_1, f_2 = Bda_2, \cdots, f_{k-1} = Bda_{k-1}, f_k = Ba_k$$

이다. $\gcd(da_1, da_2, \cdots, da_{k-1}, a_k) = 1$이므로 $B = A$이다.

9. 생략

10. (a) $x^4 + x^2 + 1$, (b) $x^6 + x^5 + x^3 + x + 1$, (c) $x^8 + x^4 + 1$

연습문제 2

1. $\mathbb{F}_2(\theta) = \{0, 1, \alpha^5, \alpha^{10}\} = \{0, 1, \theta, \theta^2\} = \mathbb{F}_{2^2}$

2. G를 $\mathbb{F}^*$의 유한 부분군이라 하고 G의 위수를 k라 하면 $a \in G$가 존재하여 $a^k = e$가 되어야 한다. 즉, $G = < a >$이다.

3. 분명하다.

4. $a \in \mathbb{F}_q$에 대하여 $a = 0$이면 분명하다. $a \neq 0$이고 $a^p = m$이고 동시에 $a^p = n$이라 하자. $m \neq n$이면 $1 = mn^{-1}$이 되어 모순이 된다. 그러므로 $m = n$이다.

5. $a = b^k$라 하자. $\gcd(q-1, k) = d$이므로 $q - 1 = dc, k = dk'$인 c, k'가 존재한다. $a^{q-1} = 1$이므로

$$a^{\frac{q-1}{d}} = (b^k)^{\frac{q-1}{d}} = (b^{\frac{k}{d}})^{q-1} = (b^{q-1})^{k'} = 1$$

이다. 역으로, $a^{\frac{q-1}{d}}=1$이라 하자. $b=a^{\frac{1}{k}}$라 하자. 그러면

$$b^{q-1}=(a^{\frac{1}{k}})^{q-1}=(a^{\frac{q-1}{d}})^{\frac{1}{k'}}=1$$

이다. 따라서 $b\in\mathbb{F}_q^*$이다. 그러므로 $b\in\mathbb{F}_q$가 존재하여 $a=b^k$이다.

6. $f(x)=x^n+c_{n-1}x^{n-1}+\cdots+c_1x+c_0$라 하자. 그러면

$$\begin{aligned} f(x^q) &= (x^q)^n+c_{n-1}(x^q)^{n-1}+\cdots+c_1x^q+c_0 \\ &= (x^n)^q+(c_{n-1}x^{n-1})^q+\cdots+(c_1x)^q+c_0^q \\ &= (x^q+c_{n-1}x^{n-1}+\cdots+c_1x+c_0)^q \\ &= f(x)^q \end{aligned}$$

이다. 그러므로 $f(x^q)=f(x)^q$이다.

7. $f(x)=x^q-x+a$이고 $f(\beta)=\beta^q-\beta+a=0$라 하자. 그러면

$$Tr(a)=Tr(\beta-\beta^q)=Tr(\beta)-Tr(\beta^q)=0$$

이다. 또한 $a=a^q=a^{q^2}=\cdots=a^{q^{n-1}}$이므로

$$\beta-\beta^{q^n}=(\beta-\beta^q)+(\beta-\beta^q)^q+\cdots+(\beta-\beta^q)^{q^{n-1}}=na$$

이다. 따라서 $\beta^{q^n}-\beta+na=0$이다. 그러므로 $x^{q^n}-x+na$은 $f(x)$에 의하여 나누어진다.

8. 분명하다.

9. $\alpha=\gamma^q-\gamma$ $(\gamma\in F)$라 하면 $\beta\in F$이므로 $(\beta-\gamma)^q=\beta^q-\gamma^q=\beta-\gamma$이다. 그러므로 $\beta-\gamma\in K$이다. 역으로, $\beta-\gamma\in K$라 하자. 그러면 $\omega\in K$가 존재하여 $\beta-\gamma=\omega$이다. 그러므로

$$\alpha = (\gamma + \omega)^q - (\gamma + \omega) = \gamma^q - \gamma$$

이다.

10. $Tr(\alpha) = c$이므로 $\alpha + \alpha^q + \alpha^{q^2} + \cdots + \alpha^{q^{m-1}} - c = 0$이다. 또한 $\sum_{j=0}^{m-1} x^{q^j} - c$과 $\prod(x-\alpha)$은 차수가 같다. 그러므로 모든 $c \in K$에 대하여

$$\sum_{j=0}^{m-1} x^{q^j} - c = \prod(x-\alpha)$$

이다.

11. 연습문제 2.10에 의하여 $x^{q^m} - x = \prod_{c \in \mathbb{F}_q}\left(\prod_{Tr(\alpha)=c}(x-\alpha)\right) = \prod_{c \in \mathbb{F}_q}\left(\sum_{j=0}^{m-1} x^{q^j} - c\right)$이다.

12. $\beta = 0$이면 분명하다. $\beta \neq 0$라 하면 $\mathbb{F}^* = \{\beta_1, \beta_2, \cdots, \beta_{q-1}\}$이다.

$$\mathbb{F}^* = \{\beta\beta_1, \beta\beta_2, \cdots, \beta\beta_{q-1}\}$$

이므로

$$\beta_1\beta_2 \cdots \beta_{q-1} = (\beta\beta_1)(\beta\beta_2) \cdots (\beta\beta_{q-1}) = \beta^{q-1}(\beta_1\beta_2 \cdots \beta_{q-1})$$

이다. 따라서 $\beta^{q-1} = 1$다. 그러므로 $\beta^q = \beta$이다.

13. 필요조건은 연습문제 2.12로부터 분명하다. 충분조건을 증명하기로 하자. 방정식 $x^q - x = 0$은 $\mathbb{E}$에서 기껏해야 서로 다른 q개의 해를 갖는다. $\mathbb{F}$의 모든 원소가 $x^q - x = 0$의 근이고 $|\mathbb{F}| = q$이므로 $\mathbb{F} = \{\alpha \in \mathbb{E} \mid \alpha^q - \alpha = 0\}$이다. 그러므로 $\beta^q = \beta$이 성립하는 $\mathbb{E}$의 원소 β는 $\mathbb{F}$의 원소이다.

연습문제 3

1. $3 \cdot 2^3 \cdot 7$

2. $\Phi_e(x)$는 위수가 e인 $\dfrac{\phi(e)}{d}$개의 기약다항식들 곱으로 표현된다. 여기서 $q^d \equiv 1 (\mathrm{mod}\, e)$이다. 따라서 $\mathrm{ord}(f) = e$일 필요충분조건은 $f \mid \Phi_e$이다.

3. $q^c < d \le q^{c+1}$라면 $\mathrm{ord}(f^d) = \mathrm{ord}(f) \cdot q^{c+1}$이다.

4. $f(x^p) = f(x)^p$이므로 $\mathrm{ord}(f(x^p)) = \mathrm{ord}(f(x)^p) = p \cdot \mathrm{ord}(f(x))$이다.

5. m이 홀수라 하자. 즉, $m = 2n+1$라 하자. 그러면 $a_1, a_2, \cdots, a_{2n} \in \mathbb{F}_q$이 존재하여 $f(x) = x^{2n+1} + a_1 x^{2n} + \cdots + a_{2n} x + 1$이다. $f(x) = f^*(x)$이므로,

$$a_1 = a_{2n}, a_2 = a_{2n-1}, \cdots$$

이다. 그러므로

$$f(x) = (a_{n+1} x^n + a_n x^{n-1} + \cdots + 1)(x^{n+1} + 1).$$

f가 기약다항식이 아니므로 모순이 된다. 그러므로 m은 짝수이다.

6. $f \in \mathbb{F}_q[x]$가 $\deg(f) > 1$, $\mathrm{ord}(f) = e$ 이고 $f^* = f$인 기약다항식이라 하자. 또한 $g \in \mathbb{F}_2[x]$가 $\deg(g) > 1$, $\mathrm{ord}(g)(:= k) \mid e$ 인 기약다항식이라 하자. $g(x)$가 기약다항식이고 $k \mid e$, $g(x) \mid x^k - 1$이다. 따라서 $h(x)$가 존재하여

$$x^k - 1 = g(x) h(x)$$

이다. f가 기약다항식이고 $\mathrm{ord}(f) = e$이므로, $f(x) \mid x^e - 1$이다. 따라서 $k(x)$가 존재하여 $x^e - 1 = f(x) k(x)$이다. 따라서

$$x^e - 1 = (x^k - 1)(x^{e-k} + x^{e-2k} + \cdots + x^k + 1) = f(x) k(x) g(x) h(x)$$

이다. $(x^e-1)^*=x^e-1$이므로 $x^e-1=f^*(x)g^*(x)h^*(x)k^*(x)$이다. $f(x)=f^*(x)$이며 $(h(x)k(x))^*=h^*(x)k^*(x)=h(x)k(x)$이므로 $g^*(x)=g(x)$를 만족해야 한다. 그러므로 g도 자체상반다항식이다.

7. 정리 2.5.7에 의하여 $\Phi_d(x)$는 위수가 $d=q^m-1$인 기약다항식들의 곱으로 표현된다. 그러므로 f가 원시다항식일 필요충분조건은 f가 $\Phi_d(x)\in\mathbb{F}_q[x]$의 한 기약인수이다.

8. $\dfrac{\phi(q^m-1)}{m}$

9. 우선 $m>1$이다. 왜냐하면 $f(x)=x$는 원시다항식이 아닌 기약다항식이다. 연습문제 3.8에 의하여 m차인 원시다항식의 개수는 $\dfrac{\phi(q^m-1)}{m}$이다. 또한 연습문제 3.7에 의하여 m차인 모든 원시다항식들은 $\Phi_{q^m-1}(x)$의 기약인수들이다. 그런데 $\Phi_{q^m-1}(x)$은 위수가 q^m-1인 모든 기약다항식들의 $\dfrac{\phi(q^m-1)}{m}$개의 곱이다. 즉, m차인 모든 원시다항식들의 $\dfrac{\phi(q^m-1)}{m}$개의 곱이다. 따라서

$$x^{q^m-1}-1=\Phi_1(x)\Phi_{q^m-1}(x) \tag{1}$$

가 되어야 한다. 한편,

$$x^{q^m-1}-1=\prod_{d\,|\,q^m-1}\Phi_d(x) \tag{2}$$

이므로 q^m-1은 소수이다. m이 소수가 아니면 q^m-1은 1과 자기자신이외의 약수를 갖기 때문에 (1)과 (2)에서 모순이 생긴다. 따라서 m은 소수이다.

10. 2^m-1이 소수가 아니라 하면 기약다항식 $f(x)$가 존재하여 $\mathrm{ord}(f(x))|2^m-1$ $(\mathrm{ord}(f(x))\neq 2^m-1)$ 이다. 그러므로 $f(x)$은 원시다항식이 아니다. 역으로, 2^m-1이 소수라 하자. 연습문제 3.9에 의하여 m이 소수이므로 차수가 m인 모든 기약

다항식들은 원시다항식이다.

11. $f(x)=x^n+c_{n-1}x^{n-1}+\cdots+c_1x+c_0$가 n차 기약다항식이라 하고 $f(ax+b)$가 다음과 같이 인수분해 된다고 하자.

$$\begin{aligned} f(ax+b) &= (ax+b)^n+c_{n-1}(ax+b)^{n-1}+\cdots+c_1(ax+b)+c_0 \\ &= k_1(x)k_2(x)\cdots k_m(x) \end{aligned}$$

그러면 $f(x)=k_1(x-\frac{b}{a})k_2(x-\frac{b}{a})\cdots k_m(x-\frac{b}{a})$은 기약다항식이 아니므로 모순이다. 따라서 $f(ax+b)$도 기약다항식이다.

12. 정리 2.5.7에 의하여 분명하다.

13. $\Phi_{15}(x)=(x^4+x+1)(x^4+x^3+1)$

14. $\min\{a \mid 2^a\equiv 1 \pmod{19}\}=18$이므로 $\dfrac{\phi(19)}{18}=1$이므로 $\Phi_{19}(x)$는 위수가 18인 기약다항식이다. 같은 방법으로 $\Phi_{27}(x)$도 위수가 위수가 18인 기약다항식이다.

15. (1) $x^6+x^4+x^2+x+1$, (2) x^3+x^2+1

16. $\dfrac{\phi(2^{2^2}-1)}{2}=4$이므로 2차의 원시다항식들은

$$x^2+x+\alpha,\ x^2+x+\alpha^2,\ x^2+\alpha x+\alpha,\ x^2+\alpha^2x+\alpha^2$$

이다.

연습문제 4

1. $(x^3+x+1)(x^3+x^2+1)$

2. $(x^5+x^4+x^3+x+1)(x^7+x^6+x^4+x+1)$

3. $(x^5+x^3+x^2+x+1)(x^3+x+1)$

4. $(x^3+x^2+1)(x^4+x^3+1)$

5. $(x^8+x^7+x^6+x^4+x^2+x+1)(x^8+x^5+x^4+x^3+1)$

6. $(x^4+x^3+\alpha x^2+\alpha x+\alpha)(x^4+x^3+\alpha^2x^2+\alpha^2x+\alpha^2)$

7. $(x^4+\alpha x^3+\alpha x+\alpha)(x^4+\alpha^2x^3+\alpha^2x+\alpha)$

8. $(x^3+x^2+\alpha^2x+\alpha)(x^4+\alpha^2x^3+x^2+x+\alpha^2)$

연습문제 5.2

1. (1) $f(x)=x^5+x+1$, 동반행렬은 다음과 같다.

$$A=\begin{pmatrix}0&0&0&0&1\\1&0&0&0&1\\0&1&0&0&0\\0&0&1&0&0\\0&0&0&1&0\end{pmatrix}$$

(2) 생략, (3) 주기 : 3, (4) 주기 : 7, (5) 주기 : 21

2. (1) $f(x)=x^5+x^2+1$, (2) 31, (3) 31

연습문제 5.3

1. $1+x^2+x^5+x^6+x^8+x^9+x^{10}+x^{15}+x^{17}+x^{20}+x^{21}+x^{22}+\cdots$

2. $G(x) = x^4 + x^8 + x^9 + x^{12} + x^{14} + x^{16} + x^{17} + x^{18} + x^{19} + x^{20} + \cdots$

$$000010001100101011111\cdots$$

3. $G(x) = 1 + x^3 + x^4 + x^5 + x^7 + x^8 + x^9 + x^{11} + x^{12} + x^{13} + x^{15} + x^{16} + \cdots$

연습문제 5.4

1. 주기가 15인 15개의 수열이 있다. 그 중 하나는 다음과 같다.

$$000100110101111000100110101111\cdots$$

2. 주기가 31인 31개의 수열이 있다. 그 중 하나는 다음과 같다.

$$000010001100101011111\cdot\cdot$$

3. $f(x) = x^4 + x^3 + 1$

4. 생략

5. 이 수열이 주기는 63이며 다음과 같다.

$$000001000011000101001111010001110010010110111011001101010111111\cdots$$

6. 생략

연습문제 5.5

1. $f(x)g(x) = x^5 + x + 1$이므로

$$S(f(x)g(x) = \{00000\cdots, 000010001100101011111\cdots, 100001000110010101111\cdots, \cdots\}$$

이다.

2. $S(f(x))=\{00\cdots,01\cdots,10\cdots,11\cdots\}$이고

$$S(g(x))=\{000\cdots,0011101\cdots,0111010\cdots,1001110\cdots\}$$

이다.

3. $$\begin{aligned} G(x) &= \frac{x^3}{(x^3+x+1)(x+1)^2}+\frac{x^4}{(x^2+x+1)(x^3+x+1)} \\ &= \frac{x^3}{(x^2+x+1)(x+1)^2(x^3+x+1)} \end{aligned}$$

이므로

$$f_0(x)=(x^3+x^2+1)(x^2+x+1)(x+1)^2$$

이 σ의 특성다항식이다. $h_0(x)=-x^6\left(\frac{1}{x}\right)^3=-x^3$이므로 $\gcd(f_0(x),h_0(x))=1$이다. 그러므로 σ의 최소다항식은 $(x^2+x+1)(x+1)^2(x^3+x+1)$이다.

4. σ의 최소다항식이 $m(x)=(x^2+x+1)(x+1)^2(x^3+x+1)$이므로 σ의 최소주기는 $\mathrm{ord}(m(x))=3\times2\times7=42$이다.

연습문제 5.6

1. 최소다항식을 구하기 위하여 $G(x)$ 대신에

$$G_9(x)=x+x^2+x^7+x^8+x^9\in\mathbb{F}_2[x]$$

에 Berlekamp-Massey 알고리즘을 적용한다. 계산결과는 다음 표와 같다.

j	$g_j(x)$	$h_j(x)$	m_j	b_j
0	1	x	0	0
1	1	x^2	1	1
2	$1+x^2$	x	-1	1
3	$1+x+x^2$	x^2	0	0
4	$1+x+x^2$	x^3	1	1
5	$1+x+x^2+x^3$	$x+x^2+x^3$	-1	1
6	1	$x^2+x^3+x^4$	0	0
7	1	$x^3+x^4+x^5$	1	1
8	$1+x^3+x^4+x^5$	x	-1	1
9	$1+x+x^3+x^4+x^5$	x^2	0	0
10	$1+x+x^3+x^4+x^5$		1	

그러면 $r=\left\lfloor 5+\frac{1}{2}-\frac{1}{2}m_{10}\right\rfloor=5$이므로 $m(x)=x^5 g_{10}\left(\frac{1}{x}\right)=x^5+x^4+x^2+x+1$이다. 그러므로 수열에 의해 만족되는 최소차 동차 선형점화수열은

$$s_{n+5}=s_{n+4}+s_{n+2}+s_{n+1}+s_n$$

이다.

2. 생략

3. 최소다항식을 구하기 위하여 $G(x)$ 대신에 $G_9(x)=1+2x+2x^3+x^8 \in \mathbb{F}_3[x]$에 Berlekamp-Massey 알고리즘을 적용한다.
계산결과는 다음 표와 같다.

j	$g_j(x)$	$h_j(x)$	m_j	b_j
0	1	x	0	1
1	$1+2x$	x	0	1
2	$1+x$	$x+2x^2$	0	2
3	$1+2x+2x^2$	$2x+2x^2$	0	0
4	$1+2x+2x^2$	$2x^2+2x^3$	1	1
5	$1+2x+x^3$	$x+2x^2+2x^3$	-1	0
6	$1+2x+x^3$	$x^2+2x^3+2x^4$	0	2
7	$1+2x+x^2+2x^4$	$2x+x^2+2x^4$	0	1
8	1	$2x+2x^2+x^3+2x^5$	0	1
9	$1+2x+x^2+2x^3+x^5$	x	0	2
10	$1+x^2+2x^3+x^5$		0	

그러면 $r=\left\lfloor 5+\frac{1}{2}-\frac{1}{2}m_{10}\right\rfloor=5$이므로 $m(x)=x^5 g_{10}\left(\frac{1}{x}\right)=x^5+x^3+2x^2+1$이다. 그러므로 수열에 의해 만족되는 최소차 동차 선형점화수열은

$$s_{n+5}=2s_{n+3}+s_{n+2}+2s_n$$

이다.

4. $x^5+x^4+x^3+x^2+1$

5. x^7+x^6+1

연습문제 6

1. α를 $f(x)=x^5+x^2+1$을 이용한 $\mathbb{F}_{2^5}$의 원시원소라 할 때 α,α^3,α^5에 대응하는 최소다항식은 다음과 같다.

$m_1(x)=(x-\alpha)(x-\alpha^2)(x-\alpha^4)(x-\alpha^8)(x-\alpha^{16})=x^5+x^2+1,$

$m_3(x)=x^5+x^4+x^3+x^2+1,\ m_5(x)=x^5+x^4+x^2+x+1$

생성다항식이

$$
\begin{aligned}
g(x) :&= m_1(x)m_3(x)m_5(x) \\
&= x^{15} + x^{11} + x^{10} + x^9 + x^8 + x^7 + x^5 + x^3 + x^2 + x + 1
\end{aligned}
$$

인 부호 C는 [31,16] 3중오류정정 이진 BCH 부호이다.

2. $m_1(x) = x^2 + x + 2,\ m_2(x) = (x - \alpha^2)(x - \alpha^6) = x^2 + 1$ 이므로

$$g(x) = (x^2 + x + 2)(x^2 + 1) = x^4 + x^3 + x + 2$$

이다.

3. $\mathbb{F}_{3^3}$를 생성하기 위하여 $x^3 + 2x + 1 = x^3 - x + 1$을 이용한다. β가 원시원소이면 $x^3 + 2x + 1$은 β의 최소다항식이고 다음이 성립한다

$\beta^3 = 2 + \beta$	$\beta^4 = 2\beta + \beta^2$	$\beta^5 = 2 + \beta + 2\beta^2$
$\beta^6 = 1 + \beta + \beta^2$	$\beta^7 = 2 + 2\beta + \beta^2$	$\beta^8 = 2 + 2\beta^2$
$\beta^9 = 1 + \beta$	$\beta^{10} = \beta + \beta^2$	$\beta^{11} = 2 + \beta + \beta^2$
$\beta^{12} = 2 + \beta^2$	$\beta^{13} = 2$	$\beta^{14} = 2\beta$
$\beta^{15} = 2\beta^2$	$\beta^{16} = 1 + 2\beta$	$\beta^{17} = \beta + 2\beta^2$
$\beta^{18} = 1 + 2\beta + \beta^2$	$\beta^{19} = 2 + 2\beta + 2\beta^2$	$\beta^{20} = 1 + \beta + 2\beta^2$
$\beta^{21} = 1 + \beta^2$	$\beta^{22} = 2 + 2\beta$	$\beta^{23} = 2\beta + 2\beta^2$
$\beta^{24} = 1 + 2\beta + 2\beta^2$	$\beta^{25} = 1 + 2\beta^2$	$\beta^{26} = 1$

β^2의 최소다항식은 $(x - \beta^2)(x - \beta^6)(x - \beta^{18}) = x^3 + x^2 + x + 2$이고 β^4의 최소다항식은 $x^3 + x^2 + 2$이다. 그러면 $\beta, \beta^2, \beta^3, \beta^4$은 다항식 $(x^3 + 2x + 1)(x^3 + x^2 + x + 2)(x^3 + x^2 + 2)$의 근이다. 그러므로 이 다항식은 길이가 26이고 의 도거리가 5인 삼진 BCH 부호를 생성한다. 생성다항식은 $1 + x + 2x^2 + 2x^3 + 2x^4 + x^5 + x^6 + x^7 + 2x^8 + x^9$이고 부호의 차원은 17이다.

4. (1)
$$
\begin{aligned}
g(x) &= (x - \alpha)(x - \alpha^2)(x - \alpha^3)(x - \alpha^4) \\
&= x^4 + \alpha^3 x^3 + x^2 + \alpha x + \alpha^3
\end{aligned}
$$

(2) $(\alpha^4 x+\alpha^5)g(x)=\alpha^4x^5+\alpha^4x^4+\alpha^2x^3+\alpha^2x+\alpha\in C$

5. $g(x)= (x-\alpha)(x-\alpha^2)(x-\alpha^3)(x-\alpha^4)(x-\alpha^5)(x-\alpha^6)$
$= x^6+\alpha^{10}x^5+\alpha^9x^4+\alpha^{24}x^3+\alpha^{16}x^2+\alpha^{24}x+\alpha^{21}$

6. (1) α를 $f(x)=x^4+x+1$을 이용한 $\mathbb{F}_{2^4}$의 원시원소라 할 때 15에 대한 원분잉여류들은 다음과 같다.

$C_0=\{0\}, C_1=\{1,2,4,8\}, C_3=\{3,6,9,12\}, C_5=\{5,10\}, C_7=\{7,11,13,14\}$

이로부터 $\mathbb{F}_2$ 위에서 $m_1(x), m_3(x), m_7(x)$는 4차 기약다항식이고, $m_5(x)$는 2차 기약다항식임을 알 수 있다. $g(x)=m_1(x)m_3(x)m_5(x)$로 택하면 $g(x)|(x^{15}-1)$이므로 $g(x)$는 [15,5] 순환부호 C를 생성한다. $g(x)$의 근의 집합은

$$\{\alpha,\alpha^2,\alpha^4,\alpha^8,\alpha^3,\alpha^6,\alpha^9,\alpha^{12},\alpha^5,\alpha^{10}\}$$

이고, 이 집합은 연이은 $\alpha,\alpha^2,\alpha^3,\alpha^4,\alpha^5,\alpha^6$의 곱을 포함하므로 부호 C는 의도거리가 7인 BCH 부호이다.

$$m_1(x)=x^4+x+1, m_3(x)=x^4+x^3+x^2+x+1, m_5(x)=x^2+x+1$$

이므로 $g(x)=m_1(x)m_3(x)m_5(x)=x^{10}+x^8+x^5+x^4+x^2+x+1$이고 $g(x)$가 무게 7인 부호어이므로 이 부호 C의 실제 거리는 7이다.
한편 $g(x)=m_3(x)m_5(x)m_7(x)$로 택한다면 $g(x)$의 근의 집합은 연이은 $\alpha^9,\alpha^{10},\alpha^{11},\alpha^{12},\alpha^{13},\alpha^{14}$의 곱을 포함하므로 $g(x)$를 생성다항식으로 가지는 부호 C 역시 의도거리가 7인 BCH 부호이다. 이 경우 $m_7(x)=x^4+x^3+1$이므로 $g(x)=x^{10}+x^9+x^8+x^6+x^5+x^2+1$ 이고 이때 C의 실제 거리도 7이다.
(2) $f(x)=x^6+x+1$을 이용한 $\mathbb{F}_{2^6}$에서 α를 원시원소라 하면 $\beta=\alpha^3$은 단위원의 원시 21 제곱근이다. 21에 대한 원분잉여류들은 다음과 같다.

$C_0=\{0\}, C_1=\{1,2,4,8,16,11\}, C_3=\{3,6,12\}, C_5=\{5,0,20,19,17,13\}$,
$C_7=\{7,14\}, C_9=\{9,18,15\}$

$m_i(x)$를 β^i의 최소다항식이라 하자. $g_1(x)=m_1(x)\,m_3(x)$로 택하면 $g_1(x)$의 근의 집합은 $\beta, \beta^2, \beta^3, \beta^4$를 포함하므로 $g_1(x)$를 생성다항식으로 가지는 부호는 길이가 21이고 의도거리가 5이다. $m_1(x)=x^6+x^4+x^2+x+1$, $m_3(x)=x^3+x^2+1$이므로 $g_1(x)=m_1(x)\,m_3(x)=x^9+x^8+x^7+x^5+x^4+x+1$이다.
$g_2(x)=m_1(x)\,m_3(x)\,m_5(x)$로 택하면 $g_2(x)$를 생성다항식으로 가지는 부호는 길이가 21이고 의도거리가 7인 BCH 부호를 생성한다.
$m_5(x)=x^6+x^5+x^4+x^2+1$이므로

$$\begin{aligned} g_2(x) &= m_1(x)\,m_3(x)\,m_5(x) \\ &= x^{15}+x^{13}+x^{11}+x^7+x^6+x^5+x^3+x^2+x+1 \end{aligned}$$

이다.

7. (1) $f(x)=x^3+2x^2+1$을 이용한 유한체 $\mathbb{F}_{3^3}$에서 α를 원시원소라 하면 $\beta=\alpha^2$은 단위원의 원시 13 제곱근이다. 13에 대한 원분잉여류들은 다음과 같다.

$$C_0=\{0\},\ C_1=\{1,3,9\},\ C_2=\{2,6,5\},\ C_4=\{4,12,10\},\ C_7=\{7,8,11\}$$

$m_i(x)$를 β^i의 최소다항식이라 하자.
$g_1(x)=m_0(x)\,m_1(x)\,m_2(x)=(x+2)(x^3+2x^2+2x+2)(x^3+2x+2)$로 택하면 $g_1(x)$의 근의 집합은 $\beta^0, \beta^1, \beta^2, \beta^3$를 포함하므로 $g_1(x)$를 생성다항식으로 가지는 부호는 길이가 13이고 의도거리가 5인 (13,6) BCH 부호를 생성한다.
(2) $g_2(x)=m_1(x)\,m_2(x)\,m_4(x)=(x^3+2x^2+2x+2)(x^3+2x+2)(x^3+x^2+x+2)$로 택하면 길이가 13이고 의도거리가 7인 (13,4) BCH 부호를 생성한다.

연습문제 8.1

1 . $4a^3+27b^2=4(-7)^3+27(-6)^2=4(-343)+27\cdot 36=-1372+972=-400<0$이므로 즉, $4a^3+27b^2\neq 0$이므로 타원곡선 $y^2=x^3-7x-6$은 실수체 위에서 군을 정의할 수 있다.

2. 정수의 덧셈에 관한 항등원은 O(무한원점)이다.

3. $7^2 = 4^3 - 5 \cdot 4 + 5 = 64 - 20 + 5 = 49$ 이므로 점 $(4,7)$은 타원곡선 $y^2 = x^3 - 5x + 5$ 위의 점이다.

4. $-P$는 x축에 대하여 P와 대칭이므로 $-P = (-4,6)$이다.

5. 두 점 $P = (0,-4)$와 $Q = (1,0)$을 지나는 직선의 방정식은 $y = 4x - 4$이다. 이 식을 $y^2 = x^3 - 17x + 16$에 대입하면 $x^3 - 16x^2 + 15x = 0$이 된다. 3차 방정식의 근과 계수와의 관계에 의하여 $0 + 1 + x_3 = 16$이므로 $x_3 = 15$이고, $-y_3 = 56$이므로 $P + Q = (15,-56)$이다.

6. 공식에 의해서

$$x_3 = \left(\frac{3x_1^2 + a}{2y_1}\right)^2 - 2x_1 = \left(\frac{3 \cdot 4^2 - 17}{2 \cdot 2.464}\right)^2 - 2 \cdot 4 \approx 31.5715$$

$$y_3 = -y_1 + \left(\frac{3x_1^2 + a}{2y_1}\right)(x_1 - x_3) = -2.464 + \left(\frac{3 \cdot 4^2 + a}{2 \cdot 2.464}\right)(4 - 31.5715) \approx -175.9054$$

이 된다.
따라서, $2P = (31.5715,-175.9054)$이다.

7. ① $2Q$ 계산 : 기울기를 구하면 $2yy' = 3x^2 \rightarrow y' = \dfrac{3x^2}{2y} \rightarrow y'_{\substack{x=2\\y=-3}} = -2$이다. 기울기가 -2이고 $Q = (2,-3)$을 지나는 직선의 방정식은 $y + 3 = -2(x-2) \rightarrow y = -2x + 1$이다. 이 식을 $y^2 = x^3 + 1$에 대입하면, $x^3 - 4x^2 + 4x = 0$이므로 3차 방정식의 근과 계수와의 관계에 의하여 $2 + 2 + x_3 = -(-4)$이므로, $x_3 = 0$이고, $-y_3 = 1$이므로 $2Q = (0,-1)$이다.

② $3Q$ 계산 : $2Q + Q = (0,-1) + (2,-3)$을 계산하면,
두 점 $2Q$와 Q를 지나는 직선의 방정식은 $y - (-1) = \left(\dfrac{-1-(-3)}{0-2}\right)(x-0) \rightarrow y = -x - 1$이고, 이 식을 $y^2 = x^3 + 1$에 대입하면, $x^3 - x^2 - 2x = 0$이고, 3차 방정식의 근과 계수와의 관계에 의하여 $0 + 2 + x_4 = -(-1)$이므로, $x_4 = -1$이고, $-y_3 = 0$이므로 $3Q = (-1,0)$이다.

③ $4Q$ 계산 : $2Q+2Q=2(2Q)=2(0,-1)$을 계산하면 된다. $y'\Big|_{\substack{x=0\\y=-1}}=0$이므로 기울기가 0이고, 점 $(0,-1)$을 지나는 직선의 방정식은 $y=-1$이다. 이 식을 $y^2=x^3+1$에 대입하면, $x^3=0$이고, 3차 방정식의 근과 계수와의 관계에 의하여 $0+0+x_5=0$이므로, $x_5=0$이고, $-y_4=-1$이므로 $4Q=(0,-1)$이다.
$2Q=-4Q$. 즉, $6Q=O$이므로 점 Q의 위수는 6이다.

연습문제 8.2

1. (1) $x^3-36x=0$에서 $x=0,\pm 6$이므로 $(-6,0),(0,0),(6,0)$이다.
(2)

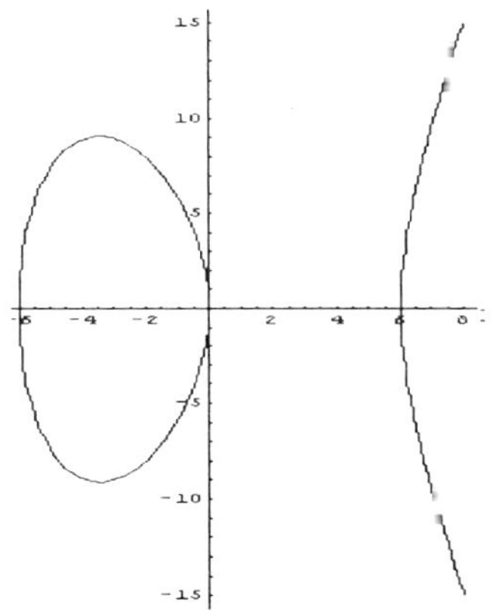

(3) 기울기를 구하면 $2yy'=3x^2-36 \rightarrow y'=\dfrac{3x^2-36}{2y} \rightarrow y'\Big|_{\substack{x=2\\y=-3}}=-\dfrac{3}{2}$이다.
기울기가 $-\dfrac{3}{2}$이고 $Q=(-2,8)$을 지나는 직선의 방정식은
$y-8=\left(-\dfrac{3}{2}\right)(x-(-2)) \rightarrow y=-\dfrac{3}{2}x+2$이다. 이 식을 $y^2=x^3-36x$에 대입하면, $x^3-\dfrac{9}{4}x^2-30x-4=0$이 된다. 3차 방정식의 근과 계수와의 관계에 의하여 $(-2)+(-2)+x_3=\dfrac{9}{4}$이므로, $x_3=\dfrac{25}{4}$이고, $-y_3=-\dfrac{35}{8}$이므로 $2Q=\left(\dfrac{25}{4},\dfrac{35}{8}\right)$이다.

(4) 두 점 (6,0)과 (−2,8)을 지나는 직선의 방정식은 $y-0=\left(\frac{0-8}{6-(-2)}\right)(x-6)$ → $y=-x+6$이고, 이 식을 $y^2=x^3-36x$에 대입하면 $x^3-x^2-24x-36=0$이 된다. 3차 방정식의 근과 계수와의 관계에 의하여 $6+(-2)+x_3=-(-1)$이므로 $x_3=-3$이고, $-y_3=9$이므로 $(6,0)+(-2,8)=(-3,-9)$이다.

2. (1) 두 점 (2,7)와 (3,5)을 지나는 직선의 방정식은 $y-7=\left(\frac{7-5}{2-3}\right)(x-2)$ → $y=-2x+11$ → $y\equiv-2x(\mathrm{mod}11)$ 이다. $y=-2x$을 $y^2=x^3+x+6$에 대입하면, $x^3+7x^2+x+6\equiv0(\mathrm{mod}11)$이 되며, 3차 방정식의 근과 계수와의 관계에 의하여 $2+3+x_3\equiv4(\mathrm{mod}11)$에서 $x_3=10$이고, $-y_3=2$이므로, $(2,7)+(3,5)=(10,-2)=(10,9)$이다.

(2) 기울기를 구하면 $2yy'=3x^2+1$ → $y'=\frac{3x^2+1}{2y}$ → $y'_{\substack{x=2\\y=7}}=8$이다. 기울기가 8이고 (2,7)을 지나는 직선의 방정식은 $y-7=8(x-2)$ → $y=8x+2$이다. 이 식을 $y^2=x^3+x+6$에 대입하면, $x^3+2x^2+2x+2\equiv0(\mathrm{mod}11)$이 된다. 3차 방정식의 근과 계수와의 관계에 의하여 $2+2+x_3=-2$이므로, $x_3=5$이고, $-y_3=9$이므로 $2(2,7)=(5,-9)=(5,2)$이다.

(3) ① 3(2,7) 계산:$3(2,7)=2(2,7)+(2,7)=(5,2)+(2,7)$을 계산하면 된다.

두 점 (5,2)와 (2,7)을 지나는 직선의 방정식은 $y-2=\left(\frac{2-7}{5-2}\right)(x-5)$ → $y=\frac{-5}{3}(x-5)+2\equiv6\cdot4(x-5)+2\equiv2x+3(\mathrm{mod}11)$이다. $y=2x+3$을 $y^2=x^3+x+6$에 대입하면, $x^3-4x^2-11x-3=0$이 되며, 3차 방정식의 근과 계수와의 관계에 의하여 $5+2+x_3=4$에서 $x_3=8$이고, $-y_3=8$이므로, $(5,2)+(2,7)=(8,-8)=(8,3)$이다.

② 4(2,7) 계산:$4(2,7)=2(5,2)$을 계산하면 된다. $y'_{\substack{x=5\\y=2}}=8$이므로, 기울기가 8이고 점 (5,2)를 지나는 직선의 방정식은 $y=8x+6$이다. 이 식을 $y^2=x^3+x+6$에 대입하면, $x^3+2x^2+4x+3\equiv0(\mathrm{mod}11)$이 된다. 3차 방정식의 근과 계수와의 관계에 의하여 $5+5+x_4=-2$이므로, $x_4=10$이고, $-y_4=9$이므로 $2(5,2)=(10,-9)=(10,2)$이다.

③ 5(2,7) 계산:$5(2,7)=4(2,7)+(2,7)=(10,2)+(2,7)$을 계산하면 된다.

두 점 (10,2)와 (2,7)을 지나는 직선의 방정식은 $y-2=\left(\frac{2-7}{10-2}\right)(x-10)$ → $y \equiv 9x \pmod{11}$이다. $y=9x$를 $y^2=x^3+x+6$에 대입하면, $x^3-4x^2+x+6=0$이 되며, 3차 방정식의 근과 계수와의 관계에 의하여 $10+2+x_5=4$에서 $x_5=3$이고, $-y_5=5$이므로, $(10,2)+(2,7)=(3,-5)=(3,6)$이다.

④ 6(2,7) 계산:$6(2,7)=2(8,3)$을 계산하면 된다. $y'_{\substack{x=8\\y=3}}=1$이므로, 기울기가 1이고 점 (8,3)을 지나는 직선의 방정식은 $y=x+6$이다. 이 식을 $y^2=x^3+x+6$에 대입하면, $x^3-x^2-11x-30=0$이 된다. 3차 방정식의 근과 계수와의 관계에 의하여 $8+8+x_6=1$이므로, $x_6=7$이고, $-y_6=2$이므로 $2(8,3)=(7,-2)=(7,9)$이다.

⑤ 7(2,7) 계산:$7(2,7)=6(2,7)+(2,7)=(7,9)+(2,7)$을 계산하면 된다.

두 점 (7,9)와 (2,7)을 지나는 직선의 방정식은 $y-9=\left(\frac{9-7}{7-2}\right)(x-7)$ → $y \equiv 7x+4 \pmod{11}$이다. $y=7x+4$를 $y^2=x^3+x+6$에 대입하면, $x^3-5x^2-10 \equiv 0 \pmod{11}$이 되며, 3차 방정식의 근과 계수와의 관계에 의하여 $7+2+x_7=5$에서 $x_7=7$이고, $-y_7=9$이므로, $(7,9)+(2,7)=(7,-9)=(7,2)$이다. $7(2,7)=-6(2,7)$. 즉, $13(2,7)=O$이므로 (2,7)의 위수는 13이다.

3. (1) 두 점 P와 Q를 지나는 직선의 방정식은 $y=2$이다. 이 식을 $y^2=x^3-x^2-4x+8$에 대입하면 $x^3-x^2-4x+4=0$이고, 3차 방정식의 근과 계수와의 관계에 의해서 $1+(-2)+x_3=-(-1)$이므로, $x_3=2$이고, $-y_3=2$이다. 따라서 $P+Q=(2,-2)$이다.

(2) $2yy'=3x^2-2x-4$ → $y'=\frac{3x^2-2x-4}{2y}$ → $y'_{\substack{x=2\\y=-3}}=1$이다. 기울기가 1이고 $R=(2,2)$을 지나는 직선의 방정식은 $y=x$이다.
이 식을 $y^2=x^3-x^2-4x+8$에 대입하면 $x^3-2x^2-4x+8=0$이 된다. 3차 방정식의 근과 계수와의 관계에 의하여 $2+2+x_3=-(-2)$이므로, $x_3=-2$이고, $-y_3=-2$이므로 $2R=(-2,2)$이다.

4. ① $2P$:$2yy'=3x^2+2x+4$ → $y'=\frac{3x^2+2x+4}{2y}$ → $y'_{\substack{x=4\\y=10}}=3$이다. 기울기가 3이고 $P=(4,10)$을 지나는 직선의 방정식은 $y=3x-2$이다. 이 식을 $y^2=x^3+x^2+4x+4$에 대입하면 $x^3-8x^2+16x=0$이 된다. 3차 방정식의 근과

계수와의 관계에 의하여 $4+4+x_3=-(-8)$이므로, $x_3=0$이고, $-y_3=-2$이므로 $2P=(0,2)$이다.

② $3P$:$3P=2P+P$이므로 두 점 $2P$와 P를 지나는 직선의 방정식은 $y=2x+2$이다. 이 식을 $y^2=x^3+x^2+4x+4$에 대입하면 $x^3-3x^2-4x=0$이 된다. 3차 방정식의 근과 계수와의 관계에 의하여 $0+4+x_3=-(-3)$이므로, $x_3=-1$이고, $-y_3=0$이므로 $3P=(-1,0)$이다.

③ $4P$:$4P=2(2P)$이고 $y'_{\substack{x=0\\y=2}}=1$이므로, 기울기가 1이고, 점 $2P=(0,2)$를 지나는 직선의 방정식은 $y=x+2$이다. 이 식을 $y^2=x^3+x^2+4x+4$에 대입하면 $x^3=0$이 된다. 3차 방정식의 근과 계수와의 관계에 의하여 $0+0+x_3=0$이므로, $x_3=0$이고, $-y_3=2$이므로 $4P=(0,-2)$이다.

5. ① $2P=P+P=O$

② $P+Q$: 두 점 $P=(0,0)$와 $Q=(1,2)$를 지나는 직선의 방정식은 $y=2x$이며, 이 식을 $y^2=x^3+x^2+2x$에 대입하면, $x^3-3x^2+2x=0$이 된다. 3차 방정식의 근과 계수와의 관계에 의하여 $0+1+x_3=-(-3)$이므로, $x_3=2$이고 $-y_3=4$이므로, $P+Q=(2,-4)$이다.

6. 두 점 $(1,4),(3,1)$을 지나는 직선의 방정식은 $y\equiv x+3(\text{mod}5)$이다. $y=x+3$을 $y^2=x^3+2x+3$에 대입하면 $x^3-x^2-4x-6=0$이므로, 3차 방정식의 근과 계수와의 관계에 의하여 $1+3+x_3=1$이므로, $x_3=2$이고 $-y_3=0$이므로 $(1,4)+(3,1)=(2,0)$이다.

7. (1) $x=0$일 때 $y^2=6$

$x=1$일 때 $y^2=8$

$x=2$일 때 $y^2=16\rightarrow(2,4),(2,7)$

$x=3$일 때 $y^2=36\rightarrow(3,6),(3,5)$

$x=4$일 때 $y^2=74\equiv8(\text{mod}11)$

$x=5$일 때 $y^2=136\equiv4(\text{mod}11)\rightarrow(5,2),(5,9)$

$x=6$일 때 $y^2=228\equiv8(\text{mod}11)$

$x=7$일 때 $y^2=356\equiv4(\text{mod}11)\rightarrow(7,2),(7,9)$

$x=8$일 때 $y^2=526\equiv9(\text{mod}11)\rightarrow(8,3),(8,8)$

$x=9$일 때 $y^2=744\equiv7(\text{mod}11)$

$x=10$일 때 $y^2=1016\equiv 4(\mathrm{mod}11)$ → $(10,2),(10,9)$
따라서

$$G(E,F_{11})=\{(2,4),(2,7),(3,5),(3,6),(5,2),(5,9),\\(7,2),(7,9),(8,3),(8,8),(10,2),(10,9),O\}$$

이다.

(2) ① $2(2,4)$: $2yy'=3x^2+1$ → $y'=\dfrac{3x^2+1}{2y}$ → $y'_{\substack{x=2\\y=4}}=3(\mathrm{mod}11)$이므로 기울기가 3이고 점 (2,4)를 지나는 직선의 방정식은 $y=3x+9$이다. 이 식을 $y^2=x^3+x+6$에 대입하면 $x^3-9x^2-53x-75=0$이 된다. 3차 방정식의 근과 계수와의 관계에 의하여 $2+2+x_3=9$이므로, $x_3=5$이고 $-y_3=2$이므로, $2(2,4)=(5,-2)=(5,9)$이다.
② $3(2,4)$: $3(2,4)=2(2,4)+(2,4)=(5,9)+(2,4)$이다. 두 점 $(5,9),(2,4)$을 지나는 직선의 방정식은 $y=9x+8$이다. 이 식을 $y^2=x^3+x+6$에 대입하면 $x^3+7x^2-143x-58\equiv 0(\mathrm{mod}11)$이 된다. 3차 방정식의 근과 계수와의 관계에 의하여 $5+2+x_3=-7$이므로, $x_3=8$이고 $-y_3=3$이므로

$$3(2,4)=(5,9)+(2,4)=(8,-3)=(8,8)$$

이다.
③ $6(2,4)$: $6(2,4)=2(8,8)$이고 $y'_{\substack{x=8\\y=8}}=10(\mathrm{mod}11)$이므로, 기울기가 10이고 점 (8,8)을 지나는 직선의 방정식은 $y=10x+5$이다. 이 식을 $y^2=x^3+x+6$에 대입하면 $x^3+10x^2-99x-19=0$이 된다. 3차 방정식의 근과 계수와의 관계에 의하여 $8+8+x_3=-10$이므로 $x_3=7$이고 $-y_3=9$이므로

$$6(2,4)=2(8,8)=(7,-9)=(7,2)$$

이다.

8. $2yy'=3x^2+4$ → $y'=\dfrac{3x^2+4}{2y}$ → $y'_{\substack{x=1\\y=3}}=\dfrac{7}{6}\equiv 7\cdot(6)^{-1}\equiv 7\cdot(-462)\equiv$ $7\cdot 2311\equiv 16177\equiv 2312(\mathrm{mod}2773)$ 기울기가 2312이고 점 $P=(1,3)$을 지나는

직선의 방정식은 $y = 2312x + 464(\mathrm{mod}2773)$이다. 이 식을 $y^2 \equiv x^3 + 4x + 4$에 대입하면 $x^3 + 1000x^2 + 770x^2 + 1002$이 된다. 3차 방정식의 근과 계수와의 관계에 의하여 $1 + 1 + x_3 = -1000$이므로 $x_3 = 1771$이고 $-y_3 = 2068$이므로 $2P = (1771, -2068) = (1771, 705)$이다.

9. ① $2P: y' = \dfrac{3x^2}{2y} \rightarrow y'_{\substack{x=1\\y=2}} = \dfrac{3}{4} \equiv 3 \cdot (4)^{-1} \equiv 3 \cdot 2 \equiv 6$이므로 기울기 6이고 점 $P = (1,2)$를 지나는 직선의 방정식은 $y = 6x + 3(\mathrm{mod}7)$이다. 이 식을 $y^2 = x^3 + 3$에 대입하여 3차 방정식의 근과 계수와의 관계를 이용하면, $1 + 1 + x_3 = 36(\mathrm{mod}7)$이므로 $x_3 = 6$이고, $-y_3 = 4$이므로 $2P = (6, -4) = (6,3)$이다.

② $3P = 2P + P = (2,2)$

③ $4P = 2(2P) = (4,5)$

④ $5P = 4P + P = (3,3)$

⑤ $6P = 2(3P) = (5,3)$

⑥ $7P = 6P + P = (5,4)$

$6P = -7P$이므로 $13P = O$이다. 즉, $P = (1,2)$의 위수는 13이다.

10. 문제 7에 의해서 $2P = (5,9), 3P = (8,8), 6P = (7,2)$이다.

① $4P = 2P = (10,9)$

② $5P = 4P + P = (3,5)$

③ $7P = 6P + P = (7,9)$

$6P = -7P$이므로 $13P = O$이다. 즉, $(2,4)$의 위수는 13이다.

연습문제 8.3

1. $y^2 + xy = x^3 + ax^2 + b$에서 $b = 0$이므로 $y^2 + xy = x^3 + g^5x^2$는 군을 정의하지 못한다.

2. 타원곡선에 P점을 대입하면

$$(g^6)^2 + (g^3)(g^6) = (g^3)^3 + g^2(g^3)^2 + g^6,\ g^5 + g^2 = g^2 + g + g^6$$
$$(111) + (100) = (100) + (010) + (101),\ (011) = (011),\ g^3 = g^3$$

이므로 P는 타원곡선 위의 점이다. 타원곡선에 Q점을 대입하면

$$(g^2)^2 + (g^5)(g^2) = (g^5)^3 + g^2(g^5)^2 + g^6,\ g^4 + 1 = g + g^5 + g^6$$
$$(110) + (001) = (001) + (111) + (101),\ (111) = (000),\ g^5 = 0$$

이므로 Q는 타원곡선 위의 점이 아니다.

3. P 위의 역원은 $-P = (x_P, x_P + y_P)$이고 Q와 R 역시 같은 형태이다.

① $P = (g^3, g^6) \rightarrow -P = (g^3, g^3 + g^6) = (g^3, g^4)$
② $Q = (g, 0) \rightarrow -Q = (g, g + 0) = (g, g)$
③ $R = (0, g^3) \rightarrow -R = (0, 0 + g^3) = (0, g^3)$

4. 가) $P + Q = R$이다. 여기서

$$l = \frac{y_P + y_Q}{x_P + x_Q} \quad \bmod p$$
$$x_R = l^2 + l + x_P + x_Q + a \quad \bmod p$$
$$y_R = l*(x_P + x_R) + x_R + y_P \bmod p$$

$$l = \frac{g^6 + g^5}{g^2 + g^5} = \frac{g}{g^3} = g^{-2} = g^5$$
$$x_R = g^3 + g^5 + g^2 + g^5 + g^2 = g^3$$
$$y_R = g^5*(g^2 + g^3) + g^5 + g^6 = g^5*g^5 + g^3 + g^6$$
$$= g^3 + g^3 + g^6 = g^6$$
$$\therefore P + Q = (g^3, g^6)$$

나) $l = \frac{0 + g^{11}}{g^3 + g^9} = \frac{g^{11}}{g^1} = g^{11} \cdot g^{-1} = g^{11} \cdot g^{14} = g^{10}$

$$x_R = g^5 + g^{10} + g^3 + g^9 + g = 0001 = 1$$
$$y_R = g^{10}*(g^3 + 1) + 1 = g^{10}*g^{14} + 1 = g^9 + 1 = 1011 = g^7$$

이므로 $P+Q=(1,g^7)$이다.

5. 가) $x_P \neq 0$이므로 $R=2P=(x_R,y_R)$이 된다.

$$l=x_P+\frac{y_P}{x_P}\ ,\ x_R=l^2+l+a\ ,\ y_R=x_P^2+(l+1)^*x_R$$

$$l=x_P+\frac{y_P}{x_P}=g^2+\frac{g^6}{g^2}=g^2+g^{11}=g$$

$x_R=g^2+g+g^2=g$, $y_R=g^4+(g+1)\cdot g=g^4+g^4=0$

이므로 $2P=(g,0)$이다.

나) $l=g^9+\dfrac{g^{11}}{g^9}=g^9+g^{11}\cdot g^6=g^6+g^2=g^{11}$

$x_R=g^7+g^{11}+g=g^{10}$, $y_R=g^3+(g^{11}+1)\cdot g^{10}=g^3+g^{12}\cdot g^{10}=g^3+g^7=g^4$

이므로 $2P=(g^{10},g^4)$이다.

6. $\mathbb{F}_{2^2}$ 위에 있는 w는 $0(00), 1(01), g(10), g^2(11)$이므로 각각을 위 타원곡선에 대입하여 (1)을 구하고 (2)문제의 경우는 $\mathbb{F}_{2^m}$ 위에서 $P+Q$를 구하는 식을 이용하여 (2)문제를 해결할 수 있다.

$$l=\frac{y_P+y_Q}{x_P+x_Q}\quad \mathrm{mod}p$$
$$x_R=l^2+l+x_P+x_Q+a\quad \mathrm{mod}p$$
$$y_R=l^*(x_P+x_R)+x_R+y_P\ \mathrm{mod}p$$

(1) $E(\mathbb{F}_{2^2})$

a) $w=0$ 일 때, $y^2+xy=x^3$ 을 만족하는 (x,y)는

$(0,0)$ $(1,g)$ $(1,g^2)$

b) $w=1$ 일 때, $y^2+xy=x^3+1$ 을 만족하는 (x,y)는

$(0,1)$ $(1,0)$ $(1,1)$ $(g,0)$ (g,g) $(g^2,0)$ (g^2,g^2)

c) $w=g$ 일 때 $y^2+xy=x^3+g$ 를 만족하는 (x,y)는

$(0,g^2)$ $(g,1)$

d) $w=g^2$ 일 때 $y^2+xy=x^3+g^2$ 을 만족하는 (x,y)는

$(0,g)$ (g,g^2) $(g^2,1)$ (g^2,g)

그러므로 $E(\mathbb{F}_{2^2})=\{(0,0),(0,1),(0,g),(0,g^2),\cdots,(g^2,0),(g^2,1),(g^2,g),(g^2,g^2)\}$이다.

(2) $(0,\omega^2)+(\omega,\omega^2)$

a) $w=0$ 일 때 $(0,0)+(0,0)=O$,

$(0,0)+(0,0)=O$이므로, $(0,w^2)+(w,w^2)=O$

b) $w=1$ 일 때 $(0,1)+(1,1)$ $y^2+xy=x^3+1$

$l=\dfrac{1+1}{0+1}=\dfrac{0}{1}=0,\quad x_R=0+0+0+1+0=1=w\ ,\ y_R=0+1+1=0$

$(0,w^2)+(w,w^2)=(w,0)$

c) $w=g$ 일 때 $(0,g^2)+(g,g^2)$ $y^2+xy=x^3+g$

$l=\dfrac{g^2+g^2}{0+g}=\dfrac{0}{g}=0,\ x_R=0+0+0+g+0=g=w\ ,\ y_R=0+g+g^2=1$

$(0,w^2)+(w,w^2)=(w,1)$

d) $w=g^2$ 일 때 $(0,g)+(g^2,g)$ $y^2+xy=x^3+g^2$

$l=\dfrac{g+g}{0+g^2}=\dfrac{0}{g^2}=0,\ x_R=0+0+0+g^2+0=g^2=w\ ,\ y_R=0+g^2+g=1$

$(0,w^2)+(w,w^2)=(w,1)$

찾아보기

조 성 진

부경대학교 수리과학부 교수

부경대학교 정보보호대학원 주임교수

관심분야 : 셀룰라 오토마타론, 정보보호론, 암호론, 부호론, 이산수학

저서 : 알기쉬운 부호론(경문사), 첨단공학을 위한 정도수학(교우사),
컴퓨터과학을 위한 행렬론 및 그 응용(부경대학교 출판부)

유한체 및 그 응용

2007년 8월 4일 초판 인쇄
2007년 8월 10일 초판 발행

저　자 / 조성진
발행자 / 오판근
발행처 / 교우사

주　소 / 서울 동대문구 제기2동 148-19
전　화 / 925-2861, 929-4865
팩　스 / 925-2860
E-mail / kw2861 @ chollian. net
http: // www. kyowoo. co. kr
등록 / 1994. 3. 24 제7-119호

ISBN 978-89-8172-693-5 (93530)

값 **17,000**원